10	11	12	13	14	15	16	17	18
								2 He ヘリウム 4.003
			5 B ホウ素 10.81	6 C 炭　素 12.01	7 N 窒　素 14.01	8 O 酸　素 16.00	9 F フッ素 19.00	10 Ne ネオン 20.18
			13 Al アルミニウム 26.98	14 Si ケイ素 28.09	15 P リ　ン 30.97	16 S 硫　黄 32.07	17 Cl 塩　素 35.45	18 Ar アルゴン 39.95
Ni ッケル 8.69	29 Cu 銅 63.55	30 Zn 亜　鉛 65.38	31 Ga ガリウム 69.72	32 Ge ゲルマニウム 72.63	33 As ヒ　素 74.92	34 Se セレン 78.97	35 Br 臭　素 79.90	36 Kr クリプトン 83.80
Pd ラジウム 06.4	47 Ag 銀 107.9	48 Cd カドミウム 112.4	49 In インジウム 114.8	50 Sn ス　ズ 118.7	51 Sb アンチモン 121.8	52 Te テルル 127.6	53 I ヨウ素 126.9	54 Xe キセノン 131.3
Pt 金 95.1	79 Au 金 197.0	80 Hg 水　銀 200.6	81 Tl タリウム 204.4	82 Pb 鉛 207.2	83 Bi* ビスマス 209.0	84 Po* ポロニウム (210)	85 At* アスタチン (210)	86 Rn* ラドン (222)
Ds* スタチウム 281)	111 Rg* レントゲニウム (280)	112 Cn* コペルニシウム (285)	113 Nh* ニホニウム (278)	114 Fl* フレロビウム (289)	115 Mc* モスコビウム (289)	116 Lv* リバモリウム (293)	117 Ts* テネシン (293)	118 Og* オガネソン (294)

Gd リニウム 57.3	65 Tb テルビウム 158.9	66 Dy ジスプロシウム 162.5	67 Ho ホルミウム 164.9	68 Er エルビウム 167.3	69 Tm ツリウム 168.9	70 Yb イッテルビウム 173.0	71 Lu ルテチウム 175.0
Cm* リウム 247)	97 Bk* バークリウム (247)	98 Cf* カリホルニウム (252)	99 Es* アインスタイニウム (252)	100 Fm* フェルミウム (257)	101 Md* メンデレビウム (258)	102 No* ノーベリウム (259)	103 Lr* ローレンシウム (262)

)内に示した。

理工系のための現代基礎化学

−物質の構成と反応−

中林安雄
荒地良典
幸塚広光
田村　裕
春名　匠
矢島辰雄
共著

三共出版

はじめに

技術革新が進む現代社会において，多種多様な物質が世の中に出て多方面で使用されており，ますます化学の知識は重要になっている。物質の構造，性質および変化の論理を知ることは，理工系の化学系学生のみならず非化学系の学生にとっても必要不可欠である。化学を理解することによって，例えば，身のまわりに起こる身近な現象，そのときに物質が果たす役割の重要性がもっとわかるようになるであろう。

化学にかぎったことではなく，1 年次生向けの数学，物理学あるいは生物学でも高等学校と大学では，項目は同じものが多くてもそれらの内容が大きく違っており，とまどう学生は少なくない。特に高等学校では，化学は“暗記物”と捉えていた人が多いのではないだろうか。しかし大学では，暗記したことの本質を明らかにしていく。このようなとまどいをできるだけ解消するために，本書は“考える”「化学」へ移行するための入門書となっている。目次からわかるように，高等学校で学習した項目とあまり違わないので，さほど抵抗なく“考える”「化学」へつなげられるのではないだろうか。もちろん，高等学校で化学をあまり学ばなかった学生にも配慮し，やさしい内容から出発している。

本書は，理工系学部 1 年次生向けの化学の教科書として執筆したものである。第Ⅰ編「物質の構成」（第 1 ～ 6 章）は，物質の微視的なレベルから“原子と分子の化学”について，第Ⅱ編「物質の反応」（第 7 ～ 12 章）は，主に熱力学の基礎に基づき物質を巨視的な立場から考察する“化学平衡”について解説している。化学系学生にとっては，これから大学で学ぶ専門性の高い科目への橋渡しとしての「基礎化学」である。

第Ⅰ編と第Ⅱ編で一部に重複した内容もあるが，これにより順序にこだわらず本書を通年用の教科書として，あるいは第Ⅰ編と第Ⅱ編をそれぞれ独立に半期用の教科書としてなど，さまざまに使用できるようになっている。

本書の執筆にあたり，表現の誤りや至らない箇所，不備な点があるかと思う。読者諸兄の忌憚のないご指摘ご教示を賜れば幸甚である。

最後に，本書の出版にあたって多大なお世話をいただき，発刊まで導いてくださいました三共出版株式会社の岡部　勝氏，飯野久子氏ほかの方々に深く感謝の意を表します。

2015 年 3 月

著者一同

目　次

第 9 章 化学平衡

序　論

化学とは一体どのような学問であろうか？　地球上に存在するもの，さらには宇宙に存在するものすべてが物質という素材から構成されている。空気，水，金属，植物，動物，洋服，自動車，コンピュータ等すべてが多種多様な物質からできている。人間が豊かな生活を送るために，新しい機能をもった物質が続々と開発されており，現在までに数千万種類ともいわれている。また，いろいろな環境問題を抱えている現代社会において，地球環境に負荷がかからないように，物質と人間の関わりはバランスよくしなくてはいけない。そこに力を発揮する中心的な学問が化学であろう。化学とは，このような物質を対象にした学問である。あえて簡潔に表現すれば，物質が原子や分子によってどのようにできているかという「物質の構成」，原子や分子の存在状態とそれらの間にはたらく力の関係はどのようになっているのかという「物質の状態」，および原子や分子間でどのような反応が起こるのかという「物質の反応」を対象としている自然科学の分野である。このように，化学は「物質の科学」と言い換えてもよいかもしれない。また，「物質の構成」，「物質の状態」や「物質の反応」を学び，そこから新しい物質を創出することも化学である。

化学は対象とする物質の違いに応じて，無機化学，有機化学，高分子化学，生物化学などがあるが，それぞれの専門分野は相互に関連している。このような各専門分野に共通する理論を取り扱っているのが一般化学，より専門的には物理化学であり，系統的に理解することによって，各専門分野への橋掛けを担っている。

近代化学の誕生　古代ギリシャの神話から自然哲学に発展し，中世の錬金術やルネッサンスの時代を経て，17 世紀頃から自然哲学が科学へと分かれ，さらにその科学が急速に進歩している現代へと受け継がれている。

古代ギリシャ時代には，紀元前 5 世紀にデモクリトスにより「原子論」が確立され，それは「すべての物質は非常に小さな分割不可能な粒子（原子）で構成されている」とする仮説，理論，主義などのことを指していた。しかし，紀元前 4 世紀に，ギリシャ第一の哲学者ともいわれるアリストテレスが，反原子論を唱え，四大元素（火，空気，水，土）説を完成させたことにより，原子論は長らく顧みられることはなかった。さらに，アリストテレスは元素の変換が可能であるという考えを提案し，この説がその後二千年以上も続く錬金術師のよりどころとなった。錬金術[1]とは，鉛やスズなどから金や銀を作り出すことであり，当然ながら現在においては不

1)　古代エジプトに始まりアラビアを経て，ヨーロッパ全土に伝わった。金や銀などの貴金属を別の金属から作り出すという狙いは間違っていたが，そのような実験を行うために蒸留器などの実験装置を発明したことや冶金，製薬，染色などの科学技術の発展にはつながった。

可能であることは自明である。

近代化学の扉を開いたのは，17 世紀のヨーロッパにおいてであり，長い間異端思想であった「原子論」がいろいろな実験結果から優勢になり，四大元素説は放棄された。真の化学者によって，原子が存在するかのように仮定しながら科学的な思考を展開し，近代化学の礎を築いた種々の法則を時系列で示しておこう。

1661 年	ボイルの法則　提唱者：ボイル（R. Boyle），アイルランド 温度が一定のとき，理想気体の体積は圧力に反比例する。
1772 年	質量保存の法則　提唱者：ラヴォアジエ（A. L. Lavoisier），フランス 化学反応の前後で物質の総質量は変化しない。
1799 年	定比例の法則　提唱者：プルースト（J. L. Proust），フランス 化学反応に関与する物質の質量の割合は，常に一定である。
1802 年	シャルルの法則　提唱者：ゲイリュサック（J. L. Gay-Lussac），フランス 圧力が一定のとき，理想気体の体積は絶対温度に比例する。 (1787 年 シャルル（J. A. C. Charles）によって発見)
1802 年	倍数比例の法則　提唱者：ドルトン（J. Dalton），イギリス 2 種類の成分元素 A，B が結合して複数の化合物ができるとき，各化合物における A と B の質量の比は簡単な整数比になる。
1808 年	気体反応の法則　提唱者：ゲイリュサック（J. L. Gay-Lussac），フランス ある反応に 2 種類以上の気体が関与するとき，反応で消費あるいは生成した各気体の体積は，同一温度，同一圧力で簡単な整数比になる。
1811 年	アボガドロの法則　提唱者：アボガドロ（A. Avogadro），イタリア 同一圧力，同一温度，同一体積のすべての種類の気体には同じ数の分子が含まれる。

これらの法則は，ドルトンの原子説（1802 年）[2] やアボガドロの分子説（1811 年）での原子や分子の概念を考えることにより，うまく説明できることになる。ドルトンの原子説は次の通りである。

物質を分割していくと，これ以上分割できない微小な粒子に到達する。この粒子を原子といい，その種類によって大きさ，質量，性質などがそれぞれ異なり，物質が化学変化しても物質の原子の組み合わせが変わる

2）異種の原子は結合して複合原子をつくることはできるが，同種の原子は結合しない，すなわち単体はすべて単原子でできているという考えは誤りであった。

だけで，原子が新しく生成したり消滅したりすることはない。

また，アボガドロの分子説は次の通りである。

すべての気体は，原子の同種，異種を問わずいくつかの原子が結合した分子という粒子からなる。

これらの法則の中でも，質量保存の法則に基づいて「物質を定量的に扱ったこと」は，その後の化学の進歩に大きく貢献している。

物質の分類　自然界に存在する物質を分類すると，他の物質が混ざっていない純物質（単体，化合物）と 2 種類以上の物質が混ざりあっている混合物（均一混合物，不均一混合物）がある（図 1）。純物質は化学的にも物理的にもその物質特有の性質を有している。一方，当然のことであるが混合物は混合している物質の種類や割合に応じて性質が変化する。このような物質の性質の違いは，それを構成している原子の種類，構成比，結合の仕方の違いなどによるものである。化学はこれらの純物質の構造，性質，その変化をエネルギーと関連づけて理解する学問ともいえる。

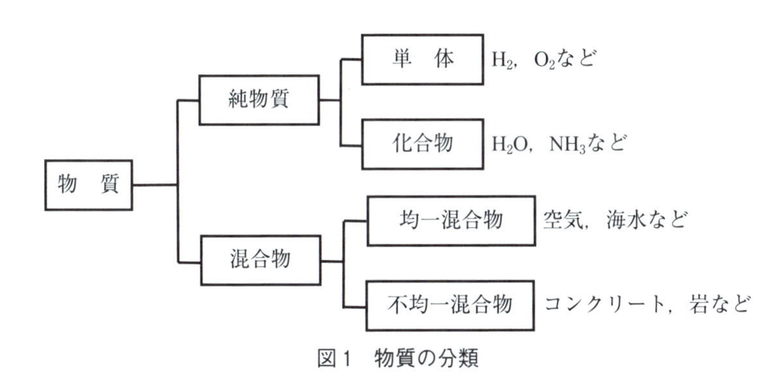

図 1　物質の分類

科学的手法　物質を理解したり物質の変化を確かめたりするためには，いろいろな実験をする必要がある。実験と実験結果を考察することを繰り返すことによって理論を導き出す。より詳細な科学的手法の流れを図 2 に示す。科学の始まりは，自然現象や物質変化に対する「観察」である。この観察に対する答えを出すため，まず「仮説」を立て，それが正しいかどうかを実証するために「実験」を行い，実験結果を解析して「結論」を出

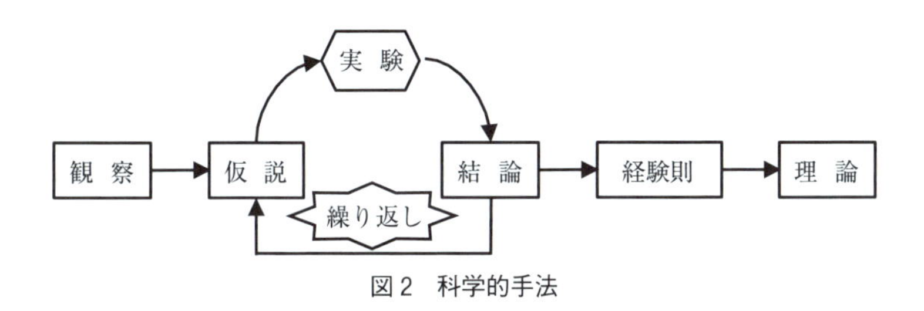

図 2　科学的手法

す。ここで，疑問があれば繰り返し実験を行う。得られた結論から「経験則」を見出し，この経験則を説明するために，「理論」を導き出すことになる。特に，化学においては取り扱う要因が多岐にわたるため実験は重要であり，実験してみないとわからないことが多い。新しい発見は実験を通してのみ得られるものである。

国際単位（SI 単位） 1960 年に開催された国際度量衡総会で単位の国際基準が採択され，この単位系の使用が推奨されている。この国際単位系の提案で主導的役割を果たしたのがフランスであったので，SI 単位系（Le Système International d'Unités）として受入れられている[3)]。SI 単位系では，七つの SI 基本単位とそれから導かれる SI 組立単位（SI 誘導単位）が用いられる。表 1 に SI 基本単位，表 2 に代表的な SI 組立単位を示す[4)]。

3）英語表記であれば，International System of Units であるので，もし英語表記が使われていたならば，IS 単位系とよばれていたかもしれない。

4）SI 単位以外の非 SI 単位も日常的に使用されているので，代表的な非 SI 単位を表 3 に示す。

表 1　SI 基本単位

物理量	名　称	記　号
長　さ	メートル	m
質　量	キログラム	kg
時　間	秒	s
電　流	アンペア	A
熱力学温度	ケルビン	K
物質量	モ　ル	mol
光　度	カンデラ	cd

表 2　SI 組立単位

物理量	名　称	記　号	単位の定義
力	ニュートン	N	$m\ kg\ s^{-2}$
圧　力	パスカル	Pa	$m^{-1}\ kg\ s^{-2}$（$= N\ m^{-2}$）
エネルギー	ジュール	J	$m^2\ kg\ s^{-2}$（$= N\ m$）
電　荷	クーロン	C	$s\ A$
電　圧	ボルト	V	$m^2\ kg\ s^{-3}\ A^{-1}$（$= J\ A^{-1}\ s^{-1}$）
電気抵抗	オーム	Ω	$m^2\ kg\ s^{-3}\ A^{-2}$（$= V\ A^{-1}$）
面　積		m^2	m^2
体　積		m^3	m^3
密　度		$kg\ m^{-3}$	$kg\ m^{-3}$
濃　度		$mol\ m^{-3}$	$mol\ m^{-3}$

表 3　非 SI 単位

物理量	名　称	記　号	単位の定義
長　さ	オングストローム	Å	$1\ Å = 10^{-10}\ m$
体　積	リットル	L	$1\ L = 10^{-3}\ m^3 = 1\ dm^3$
質　量	ト　ン	t	$1\ t = 10^3\ kg$
圧　力	アトム	atm	$1\ atm = 1.013 \times 10^5\ Pa$
	バール	bar	$1\ bar = 10^5\ Pa$
エネルギー	カロリー	cal	$1\ cal = 4.184\ J$
	電子ボルト	eV	$1\ eV = 1.60218 \times 10^{-19}\ J$

SI 基本単位だけでは，その数値が大きくなったり小さくなったりするので，SI 接頭語の使用が認められている。採用された SI 接頭語を表 4 に示す。例えば，1.0×10^6 g は 1.0 Mg，2.0×10^{-9} m は 2.0 nm となる。

表 4　SI 接頭語

因　子	接頭語	記　号	因　子	接頭語	記　号
10^{18}	エクサ	E	10^{-1}	デ　シ	d
10^{15}	ペ　タ	P	10^{-2}	センチ	c
10^{12}	テ　ラ	T	10^{-3}	ミ　リ	m
10^{9}	ギ　ガ	G	10^{-6}	マイクロ	μ
10^{6}	メ　ガ	M	10^{-9}	ナ　ノ	n
10^{3}	キ　ロ	k	10^{-12}	ピ　コ	p
10^{2}	ヘクト	h	10^{-15}	フェムト	f
10	デ　カ	da	10^{-18}	ア　ト	a

有効数字　実験において，いろいろな器具や測定装置から測定値が得られる。測定値は，目盛り（アナログデータ）やディスプレイの数値（デジタルデータ）を読むが，どちらにしても最後の桁には不確かさを含んでいる。有効数字は，「確実な桁の数字すべてとその次の不確実な桁の数字を合わせたもの」と定義する。

例

	有効数字
12345	5 桁
12.345	5 桁
0.012345	5 桁

有効数字を考える上で，0 の取り扱いは他の数字と異なっている。0.012300 を例にすると，有効数字は 5 桁である。1 の前の二つの 0 は小数点の位置を示すもので有効数字とは関係ない。一方，3 の後にある二つの 0 は意味をもち，有効数字に含まれる。もう一つの例として，12300 の有効数字を考えてみよう。この有効数字は，3 桁，4 桁あるいは 5 桁のいずれかであり，有効数字は決定できない。このような場合には，数値をベキ乗で表すことが薦められる。すなわち，1.23×10^4 では有効数字は 3 桁，1.230×10^4 では 4 桁，1.2300×10^4 では 5 桁であることが明確になる。また，有効数字の取り扱いで混同しやすいものとして対数がある。対数は，整数部分（指標）と小数部分（仮数）からなるが，小数部分だけが有効数字である。例えば，$\log(1.00 \times 10^{11}) = 11.000$ となる。有効数字は小数部分（000）の 3 桁であり，整数部分（11）は有効数字に入らない。

有効数字は最後の桁に不確かさ（誤差）を含んでいるので，これを超える桁数は無意味である。実際の計算では，有効数字の最も小さい桁数に合わせるが，加減算（＋－）と乗除算（×÷）では取り扱いが異なる。加減算では小数点の位置をそろえ，それ以下の数字について有効数字の桁数の最小のものに合わせる。一方，乗除算では計算結果の有効数字を有効桁数の最小のものに合わせる。

例

123.456 − 12.34 = 111.12
123.456 × 12.34 = 1523

有効数字を決めるために，単純な四捨五入は行わない。有効数字の最後の桁の次の数字が 6 以上の場合には，その数は切り上げられ，4 以下の場合は切り捨てられる。最後の数字が 5 の場合は，その上の桁が奇数であれば切り上げ，偶数ならば切り捨てて，最後の桁が常に偶数になるようにする。

例

23.456 → 23.46（切り上げ）　1.2234 → 1.223（切り捨て）
12.335 → 12.34（切り上げ）　12.345 → 12.34（切り捨て）

データ処理　実験で得られる測定値は，真の値に近ければ近いほどよい。測定値と真の値との差は正確さ（確度），繰り返した測定値の一致の程度（再現性）は精度という。繰り返し実験のデータをプロットすると，通常は正規分布になる。そのピーク位置が真の値に近いほど正確さが高く，その分布がシャープなほど精度が高いことになる。このように，正確さが高いと精度も高くなるということはない。当然，正確さと精度が高いとよい測定であり，逆に実験値が真の値から離れたところでばらついていれば，その測定は悪いことになる[5)]。正確さと精度は，統計的に処理できる。データ処理に用いられる代表的な用語を以下に示す。

5)

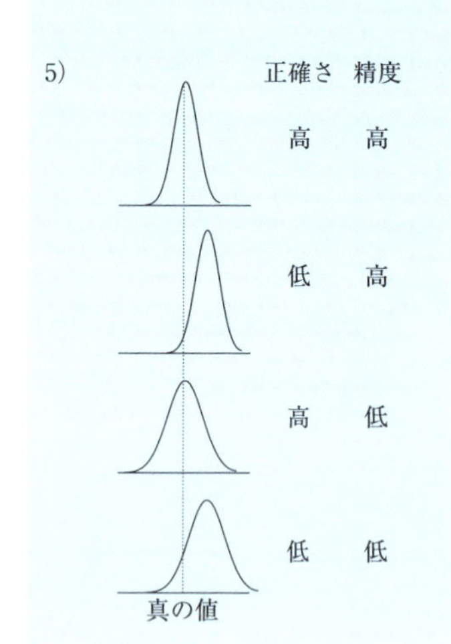

平均値（m）：測定値 x_i を合計したものを測定数 n で割った値で，測定値の中心的傾向を表す。

$$m = \frac{x_1 + x_2 + x_3 + \cdots\cdots + x_n}{n} = \frac{\sum_{i=1}^{n} x_i}{n}$$

標準偏差（s）：測定値のばらつきを示す一つの尺度で，科学分野では広く用いられる。

$$s = \sqrt{\frac{\sum_{i=1}^{n}(x_i - m)^2}{n - 1}}$$

変動係数（相対標準偏差）（CV）：標準偏差 s を平均値 m で割ってパーセントで表したもので，測定値の精度を示す尺度である。

$$CV = \frac{s}{m} \times 100 \ [\%]$$

第Ⅰ編　物質の構成

第1章　原子の構造

本章では物質の最小単位である原子について，その構成要素について理解を深める。すなわち，原子は陽子と中性子からなる原子核とそれをとりまく電子からなっており，陽子の数が原子番号を規定している。また，同位体は中性子数の異なるものであり，それらの表記法についても学ぶ。なお，本章では現在認識されている事実を列挙しているが，ここへ至る変遷については第2章を参照していただきたい。

1.1 原　子

原子（atom）の直径は1～5 × 10^{-10} m程度で，1個の原子核（atomic nucleus）とそれをとりまく1～100個余りの電子（electron）から成り立っている。原子核は 10^{-14} m～10^{-15} m程度の直径をもつ粒子で，陽子（proton）と中性子（neutron）からなり，両者合わせて核子といい，原子の大部分の質量を占める[1)]。これに対し，電子の質量は陽子や中性子の約1/1840と非常に軽い。原子核の電荷は，原子中の電子1個の電荷に等しいかあるいはその整数倍である。すなわち，電子の電荷は $-e$，原子核の電荷は $+Ze$ である。Z は整数であり，原子番号（atomic number）とよばれ，中性原子では電子の数も Z に等しい。ここで，e は電気素量（elementary charge）であり，その値は $e = 1.60218 \times 10^{-19}$ C である。陽子，中性子や電子のように物質の根元的な構成粒子のことを素粒子という。表1-1にこれらの質量と電荷を示す。

1)　原子と原子核の大きさをたとえると，原子を甲子園球場とするとボールが原子核にほぼ対応する。なお，原子内での電子の存在状況については第2章で詳しく述べる。

表1-1　原子の構成粒子とその性質

素粒子	記号	質量 /kg	原子質量 /u	電荷 /C
陽子	p	$1.6726231 \times 10^{-27}$	1.007276	$+ 1.60217733 \times 10^{-19}$
中性子	n	$1.6749284 \times 10^{-27}$	1.008665	0
電子	e	$9.1093897 \times 10^{-31}$	0.000549	$- 1.60217733 \times 10^{-19}$

ある元素（element）の原子核中の陽子の数はその元素の原子番号（Z）に等しく，その元素に特有である。一方，中性子の数（N）は陽子の数と同じか多いが，その数は陽子のようには各元素について一定していない。すなわち，同じ元素の陽子数は一定で Z に等しいが，中性子数はまちまちである。中性原子ではこのような原子核を Z 個の電子がとりまいている。

核子の総数，すなわち陽子と中性子の数の和を質量数（mass number）といい，A で表す。電子の質量は陽子や中性子に比べて非常に小さいので，原子の質量は質量数にほぼ等しい。これらをまとめると，原子番号，質量数は以下のように表される。

原子番号（Z）＝ 陽子数 ＝ 電子数

質量数（A）＝ 陽子数（Z）＋ 中性子数（N）

1.2 同位体

先に述べたように，同じ元素でありながら質量数が異なる原子が存在する。このような原子を互いに同位体（isotope）という。いいかえると，同位体とは陽子数と電子数が同じで，中性子数が異なる原子である。また，同位体は原子番号が同じであるので，それらの化学的性質は同じである。特定の原子を元素記号Eで表すときには，元素記号の左下に原子番号を，左上に質量数を付記する。

$^{A}_{Z}\mathrm{E}$　E：元素記号，Z：原子番号，A：質量数

このように指定された原子または原子核のことを核種（nuclide）という。

同位体の例を表1-2に示す。水素は質量数1のものに加えて，質量数2の重水素（deuterium），質量数3の三重水素（tritium）の存在が知られている[2)]。

2）水素の元素記号はHであるが，重水素はDで，三重水素はTで表すことがある。これを用いるとH_2Oは軽水，D_2Oは重水を表す。

表1-2　同位体の種類と存在率

元素	原子番号	核種	陽子数	中性子数	同位体の相対質量 /u	存在率 /%	原子量
水素	1	$^{1}_{1}\mathrm{H}$	1	0	1.007825	99.985	1.00794
		$^{2}_{1}\mathrm{H}$	1	1	2.014102	0.015	
		$^{3}_{1}\mathrm{H}$	1	2	3.01695	0[a)]	
炭素	6	$^{12}_{6}\mathrm{C}$	6	6	12	98.893	12.011
		$^{13}_{6}\mathrm{C}$	6	7	13.003355	1.107	
窒素	7	$^{14}_{7}\mathrm{N}$	7	7	14.003074	99.634	14.007
		$^{15}_{7}\mathrm{N}$	7	8	15.000109	0.366	
酸素	8	$^{16}_{8}\mathrm{O}$	8	8	15.994915	99.762	15.999
		$^{17}_{8}\mathrm{O}$	8	9	16.999131	0.038	
		$^{18}_{8}\mathrm{O}$	8	10	17.999159	0.200	

a）放射性同位元素であり，天然には極めて微量にしか存在しない。

1.3 原子量

原子の絶対質量は極めて小さく，これを使うのは煩雑である。そこで，^{12}C の質量を基準にして厳密に相対質量を12と定め，これを基準にした各原子の相対質量（原子質量）が用いられている。ここで，^{12}C 原子の1個の質量の1/12を統一原子質量単位（unified atomic mass unit，記号uまたはDa（Dalton））とよび，1 u または 1 Da ＝ $1.66053906660 \times 10^{-27}$ kg である。

ある元素において，同位体それぞれの原子質量と存在率から計算した平均相対質量を，この元素の原子量（atomic weight）という。一例として，炭素の場合では以下のようになる。

$$\text{炭素の原子量} = \frac{(12.000000 \times 98.893 + 13.003355 \times 1.107)}{100} = 12.011107$$

章末問題

1　元素と原子の定義を水素を例に説明しなさい。

2　次の表の空欄をうめなさい。

	核種	原子番号	質量数	陽子数	中性子数	電子数
1	(　)	(　)	37	17	(　)	18
2	(　)	(　)	90	38	(　)	(　)
3	(　)	55	(　)	(　)	82	54
4	(　)	(　)	(　)	(　)	138	88
5	^{235}U	(　)	(　)	(　)	(　)	(　)
6	(　)	94	239	(　)	(　)	(　)

3　次の表を利用してカリウム K の原子量を求めなさい。

同位体	同位体の相対質量 / u	存在率 / %
^{39}K	38.964	93.258
^{40}K	39.964	0.012
^{41}K	40.962	6.730

4　塩素の原子量は 35.453 である。いま，塩素は ^{35}Cl と ^{37}Cl の混合物であると考えて，それぞれの存在率を計算しなさい。ただし，^{35}Cl の相対質量は 34.969，^{37}Cl の相対質量は 36.966 とする。

第2章 電子の軌道と電子配置

高等学校では，原子中での電子はある半径をもった円運動をしていると習ったが，本章ではそのイメージを壊して欲しい。原子の中で電子がどのように振る舞っているか，それは物質の構造，性質，反応を研究する化学において非常に重要である。それを理解するには20世紀に入って確立された量子力学の助けを借りなくてはならない。そこで，本章では量子力学へ至る道のりを俯瞰しつつ，原子や電子のように非常に微細な粒子の運動について確立された量子力学の立場に立って，原子中での電子の振る舞いを理解することを最重要ポイントにする。また，放射性元素についても概観し，それらの利用例についても理解する。

2.1 量子力学へ至る道のり

2.1.1 水素原子のスペクトル

水素ガスを放電管に定圧で封入し，放電すると淡赤色に光る。これをプリズム分光すると，図2-1のようなとびとびの輝線スペクトルが観測される。これは水素原子の放出するエネルギーに起因するもので，原子スペクトルとよばれる。バルマー（J. J. Balmer）は1885年に各スペクトル線の波長λが次のような簡単な式で示されることを見出した。

$$\lambda = k\frac{n^2}{n^2 - 2^2} \quad k = 364.7\ \mathrm{nm},\ n = 3,\ 4,\ 5,\ \cdots \tag{2-1}$$

この式で表される一群のスペクトルはバルマー系列とよばれている。

さらに，リュードベリ（J. R. Rydberg）は，波数$\tilde{\nu}$[1]を用いてより一般的な次式に改めた。

1）電磁波の速度は光速cと同じであるので，波長をλとするとその振動数νは$\nu = c/\lambda$となる。したがって，波数$\tilde{\nu}$（ニューバーとよぶ）は$\tilde{\nu} = 1/\lambda = \nu/c$の関係が成り立つ。

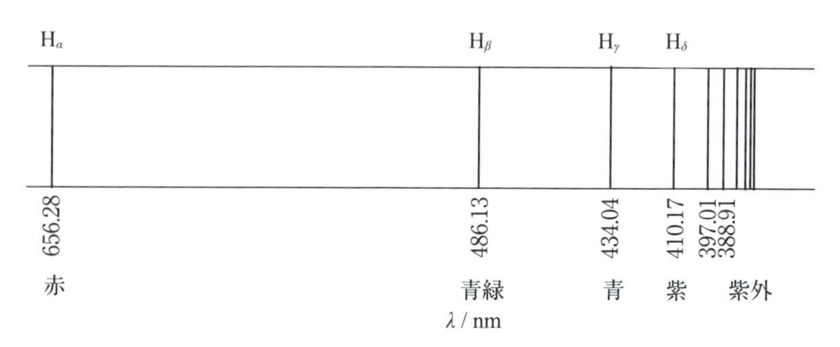

図2-1 水素原子のスペクトル（バルマー系列）

$$\tilde{\nu} = \frac{1}{\lambda} = R\left(\frac{1}{2^2} - \frac{1}{n^2}\right) \quad R = 1.097373 \times 10^7\ \mathrm{m}^{-1},\ n = 3,\ 4,\ 5,\ \cdots \tag{2-2}$$

なお，R はリュードベリ定数といわれる。

その後，分光技術の進歩に伴って水素原子に対して他にいくつかの系列が発見され，各系列に発見者の名が付けられた。それらを表2-1に示す。リュードベリ定数 R はいずれの系列においても同じ値であり，次式が成立する。

$$\tilde{\nu} = \frac{1}{\lambda} = R\left(\frac{1}{n_1^2} - \frac{1}{n_2^2}\right) \tag{2-3}$$

表2-1　水素原子のスペクトル系列

スペクトル系列	n_1	n_2
ライマン（Lyman）	1	2, 3, 4, …
バルマー（Balmer）	2	3, 4, 5, …
パッシェン（Paschen）	3	4, 5, 6, …
ブラケット（Brackett）	4	5, 6, 7, …
プント（Pfund）	5	6, 7, 8, …

これをリュードベリの式といい，式中の n_1 と n_2 は $n_1 < n_2$ の値の正の整数で，その値は表2-1に示したように系列によって異なる。(2-3）式から計算される原子スペクトルは実験値と非常によい一致を示した。しかし，整数のみの関数である（2-3）式がなぜこのような結果をもたらすかについては知る由もなかった。

2.1.2　プランクによるエネルギーの量子仮説

金属などの固体を熱するとその温度によって様々な波長の光を出す。比較的温度が低いときは赤いが，温度が高くなるにつれてだんだん青白くなる。恒星の色とその温度の間にも同様の関係がある。この現象を黒体輻射とよび理論化が図られたが，実験結果との深刻なずれを解消できなかった。この原因が，エネルギー E という物理量が連続的な値をもつことを前提にした，ニュートンの力学法則から導かれたことにあると考えたプランク（M. Planck）は，1901年に（2-4）式のようにエネルギーの最小単位 $h\nu$ の整数倍とすると正確に説明できることを示した。

$$E = nh\nu \quad (n = 0,\ 1,\ 2,\ \cdots) \tag{2-4}$$

この比例定数 $h = 6.626 \times 10^{-34}$ J s は後にプランク定数とよばれ，物理学の基本定数となった。また，エネルギーが $h\nu$ を最小単位とした不連続な量であり，これをエネルギー量子とよんだ[2)]。このエネルギー量子仮説は，エネルギーは連続的なものであるとするニュートンの力学とは全く異なる新しい考え方であったため，当初はほとんど無視された。

2）ある物理量がプランク定数 h の整数倍になること，あるいは整数倍にする処理のことを量子化という。

2.1.3 光電効果

20世紀初頭におけるもう一つの説明不可能な現象は，1887年にヘルツ（H. Hertz）によって見出された光電効果であった。光電効果は，真空中の金属板に光が当たると金属板から電子が飛び出す現象であるが，光が波動である前提では説明がつかなかった。1905年アインシュタイン（A. Einstein）は，プランクのエネルギー量子仮説は光電効果を説明する手がかりになると考え，「光は粒子（光量子）から成り立っており，この光量子1個のエネルギーが $h\nu$ である」とすると光電効果を合理的に説明できることを示した。ここに彼は，光は波動であるとともに粒子でもあるという光の二重性[3)]の概念を確立し，さらにプランクのエネルギー量子の考え方に普遍性があることを示し，量子力学の幕開けを切り拓いた。

3) ニュートンは光が直進することから光を粒子と考えていた。一方，光は回折や干渉の現象を示すことから，ホイヘンス（C. Huygens）らにより光は波動であるとした。さらに，マックスウエル（J. Maxwell）は，光は電磁波の一種であることを示していた。

2.1.4 ラザフォードの原子モデル

19世紀の終わりまでには，物質は原子とよばれるような基本的な粒子でできているとする原子論が確立していた。トムソン（J. J. Thomson）は1897年に原子の中に電子が存在することを発見し，何らかの正の電荷の一様な海の中に電子が散りばめられているというトムソンモデルを提案した。

ラザフォード（E. Rutherford）は，放射線の一種 α 線のビームを薄い金箔にあててその散乱挙動を観察していたところ，α 線の大部分は直進したがごく一部は金箔によって散乱された。この実験結果を説明するためにラザフォードは，原子の質量の大部分を占める原子核は非常に小さな領域に集中し，そのまわりを電子が取り巻いているというモデルを1911年に提唱した。そして，原子核と電子のクーロン引力が，電子の原子核まわりの回転による遠心力とつりあっているために，原子は安定であると考えた。

2.2 量子力学

2.2.1 ボーアの原子モデル

従来の古典電磁気学では，電荷を持った粒子が円運動をすると電磁波を放射しエネルギーを失ってしまう。そのため，正の電荷を帯びた原子核のまわりを負の電荷をもった電子が同心円状の軌道を周回しているというラザフォードの太陽系型原子模型や長岡の土星型原子模型では，電子はエネルギーを失って原子核に引き寄せられてしまうはずであった。一方で，2.1.1に示したように，原子スペクトルは特定の振動数のみに限られ，各振動数の間には一定の法則が成り立つことが知られていた。

そこで，ボーア（N. Bohr）はラザフォードの原子モデルにプランクのエネルギー量子仮説を取り入れ，さらにリュードベリの（2–3）式に理論的根拠を与えた。具体的には以下のような大胆な仮説を導入し，新たな原子モデルを提案した。

① 電子は原子核のまわりの軌道のうち，特定のもの（定常状態）のみが許される。定常状態にある電子は光を発しない。

② 電子のまわっている軌道は以下の条件（量子条件）を満たしていないといけない。すなわち，質量 m の電子の角運動量は $h/2\pi$ の整数倍に量子化されている。

$$mrv = n\left(\frac{h}{2\pi}\right) \tag{2-5}$$

③ 電子は ② の量子条件で決まる軌道を固有のエネルギーでまわるが，外部の作用で他の軌道に遷移するときにのみ光を吸収（または放出）する。すなわち，軌道 I から軌道 II へ遷移するとき，両軌道のエネルギー差 ΔE（$= E_{\mathrm{II}} - E_{\mathrm{I}}$）に相当するエネルギーを，振動数 ν の光として吸収（または放出）する。

$$\Delta E = E_{\mathrm{II}} - E_{\mathrm{I}} = h\nu \tag{2-6}$$

これをボーアの振動数条件という。

彼はこれらの仮説を用いて以下のように導いた。質量 m の電子が電荷 $+Ze$ の原子核を中心とする半径 r の軌道を速度 v でまわっている（図 2-2）。力学的な定常状態においては，原子核と電子の静電力 $Ze^2/4\pi\varepsilon_0 r^2$ と電子の遠心力 mv^2/r がつりあっていなければならない。ここで，ε_0 は真空の誘電率である。

$$\frac{Ze^2}{4\pi\varepsilon_0 r^2} = \frac{mv^2}{r_n} \tag{2-7}$$

（2-5）式と（2-7）式から許される軌道の半径 r が求められる。

$$r_n = \left(\frac{\varepsilon_0 h^2}{Z\pi me^2}\right) n^2 = a_0 n^2 \tag{2-8}$$

ここで，a_0 は $n = 1$ の最小軌道の半径でボーア半径といい，$a_0 = 0.0529$ nm

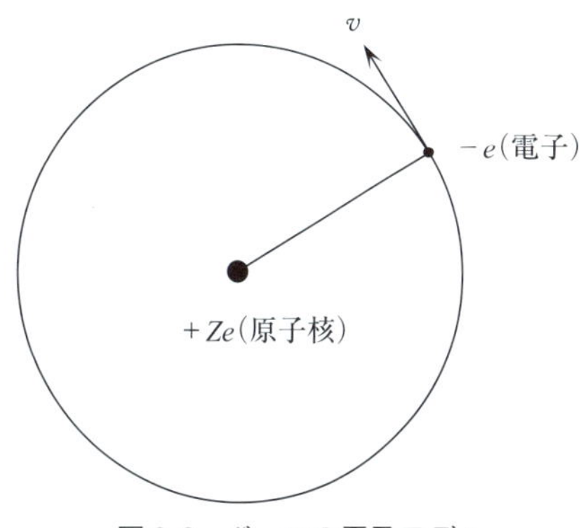

図 2-2　ボーアの原子モデル

である。

また，ある軌道における電子の全エネルギーは，運動エネルギー（$mv^2/2$）と位置エネルギー（$-Ze^2/4\pi\varepsilon_0 r$）となるので，（2-8）式から全エネルギー$E_n$は次のようになる。

$$E_n = -\frac{Ze^2}{4\pi\varepsilon_0 r} + \frac{mv^2}{2} = -\left(\frac{Z^2me^4}{8{\varepsilon_0}^2h^2}\right)\left(\frac{1}{n^2}\right) \qquad (2\text{-}9)$$

（2-8）式，（2-9）式からわかるように，電子の半径rも全エネルギーE_nも整数nだけの関数となるので，とびとびの値しか取ることが許されない，すなわち量子化されている。そして，$E_1 = -13.6\,\text{eV}$，$r_1 = a_0$；$E_2 = (1/4)E_1$，$r_2 = 2^2a_0$；$E_3 = (1/9)E_1$，$r_3 = 3^2a_0$；…；$E_\infty = 0$となる。図2-3にエネルギー準位とその間の遷移を示す。$n = 1$の最もエネルギーが低くて安定な状態を基底状態（ground state），$n = 2$以上を励起状態（excited state）という。

ボーアの仮説③によると，エネルギーが高い状態n_2から低い状態n_1へ電子が遷移すると，エネルギーΔEに相当するエネルギーをもつ光が放出されるので

$$\Delta E = h\nu = E_{n_2} - E_{n_1} = \left(\frac{Z^2me^4}{8{\varepsilon_0}^2h^2}\right)\left(\frac{1}{{n_1}^2} - \frac{1}{{n_2}^2}\right) \qquad (2\text{-}10)$$

したがって，（2-10）式の振動数νを光の速度cで割って波数$\tilde{\nu}$に変えると

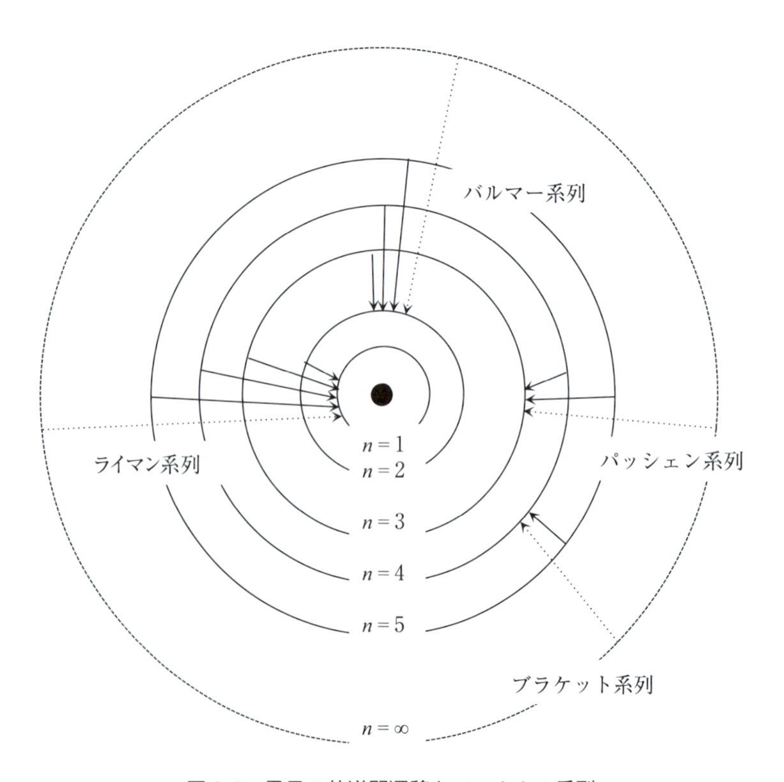

図2-3　電子の軌道間遷移とスペクトル系列

$$\tilde{\nu} = \nu/c = \left(\frac{Z^2me^4}{8\varepsilon_0{}^2ch^3}\right)\left(\frac{1}{n_1{}^2} - \frac{1}{n_2{}^2}\right) \quad (2\text{–}11)$$

が得られ，理論的に（2–3）式を導くことができる。ここで，$Z = 1$ の場合が水素原子であり，リュードベリ定数 R は

$$R = \frac{me^4}{8\varepsilon_0{}^2ch^3} \quad (2\text{–}12)$$

となる[4)]。

このように，ボーアの原子モデルは高い精度で水素原子のスペクトルを説明でき，エネルギーが量子化された値しかとり得ないことを示した。しかし，電子の軌道を平面的な円軌道に限っていることなど仮説が多い，ヘリウムやその他の電子構造の原子スペクトルが説明できないなど，多くの欠陥があることが判明した。

4）（2–12）式より計算されるリュードベリ定数は $1.09737 \times 10^7\ \mathrm{m}^{-1}$ となり，実験値 $1.09678 \times 10^7\ \mathrm{m}^{-1}$ とよい一致を示す。

2.2.2　ド・ブロイの物質波

アインシュタインの相対性理論によれば，物質の質量 m とそのエネルギー E との間には次のような関係が成立する。

$$E = mc^2 \quad (2\text{–}13)$$

一方，プランクの量子仮説に従えば $E = h\nu$ であるから，これと上式より

$$mc^2 = h\nu = h\left(\frac{c}{\lambda}\right)$$

$$\therefore\ mc = \frac{h}{\lambda} \quad (2\text{–}14)$$

が得られる。mc は光の運動量にあたるから，上式は光の波動性を特徴づける波長 λ と，粒子性を代表する運動量 mc とを結びつけていることになる。

1924年，ド・ブロイ（L. V. de Broglie）は波動性と粒子性の二重性は光だけのものではなく，いかなる物質においても備わっていると考え，（2–14）式を拡張して，運動量 mv で運動する物質粒子は

$$mv = p = \frac{h}{\lambda} \quad (2\text{–}15)$$

で関係づけられる波長をもつ波動（これを物質波とよぶ）でもあるとした。この式をド・ブロイの式という。プランク定数の値は非常に小さいので，マクロな物質ではその波動性は無視できる。しかし，電子のようにミクロな量子ではその波長 λ は無視することができない。すなわち，波動性が無視できない量子の運動はニュートン力学では記述できないわけである。

2.2.3　シュレーディンガーの波動方程式

シュレーディンガー（E. Schrödinger）はド・ブロイの考えをもとに，電子などの量子が波動性を示すのであれば，その波の満足する波動方程式

が存在するに違いないと考えた。彼は，弦の振動のような古典的波動を表す波動方程式にド・ブロイの式を援用して以下の式を導いた。

$$\frac{\partial^2\psi}{\partial x^2}+\frac{\partial^2\psi}{\partial y^2}+\frac{\partial^2\psi}{\partial z^2}+\frac{8\pi^2 m}{h^2}(E-V)\psi=0 \qquad (2\text{–}16)$$

これをシュレーディンガーの波動方程式という。ここで，Eは量子の全エネルギー，Vはポテンシャルエネルギーである。また，ψ（プサイ）は波動関数（wave function）であり，量子の位置を表す直交座標系（x, y, z）の関数である。なお，(2–16）式には時間tが含まれていないので，系の状態が時間と共に変化することのない場合，すなわち定常状態における関係式である。

波動関数ψ自身は物理的意味を有しないので量子の正確な位置や運動を記述することはできないが，$\psi^2 dxdydz$は微小空間$dxdydz$中に見出す確率を与える。このように，電子のように微細な量子が従う量子力学においては，電子は決まった軌道（オービット，orbit）の上を運動するのではなく，電子の存在しそうな空間領域は電子の存在確率として分布している。また，電子の存在確率は三次元的に広がった雲のようであることから電子雲（electron cloud）とよばれる（図2–4（a））。簡単には，図2–4（b）のように存在確率の大部分（例えば95%）を内包する球面の断面を円で表すが，より正確に表現するには，図2–4（c）のように軌道関数値の等値線図（等高線の一種）を描くこともある。このような，電子の運動の空間的な広がりを示す関数を軌道（オービタル，orbital）[5)]という。

5) 英語では古典的な軌道をorbit（オービット）とよび，それに対して量子力学的な軌道はorbital（軌道のようなもの）とよんで区別している。しかし，日本語ではこの全く異なる二つのものを両方とも「軌道」とよぶため，量子力学的な軌道（orbital）についての誤解や混乱が生まれることもある。このような誤解を避けるために，量子力学的な軌道をオービタルとよんで区別することもある。

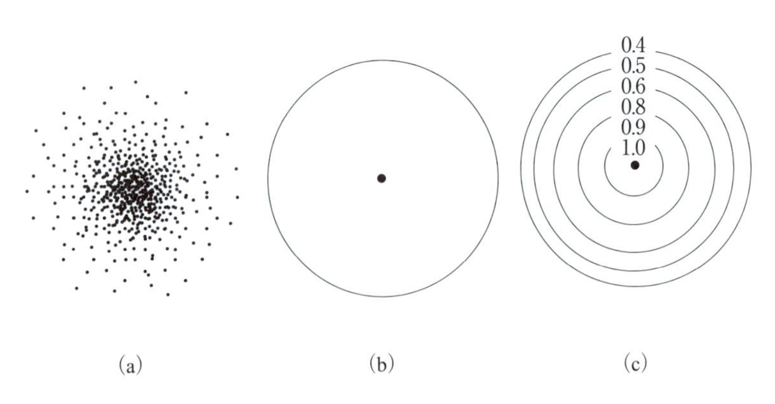

図2–4 水素原子の1s軌道の表現法

2.2.4 ハイゼンベルグの不確定性原理

巨視的な世界においては粒子の位置と運動量はニュートン力学によって同時に正確に決定することができるが，原子レベルのような微視的世界においては粒子が波動性をもつため，位置と運動量を同時に正確に決めることに原理的制限が加わる。これが1927年にハイゼンベルグ（W. Heisenberg）が唱えた不確定性原理（uncertainty principle）である。一次元の直交座標系では次式が成立する。

$$\Delta x \Delta p_x \geqq \frac{h}{4\pi} \qquad (2\text{–}17)$$

ここで，Δx は位置の不確定さを，Δp_x は運動量の不確定さを表す。

2.2.5　量 子 数

シュレーディンガーの波動方程式を解くことによって，それぞれの軌道のエネルギー E と波動関数 ψ を求めることができる。波動関数の解は三つの量子数（quantum number）n，l，m_l の関数として表され，それらのとりうる値はいずれも整数である。したがって，それぞれの軌道はこれらの量子数によって規定されており，各量子数は次のような意味をもつ。

n：主量子数（principal quantum number）電子のエネルギーは n に依存する。

l：方位量子数（azimuthal quantum number）軌道の形は l に依存する。

m_l：磁気量子数（magnetic quantum number）軌道の空間での配向は m_l に依存する。

これら三つの量子数とは別に

m_s：スピン量子数（spin quantum number）電子の自転方向は m_s に依存する。

また，n，l，m_l，m_s は次のように制限される。

$n = 1,\ 2,\ 3,\ \cdots$

$l = 0,\ 1,\ 2,\ \cdots,\ n-1$

$m_l = -l,\ -l+1,\ \cdots,\ 0,\ \cdots,\ l-1,\ l$

$m_s = \pm\ (1/2)$

主量子数 n の値によって電子殻は次のように命名される。

$n = 1,\ 2,\ 3,\ 4,\ \cdots$

殻　K，L，M，N，…

また，方位量子数 l の値によって軌道は次の記号が使われる[6]。

$l = 0,\ 1,\ 2,\ 3,\ \cdots$

軌道 s，p，d，f，…

例えば，$n = 1$，$l = 0$ の場合は1s軌道，$n = 2$，$l = 1$ の場合は2p軌道となる。2p軌道の場合は，磁気量子数 m_l が -1，0，$+1$ の値を取り得るので，それに対応して同じエネルギー準位をもつ $2p_x$，$2p_y$，$2p_z$ 軌道が存在する。$2p_x$，$2p_y$，$2p_z$ 軌道のように同じエネルギー準位をもつ状態を縮退または縮重（degeneracy）しているという。さらに，各軌道はスピ

6) 原子スペクトルをよぶときに用いられる英語の頭文字で，s は sharp，p は principal，d は diffuse，f は fundamental である。

殻	n	l	m_l	m_s	軌道	1s	2s	2p			3s	3p			3d					4s	元素記号
K	1	0	0	+1/2	1s	↑															H
				- 1/2		⇅															He
L	2	0	0	+1/2	2s		↑														Li
				- 1/2			⇅														Be
		1	-1	+1/2	2p			↑													B
				- 1/2				↑	↑												C
			0	+1/2				↑	↑	↑											N
				- 1/2				⇅	↑	↑											O
			1	+1/2				⇅	⇅	↑											F
				- 1/2				⇅	⇅	⇅											Ne
M	3	0	0	+1/2	3s						↑										Na
				- 1/2							⇅										Mg
		1	-1	+1/2	3p							↑									Al
				- 1/2								↑	↑								Si
			0	+1/2								↑	↑	↑							P
				- 1/2								⇅	↑	↑							S
			1	+1/2								⇅	⇅	↑							Cl
				- 1/2								⇅	⇅	⇅							Ar
		2	-2	+1/2	3d										↑					⇅	Sc
				- 1/2											↑	↑				⇅	Ti
			-1	+1/2											↑	↑	↑			⇅	V
				- 1/2											↑	↑	↑	↑	↑	↑	Cr
			0	+1/2											↑	↑	↑	↑	↑	⇅	Mn
				- 1/2											⇅	↑	↑	↑	↑	⇅	Fe
			1	+1/2											⇅	⇅	↑	↑	↑	⇅	Co
				- 1/2											⇅	⇅	⇅	↑	↑	⇅	Ni
			2	+1/2											⇅	⇅	⇅	⇅	⇅	↑	Cu
				- 1/2											⇅	⇅	⇅	⇅	⇅	⇅	Zn
N	4	0	0	+1/2	4s															↑	K
				- 1/2																⇅	Ca

図 2-5 量子数と電子配置 7)

7) 塗りつぶした部分にも電子（⇅）が存在する。

ン量子数 m_s が + 1/2 と − 1/2 の二つの値を取り得るので，一つの軌道には最大 2 個の電子を収容しうる。

これらの規則に従って n，l，m_l，m_s の組み合わせを図 2-5 に示す。

2.2.6 軌道の形

量子数 n，l，m_l の組み合わせにより様々な軌道が規定されることを示したが，それら軌道の形は波動関数から求められる電子密度の分布図として図 2-6 に示したような電子雲となる。先にも触れたように，電子は決まった軌道（オービット）上を運動するのではなく，全空間にわたって濃淡のある確率密度を示しながら分布している。図 2-6 では便宜上，例えば電子がその内部に 95% の確率で見出されるような領域を考え，その領域面を示してある。

例えば，s 軌道はその波動関数が球対称関数であるので図 2-6 のように球面で表される。また，三重に縮重した p 軌道は p_x，p_y，p_z 軌道がそれぞれ x 軸，y 軸，z 軸方向にふくらみ出た形をとっている。すなわち，p 軌道は s 軌道と違って方向性をもっている。d 軌道はさらに複雑な形をしており，五つの軌道からなっている。

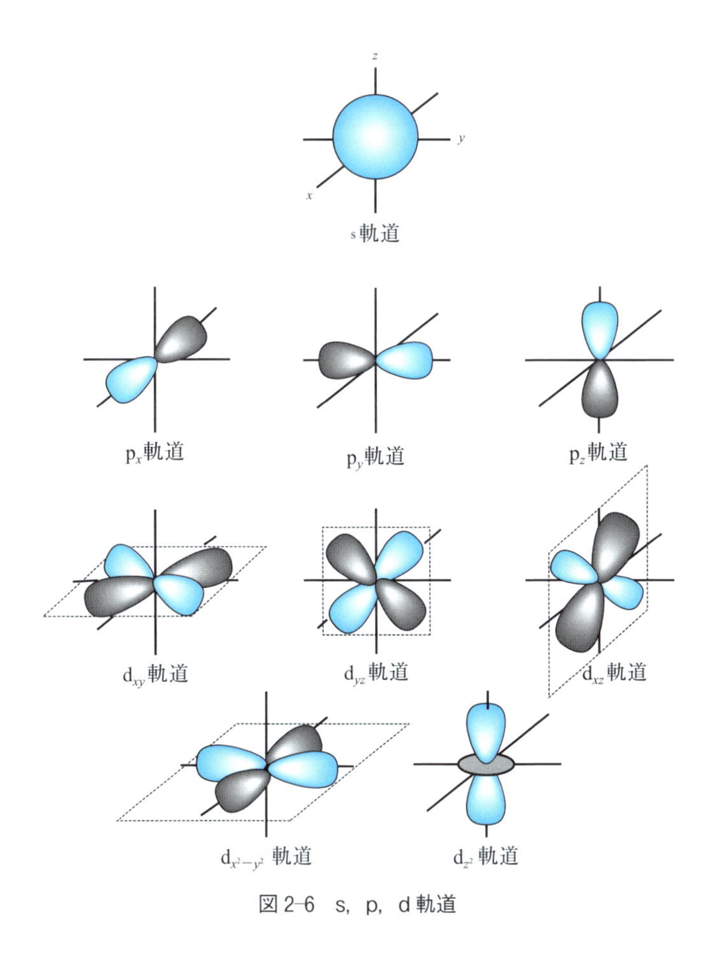

図 2-6　s, p, d 軌道

2.2.7　軌道のエネルギー

それぞれの軌道がもつ エネルギーのことをエネルギー準位とよび，それを図示したものをエネルギー準位図という。各軌道のエネルギー準位は次のような順番になっている。

1s < 2s < 2p < 3s < 3p < 4s < 3d < 4p < 5s < 4d < 5p < 6s < 4f < 5d < 6p < 7s < 5f < 6d

これからわかるように，4s と 3d のようにエネルギー準位が逆転しているところがいくつか存在している。図 2-7 に各軌道のエネルギー準位図を示す。

電子を各軌道に配置する仕方はいく通りもある。例えば，原子番号 1 の水素は 1 個の電子を有しているが，原子が安定な状態にある場合には，この電子はエネルギー準位の最も低い 1s 軌道に充填されるであろうが，ある一定エネルギーを与えられると，よりエネルギー順位の高い 2s 軌道や 2p 軌道に充填されるであろう。このように，最も低いエネルギー状態の配置を基底状態（ground state）といい，それ以外のエネルギーの高い配置を励起状態（excited state）という。

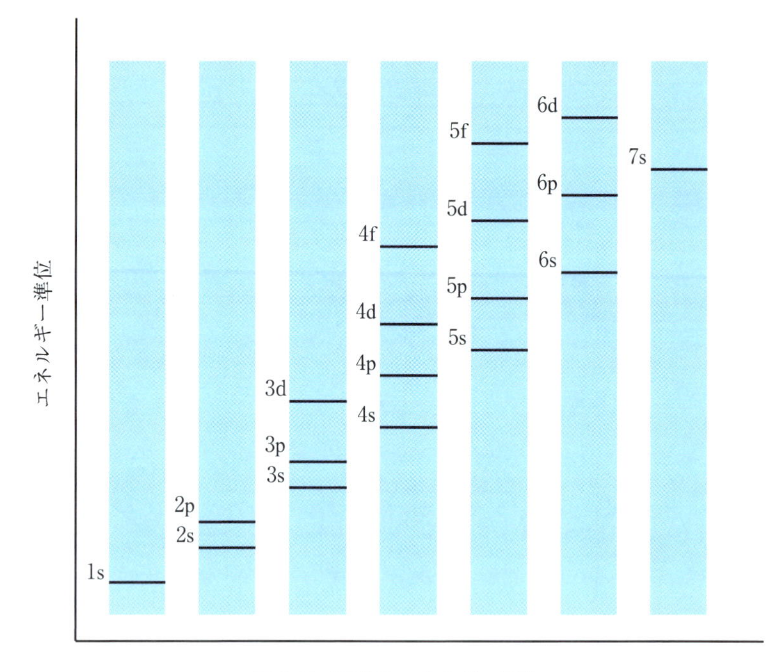

図 2-7　軌道のエネルギー準位

2.2.8　電子配置の構成原理

基底状態における原子内での電子の配置の仕方はただ一つであり，それは以下の規則に従っている。

① 電子はエネルギー準位の低い軌道から順番に入っていく。

② 縮重した軌道がある場合，電子は可能な限り異なる軌道に，また可能な限りスピンを平行にして入っていく［フントの規則（Hund's rule)］。

③ 原子内の電子は n，l，m_l，m_s の四つの量子数によって規定される一つの状態にただ 1 個しか存在できない［パウリの排他原理（Pauli exclusion principal)］。

これらの規則のセットを電子配置の構成原理という。構成原理に従って H から Ca までの電子配置を図 2-5 に示す。なお，原子番号 18 の Ar の 3p 軌道に電子が入った後，次は 3d 軌道ではなく N 殻の s 軌道（4s）へ電子が入る。その後，M 殻の d 軌道（3d）に電子が入っていく。ただし，3d 軌道に電子を有する遷移金属では若干の例外がある。なお，この図では軌道を正方形で，電子を矢印でスピンの向きも含めて表している [8)]。

基底状態の原子では，最初の電子はエネルギー準位の最も低い 1s 軌道に入り，2 番目の電子はスピンを逆にして 1s 軌道に入る。一つの軌道には電子は 2 個までしか充填できないので（パウリの排他原理），3 番目の電子は 2s 軌道に入る。そして，5 番目の電子が 2p 軌道のうちの一つに入

8)　電子配置の標記の仕方には，ほかにもいくつかの方法がある。軌道の標記法としては，ここで示した正方形以外に線分や円で表す。電子自体も矢印以外に丸で表すこともある。また，1s や 2s などのように軌道を用いることもある。この場合，炭素 C の電子配置は $1s^2\ 2s^2\ 2p^2$ のように表す。

るところまでは同様に入っていくが，6，7番目の電子はフントの規則に従って異なる2p軌道にスピンを平行にして入る。そして，8～10番目の電子は，逆のスピン状態で2p軌道に順次入っていく。この際，最も外側の軌道を最外殻軌道とよび，その軌道にある電子を最外殻電子（outmost electron）または価電子（valence electron）という。この最外殻電子は元素の化学的性質に大きく影響し，化学結合に関与する重要な電子である。

2.3 周期表

2.3.1 周期律と周期表

1800年代になっていくつかの元素について原子量が知られるようになると，数量関係が注目され元素を原子量の増加する順に配列した周期表が作られるようになった。多くの人がこの問題に取り組んだが，デーベライナー（J. W. Dobereiner）の「三つ組み元素，1829年」，ニューランズ（J. A. R. Newlands）の「オクターブの法則，1866年」などが有名である。それらの中でも有名なのがメンデレーエフ（D. I. Mendeleev）で，彼は元素を原子量の増加する順に並べていくと，類似した化学的性質が周期的に表れてくるという周期律（periodic law）を明らかにし，1871年に周期表（periodic table）を発表した。そして，単純に原子量順に並べるだけでなく，性質がよく類似する元素がまとまるようにした。性質が類似しない元素が入ってしまう場合には，そこに未発見の元素があるものと考えて空欄とし，そのもつべき性質を示した。後に，この空欄をうめるような元素が次々に発見されていったため，メンデレーエフの周期表は大きな信頼を得ることになった[9)]。

現在の周期表は元素が原子番号順に並べられている[10)]（前見返しの周期表参照)。ここでは，元素を電子配置に従って分類し，最外殻電子配置が同じ元素が同一の族（縦列）になるように並んでおり，1族から18族に分類されている。構成原理のところで説明したように，原子へ電子はエネルギーの低い軌道から順番に入っていくが，その際周期表の配列に対応して類似した電子配置が周期的に現れる。そして，18族ではHeを除くすべての元素において，最外殻のp軌道が充填されている。また，Hを除く1族の元素はアルカリ金属とよばれ，最外殻電子配置はns^1である。2族の元素はアルカリ土類金属（Be，Mgは除くこともある。）とよばれns^2，17族はハロゲンで$ns^2\ np^5$，18族は希ガス[11)]で$ns^2\ np^6$の電子配置である。これらは同族元素といわれている。

さらに，1族と2族は最外殻電子がs軌道にあるのでsブロック元素といい，13族から18族は最外殻電子がp軌道にあるのでpブロック元素という。sおよびpブロック元素を典型元素という。一方，第4周期以降の

9) メンデレーエフの作成した周期表は，原子番号44，68，72，100の欄が空白にされていた。原子量100とされた元素（天然には存在しない放射性同位元素Tc）以外の元素は，1886年までにすべて発見された。原子量の小さい順にSc，Ga，Geと命名されたが，これらの性質はメンデレーエフの予言とほぼ一致するものであった。

10) メンデレーエフの周期表では，原子量順に元素を並べた際にその順に番号がつけられ，その番号が原子番号とよばれていた。しかし，原子量順に元素を並べたのに，化学的類似性を考慮すると原子量の順番を入れ替えないといけない場合が起こる。すなわち，原子番号の物理的意味は不明であった。この問題を明快に解決したのがモーズレイ（H. G. J. Moseley）である。1913年，彼は様々な物質に光速の電子を照射させた際に発生する特性X線の振動数は，電子の照射された物質の原子番号に比例することを見出し，原子番号は原子核に存在する正電荷の数，すなわち陽子の数に等しいと結論した。原子量の逆転が周期表に現れる3カ所（CoとNi，ArとK，TeとI）もこの順番が正しいと立証された。

11) IUPAC（国際純正・応用化学連合）の2005年勧告を受けて，「noble gas」の標記がされている。これについて，2015年に日本化学会は，今後は日本国外の高校化学の教科書が例外なく使用している「noble gas」に合わせて，「貴ガス」表記に変更するよう提案している。

3 族から 12 族までの元素は d 軌道に電子が存在するので d ブロック元素，ランタノイド（lanthanoid）とアクチノイド（actinoid）は f 軌道に電子があるので f ブロック元素とよばれる。また，d ブロック元素と f ブロック元素を合わせて遷移元素という。なお，アクチノイドの $_{93}$Np 以降は超ウラン元素とよばれ，すべて人工的に合成されたものである。また，$_{43}$Tc，$_{61}$Pm および $_{84}$Po 以降のすべての元素は放射線を発して他の元素へ変わっていく放射性元素である。

2.3.2　元素の性質と周期律

(1)　イオン化エネルギー

原子から電子を取り出して陽イオンにするのに必要なエネルギーをイオン化エネルギー IE（ionization energy）という。一般的にいえば，原子のある状態（イオン化状態も含める）を A とし，これより電子の一つ少ない状態を A^+ とするとき

$$A \longrightarrow A^+ + e^- \qquad (2\text{–}18)$$

の反応を起こさせるのに必要なエネルギーをいう。一般に，イオン化エネルギーは最外殻に存在する電子を取り去るのに必要なエネルギーである。電子配置が安定であれば，そこから電子を奪うのは困難になるので，イオン化エネルギーは中性原子の電子配置の安定性を比較するのに好都合である。なお，1 個目の電子を取り去るのに必要なエネルギーを第 1 イオン化エネルギー，以下順に第 2，第 3…，第 n イオン化エネルギーという。図 2-8 に第 1 イオン化エネルギーと原子番号の関係を示す。

第 1 族のアルカリ金属は第 1 イオン化エネルギーが特に小さい。そして，

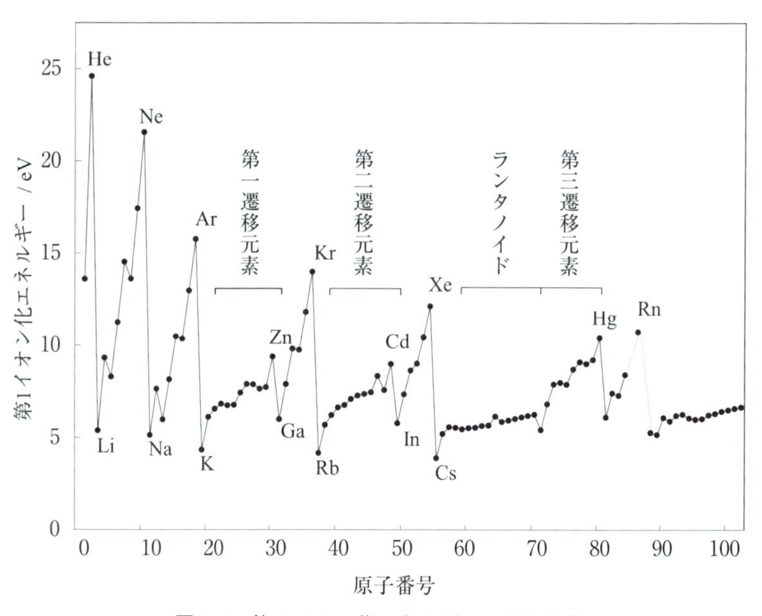

図 2-8　第 1 イオン化エネルギーと原子番号

同一周期で比較すると原子番号の増大に伴って第1イオン化エネルギーは増大し，18族の希ガスで最も大きくなる。この傾向は，有効核電荷(effective nuclear charge)を使って以下のように説明される。原子番号が増加すると，核電荷と電子数が同じ割合で増加する。しかし，同一周期内では電子は同じ殻に入っていくため，他の価電子に対して有効に遮蔽効果（しゃへい）を及ぼさなくなる。したがって，価電子が実効的に感じる核の電荷，有効核電荷が原子番号によって増加することになり[12]，そのために第1イオン化エネルギーが増大していくのである。このとき，核電荷$+Z$の原子の主量子数nの最外殻にある電子のエネルギーは，(2-9)式のZを$Z_{\mathrm{eff}} = Z - S$で置き換えたものである。

$$E_n = -\left(\frac{(Z-S)^2 me^4}{8\varepsilon_0^2 h^2}\right)\left(\frac{1}{n^2}\right) = -\left(\frac{Z_{\mathrm{eff}}^2 me^4}{8\varepsilon_0^2 h^2}\right)\left(\frac{1}{n^2}\right) \qquad (2\text{-}19)$$

ここで，Z_{eff}は有効核電荷，Sは遮蔽（しゃへい）定数という。

また，同じ族で比較すると原子番号が大きいものほど第1イオン化エネルギーは小さくなる。これは，主量子数が大きい電子ほど原子核との距離が大きく，原子核からの引力が弱くなるからである。

イオン化エネルギーが小さいことは，電子を放出し受容体へ受け渡す能力が大きいこと，すなわち還元力が強いということである。したがって，1族や2族の元素は一般的に還元剤である。

(2)　電子親和力

イオン化エネルギーは原子やイオンがどの程度電子を失いやすいかを示す尺度を与えており，したがって陽イオンの生成と関係がある。これに対応するもので，陰イオンの生成に関係する物理量として，電子親和力EA(electron affinity)がある。これは原子のある状態をAとし，これより電子の1個多い状態をA^-とするとき

$$A + e^- \longrightarrow A^- \qquad (2\text{-}20)$$

の反応により放出されるエネルギーをいう。したがって，Aの状態よりもA^-の状態の方が安定になるときに正の値となる。いくつかの原子の電子親和力を図2-9に示す。電子親和力はイオン化エネルギーとほぼ同じ傾向を示す。すなわち，同じ周期では18族を除き周期表の右側ほど電子親和力は大きくなり，同じ族では下ほど小さくなる傾向がある。また，18族の希ガスでは主量子数nが1大きい（よりエネルギーの高い）軌道に電子を入れなければならないので，電子親和力は負の値となる。同様の現象は2族の元素でも認められる。

電子親和力が大きいということは，電子供与体から電子を受け取る能力が大きいこと，すなわち酸化力が強いことである。したがって，16族や17族の元素は一般的に酸化剤である。

12)　例えば，第2周期のLiからNeまでは，電子はL殻に配置され，このときL殻より内側にあるK殻は，原子核の陽電荷を打ち消す役割をする。LiからNeまでK殻の電子がそれぞれの原子核の陽電荷を2だけ打ち消していると考えると，Liの有効核電荷は+1，Beの有効核電荷は+2，Bの有効核電荷は+3，…というように，同一周期では原子番号と共に有効核電荷が増大していく。その結果，最外殻電子が受けるクーロン力も有効核電荷と共に増大していくことになる。

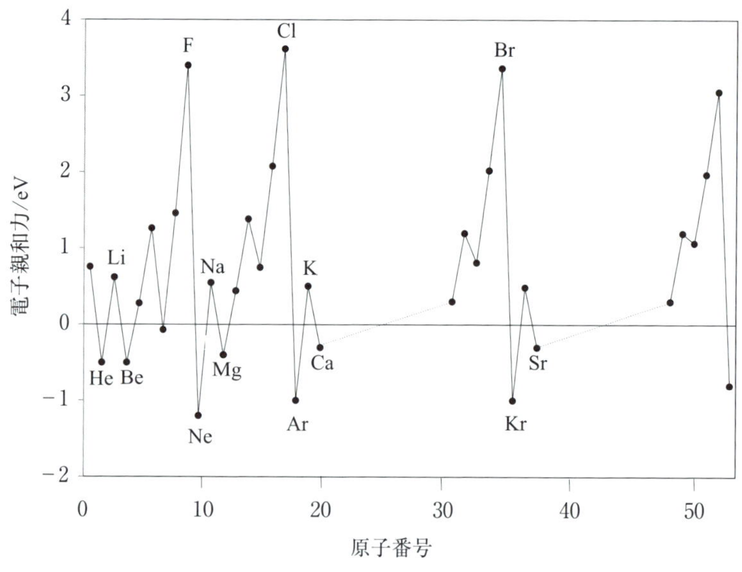

図 2-9 電子親和力と原子番号

(3) 電気陰性度

化学結合に関与している原子がその電子を引き寄せる尺度として，電気陰性度（electronegativity）がある。マリケンは原子のイオン化エネルギーと電子親和力との算術平均を電気陰性度（χ_M）の尺度としたが，結合エネルギーを考慮して算出したポーリングの値（χ_P）がよく使われる[13]。表 2-2 にポーリングが求めた値を示す。電気陰性度は周期表の右上になるほど大きくなり，左下になるほど小さくなる。

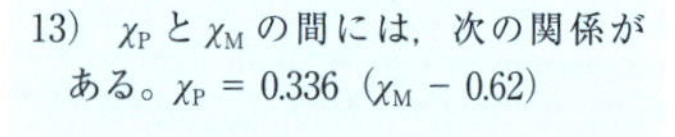
13） χ_P と χ_M の間には，次の関係がある。$\chi_P = 0.336\ (\chi_M - 0.62)$

表 2-2 ポーリングの電気陰性度

H 2.1																
Li 1	Be 1.5											B 2	C 2.5	N 3	O 3.5	F 4
Na 0.9	Mg 1.2											Al 1.5	Si 1.8	P 2.1	S 2.5	Cl 3
K 0.8	Ca 1	Sc 1.3	Ti 1.5	V 1.6	Cr 1.6	Mn 1.5	Fe 1.8	Co 1.9	Ni 1.9	Cu 1.9	Zn 1.6	Ga 1.6	Ge 1.8	As 2	Se 2.4	Br 2.8
Rb 0.8	Sr 1	Y 1.2	Zr 1.4	Nb 1.6	Mo 1.8	Tc 1.9	Ru 2.2	Rh 2.2	Pd 2.2	Ag 1.9	Cd 1.7	In 1.7	Sn 1.8	Sb 1.9	Te 2.1	I 2.5
Cs 0.7	Ba 0.9	La-Lu 1.0-1.2	Hf 1.3	Ta 1.5	W 1.7	Re 1.9	Os 2.2	Ir 2.2	Pt 2.2	Au 2.4	Hg 1.9	Tl 1.8	Pb 1.9	Bi 1.9	Po 2	At 2.2
Fr 0.7	Ra 0.9	Ac 1.1	Th 1.3	Pa 1.4	U 1.4	Np-No 1.4-1.3										

(4) 原子半径

原子半径やイオン半径（3.4 節参照）にも周期性がみられる。同じ周期の元素では右に行くほど半径が小さくなる。これは，原子核の正電荷が増えると原子核による電子への引力が強まり，それが電子間の反発の増大を上回るからである。また，Ar と同じ電子配置をもつ7種のイオン半径は次のように変化する。

S^{2-}	Cl^-	K^+	Ca^{2+}	Sc^{3+}	Ti^{4+}	V^{5+}	
185	181	133	99	81	68	59	/pm

この場合，電子の個数は同じであるが，原子核と電子の引力のみが増大するのでイオン半径が著しく収縮する。

2.4　天然放射性元素

2.4.1　天然放射性元素と放射線

ベクレルが $_{92}U$ について物質を透過し写真乾板を感光させる放射線が出ていることを発見したことに触発されて，キュリー夫妻はウランよりはるかに強い放射線を出す $_{84}Po$ と $_{88}Ra$ を発見した。このように原子が自ら崩壊して放射線（radiation）を放出する性質を放射能とよぶ。また，崩壊するその核種を放射性核種といい，それらの核種を同位体として含む天然に存在する元素を天然放射性元素（natural radioactive element）という。原子番号 84 の $_{84}Po$ 以降の元素はすべて放射性元素であり，それ以外に $^{3}_{1}H$, $^{40}_{19}K$, $^{87}_{37}Rb$ などが存在する。なお，$^{14}_{6}C$ は宇宙線によって大気中の窒素から生成するので，一般には天然放射性核種とはよばない。代表的な放射性元素を表 2-3 にまとめた。

表 2-3　放射性元素の半減期

核種	半減期 /y or d	同位体存在比 /%
^{3}H	1.23×10 y	0
^{14}C	5.73×10^3 y	0
^{32}P	1.42×10 d	0
^{40}K	1.27×10^9 y	0.0118
^{60}Co	5.26 y	0
^{90}Sr	2.77×10 y	0
^{131}I	8.05 d	0
^{137}Cs	3.02×10 y	0
^{226}Ra	1.60×10^3 y	0
^{235}U	7.13×10^8 y	0.72
^{238}U	4.51×10^9 y	99.27
^{239}Pu	2.44×10^4 y	0

天然放射性元素では，その原子核は安定ではなく放射線を放出しながら自発的に分解して別の元素へ変化してゆき，最終的には安定な元素となる。このような原子核の変化を崩壊（decay）または壊変（disintegration）という。原子核が崩壊する際には，α 線（α ray），β 線（β ray），γ 線（γ

ray）とよばれる放射線を放出する。それぞれの放射線の実体は，α 線は He^{2+}，すなわち He の原子核，β 線は電子，γ 線は X 線よりも波長の短い（10^{-11} m 以下）電磁波である。これら放射線の透過力は著しく異なる。α 線は紙 1 枚で遮断されるが，β 線を遮断するには金属板が必要である。γ 線が最も大きな透過力をもち，20 cm 程度の鉛板でも透過する。また，α 線と β 線は電磁場によって進路が曲げられるが，γ 線は曲げられない。さらに，気体のイオン化作用は α 線が最も強く，次いで β 線，γ 線は最も弱い。

放射線は原子核から生じるので，そのエネルギーは原子核内部のエネルギーと関係していると思われる。原子核内部の核子間の結合エネルギーは，核子 1 個あたり Co が最も大きくて 9 MeV である。また，α 線は 4 ～ 10 MeV，β 線は 0.5 MeV 程度のエネルギーをもっている。一方，炭素化合物中の炭素–炭素単結合の結合エネルギーは 344 kJ mol^{-1} であり，これを eV 単位に換算すると約 3.6 eV となる。したがって，放射線のエネルギーは，化学結合の約 100 万倍という途方もなく大きなものであることがわかる。

2.4.2　放射性元素の崩壊

放射性元素の崩壊は，周囲の温度や圧力，化合物の種類などには影響されない。この崩壊は元素によって一定の確率で起こる。したがって，単位時間に崩壊する原子数は，そのとき存在する原子数に比例する。また，崩壊すればその原子数は減少するので，時間 t における原子数を $N(t)$ とすると，以下の微分方程式が成立する。

$$-\frac{\mathrm{d}N(t)}{\mathrm{d}t} = \lambda N(t) \tag{2-21}$$

ここで，λ は比例定数で崩壊定数という。この式を，初期条件 $t = 0$ における原子数 $N(0) = N_0$，$t = t$ における原子数 $N(t) = N$ とおいて解くと

$$\ln\left(\frac{N}{N_0}\right) = -\lambda t \quad \therefore N(t) = N_0 \mathrm{e}^{-\lambda t} \tag{2-22}$$

となり，原子数は指数関数的に減少することがわかる。
原子数が崩壊によって 1/2 になる時間を半減期という。すなわち，半減期では $t = t_{1/2}$，$N = N_0/2$ であるので

$$t_{1/2} = \frac{\ln 2}{\lambda} \tag{2-23}$$

と表される。

例えば，$^{226}_{88}Ra$ は α 崩壊して $^{222}_{86}Rn$ になるが，この半減期は 1602 年である。すなわち，$^{226}_{88}Ra$ は 1602 年経つとその原子数は 1/2 になり，さらに 1602 年経つとその 1/2（初めの 1/4）になっていく。その模様を図 2–10 に示す。

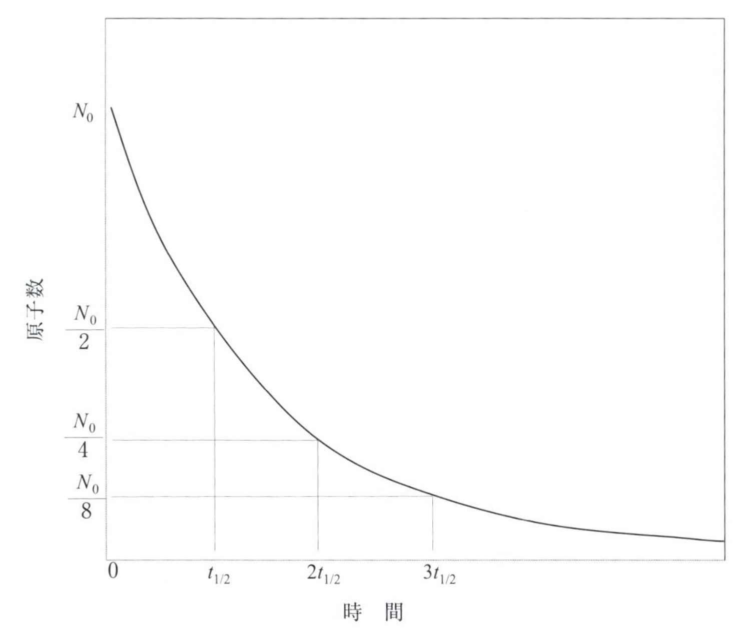

図2-10　放射性核種の原子数の変化

2.4.3　放射性同位元素の利用

半減期は周囲の環境に影響されないので，放射性核種と崩壊によって生成した核種との存在比などを測定することによって年代測定に利用されている。例えば，$^{235}_{92}U$ は半減期が44.7億年で，崩壊して最終的に安定な $^{206}_{82}Pb$ になる。したがって，岩石が誕生したときに $^{206}_{82}Pb$ が含まれておらず，$^{235}_{92}U$ が微量存在していたとすると，$^{235}_{92}U/^{206}_{82}Pb$ の比を測定すれば，その岩石が誕生した年代が測定できる。

また，$^{14}_{6}C$ は宇宙線中の中性子が大気中の窒素 N_2 に作用して常に生成されている。この $^{14}_{6}C$ は半減期が5730年と短いため，ある濃度以上には増加せず大気中には $^{14}CO_2$ として，ある一定濃度で存在することになる。植物（例えば木）が生きている間は光合成によってこの $^{14}CO_2$ を取り込むため，木に存在する炭素中の $^{14}_{6}C/^{12}_{6}C$ の比は大気中のそれと同じである。しかし，木を伐採してしまうと $^{14}_{6}C$ の供給が途絶えるので，木材中の $^{14}_{6}C$ は5730年の半減期で減少していく。この $^{14}_{6}C$ の量を放射線測定などで測定することにより，木材などの年代が測定できる。この方法を炭素同位体法という。

また，分子中の特定原子を放射性同位体で置き換えて標識化合物（labeled compound）とすると，放射線によって容易に検出されるので，化学反応の機構や生体内での代謝機構を調べることができる。このような手法をトレーサー法（tracer method）という。

章末問題

以下の物理定数を使用しなさい。

真空中の光速 $c = 2.9979 \times 10^{8}\ \mathrm{m\ s^{-1}}$，プランク定数 $h = 6.6260 \times 10^{-34}\ \mathrm{J\ s}$，電気素量 $e = 1.6022 \times 10^{-19}\ \mathrm{C}$，真空の誘電率 $\varepsilon_0 = 8.8542 \times 10^{-12}\ \mathrm{F\ m^{-1}}$，リュードベリ定数 $R = 1.0974 \times 10^{7}\ \mathrm{m^{-1}}$，電子の質量 $m_e = 9.1094 \times 10^{-31}\ \mathrm{kg}$

1　水素原子のバルマー系列のうち，最も波長が長いものは 656 nm である。この光の振動数 ν，波数 $\tilde{\nu}$，光量子 1 個のエネルギー E を求めなさい。

2　水素原子の電子が $n = 4$ から $n = 2$ に遷移したときに放出する光の波長 λ を求めなさい。

3　ボーアの原子モデルを用いて，水素原子における $n = 1$ の軌道（orbit）の半径を求めなさい。

4　$10\ \mathrm{m\ s^{-1}}$ で疾走中の体重 50 kg の人間および光速の 1/100 の速度で運動中の電子の物質波の波長 λ を計算しなさい。

5　ボーアの原子モデルにおける電子の軌道とシュレーディンガー波動方程式から導かれる電子の軌道の違いを説明しなさい。

6　次の事項を説明しなさい。

(a)　エネルギー量子　(b)　ド・ブロイの物質波

(c)　シュレーディンガーの波動方程式

(d)　波動関数　(e)　不確定性原理　(f)　量子数

(g)　パウリの排他原理　(h)　フントの規則

7　C，Na，Cl^-，Ca^{2+} の基底状態におけるそれぞれの電子配置を以下の方法で示しなさい。

(a)　$1s^2\ 2s^1$ のように軌道を記号で表記する方法

(b)　エネルギー準位図で表記する方法

8　次の表を完成させなさい。

元素の種類	電子配置	$n=2$	3	4	5
アルカリ金属	ns^1	Li	Na		
アルカリ土類	ns^2				
	$ns^2\,np^5$				
希ガス					

9　次の各組の元素のうちで，第1イオン化エネルギーが最も大きいものと最も小さいものを示し，その理由を説明しなさい。
(a)　C，N，Si，P　(b)　Ne，Na，Ar，K　(c)　F，Na，Cl，Rb

10　2族のアルカリ土類金属の電子親和力は負の値となっている。なぜか説明しなさい。

11　一般に，同一周期で比較すると，原子番号の増大に伴って第1イオン化エネルギーは増大する傾向にあるが，図2-8を見てみると，B，O，Al，Sなどではイオン化エネルギーが小さくなる現象が生じている。この理由を説明しなさい。

12　半減期が27.7年の^{90}Srの原子数が最初の1/10になるには何年が必要かを答えなさい。
(a)　半減期$t_{1/2}$と崩壊定数λの関係式を導きなさい。
(b)　(a)で得られた関係式を用いて崩壊定数λを計算しなさい。
(c)　(a)と同様にして，原子数が最初の1/10になるのに必要な時間$t_{1/10}$と崩壊定数λの関係式を導きなさい。
(d)　(c)で得られた関係式を用いて$t_{1/10}$を計算しなさい。

13　遺跡から発掘された木片の^{14}Cの放射線分析を行ったところ，1gあたり8cpm（count per minute）であった。大気中の$^{14}CO_2$による分析結果が12.5cpmであったとすると，この木片は何年前のものと計算されるかを答えなさい。ただし，大気中のCO_2濃度は一定であったとする。

第3章 イオン結合

酸素 O_2 や鉄 Fe のように1種類の元素からなる物質は単体とよばれ，二酸化炭素 CO_2，塩化ナトリウム NaCl，ニオブスズ Nb_3Sn のように2種類以上の元素からなる物質は化合物とよばれる。CO_2 では炭素原子と酸素原子が共有結合によって結びついており，NaCl ではナトリウムイオンと塩化物イオンがイオン結合によって結びついている。また，Nb_3Sn ではニオブ原子とスズ原子が金属結合によって結びついている。このように，化合物において，原子と原子は共有結合，イオン結合，金属結合のいずれかによって結合している。

イオン結合は，陽イオンと陰イオンが静電引力により引き合って形成される化学結合である。静電引力は，初歩的な電磁気学で学ぶ単純な法則に従う。本章を学習することによって，イオン結合によって形成される化合物の性質が，驚くほど単純な原理によって理解できることに気づくであろう。

3.1 イオンの価数と電荷

1個の電子は -1.6×10^{-19} C の電荷をもち，1個の陽子は $+1.6 \times 10^{-19}$ C の電荷をもつ。そして，1個の原子において電子の数と陽子の数は等しく，負電荷と正電荷はつりあっている。そのため，1個の原子がもつ電荷は0 C である（図3-1(a)，3-2(a)）。

1個の原子に何個かの電子を加えると陰イオン（アニオン，anion）が生じ，1個の原子から何個かの電子を奪うと陽イオン（カチオン，cation）が生じる。陰イオンと陽イオンを合わせてイオン（ion）という。電子を加えても奪っても，原子核の陽子の数は変化しない。そのため，イオンに

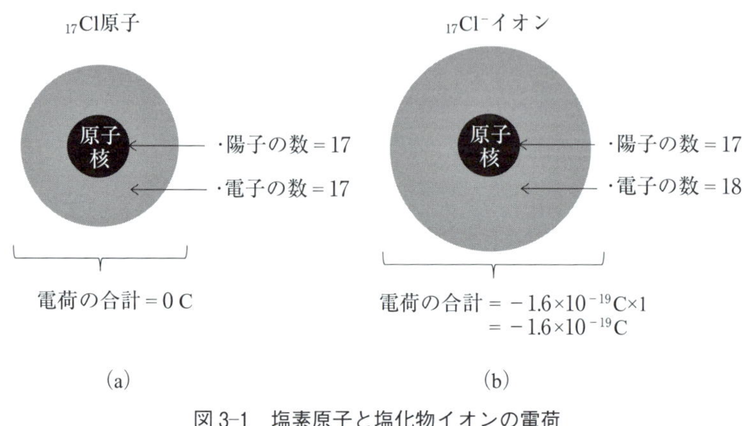

図3-1 塩素原子と塩化物イオンの電荷

おいては負電荷と正電荷はつりあわず，陰イオンは負電荷をもち（図 3-1 (b)），陽イオンは正電荷をもつ（図 3-2 (b)）。

塩素原子に1個の電子を加えて生じる塩化物イオン Cl^- や，酸素原子に2個の電子を加えて生じる酸化物イオン O^{2-} は，陰イオンである。1個の電子はしばしば e^- と書かれるが，e^- を使い，原子からの陰イオンの生成を以下のように表現することができる。

$$Cl + e^- \longrightarrow Cl^- \quad (3\text{-}1)$$

$$O + 2e^- \longrightarrow O^{2-} \quad (3\text{-}2)$$

Cl^- の「$^-$」や O^{2-} の「$^{2-}$」をイオンの価数（valence）といい，「塩化物イオンはマイナス1価」や「酸化物イオンはマイナス2価」などという。Cl^- の「$^-$」や O^{2-} の「$^{2-}$」は，イオンがそれぞれ「電子1個分の負電荷」や「電子2個分の負電荷」をもつことを意味している。すなわち，Cl^- は -1.6×10^{-19} C の負電荷をもち（図 3-1 (b)），O^{2-} は $(-1.6 \times 10^{-19}\ \mathrm{C}) \times 2 = -3.2 \times 10^{-19}$ C の負電荷をもつ。

ナトリウム原子から1個の電子を奪って生じるナトリウムイオン Na^+ や，アルミニウム原子から3個の電子を奪って生じるアルミニウムイオン Al^{3+} は，共に陽イオンである。原子からのこれら陽イオンの生成は，以下の式によって表現できる。

$$Na \longrightarrow Na^+ + e^- \quad (3\text{-}3)$$

$$Al \longrightarrow Al^{3+} + 3\,e^- \quad (3\text{-}4)$$

(3-3) 式と (3-4) 式はそれぞれ，Na 原子が Na^+ イオンと1個の電子に分かれること，Al 原子が Al^{3+} イオンと3個の電子に分かれることを表現している。Na^+ の「$^+$」や Al^{3+} の「$^{3+}$」もイオンの価数であり，「ナトリウムイオンはプラス1価」「アルミニウムイオンはプラス3価」などという。電子が奪われることによって負電荷が減り，正電荷と負電荷のバランスがくずれる。その結果，Na^+ は $+1.6 \times 10^{-19}$ C の正電荷をもち，Al^{3+} は $(+1.6 \times 10^{-19}\ \mathrm{C}) \times 3 = +4.8 \times 10^{-19}$ C の正電荷をもつに至る（図 3-2

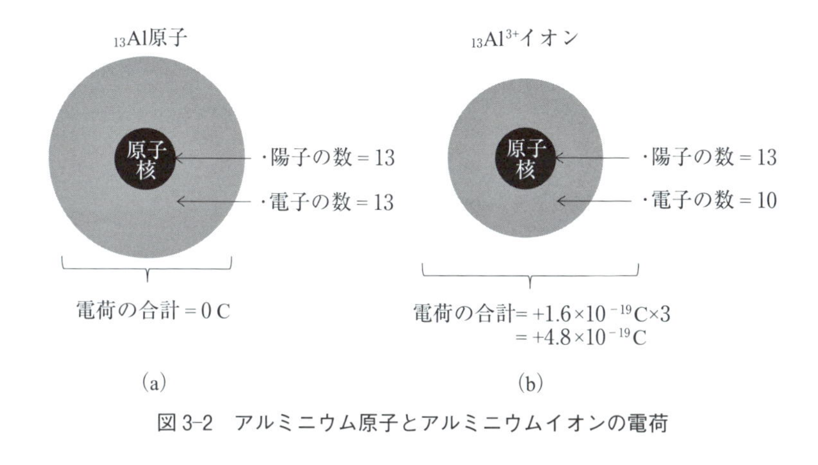

図 3-2 アルミニウム原子とアルミニウムイオンの電荷

(b))。

3.2 イオンの電子配置

陰イオンは典型元素（s−ブロック元素と p−ブロック元素）から生じる。一方，陽イオンは典型元素（s−ブロック元素と p−ブロック元素）と遷移元素（d−ブロック元素と f−ブロック元素）から生じる。

原子の電子配置に電子を付加すると，陰イオンの電子配置となる。ただし，電子の付加は第 2 章で学んだ構成原理に従う。例えば，図 3−3 に示すように，Cl 原子の 3p 軌道に電子 1 個を加えると Cl^- イオンの電子配置となる。また，図 3−4 に示すように，O 原子の 2p 軌道に電子 2 個を加えると O^{2-} イオンの電子配置となる。周期表を見ればわかるとおり，Cl^- イオンの電子配置は Ar 原子の電子配置と同じであり，O^{2-} イオンの電子配置は Ne 原子の電子配置と同じである。このように，陰イオンは 18 族元素（希ガス元素）の原子と同じ電子配置をもつ。

陰イオンと同様に，典型元素の陽イオンの電子配置も 18 族元素の原子

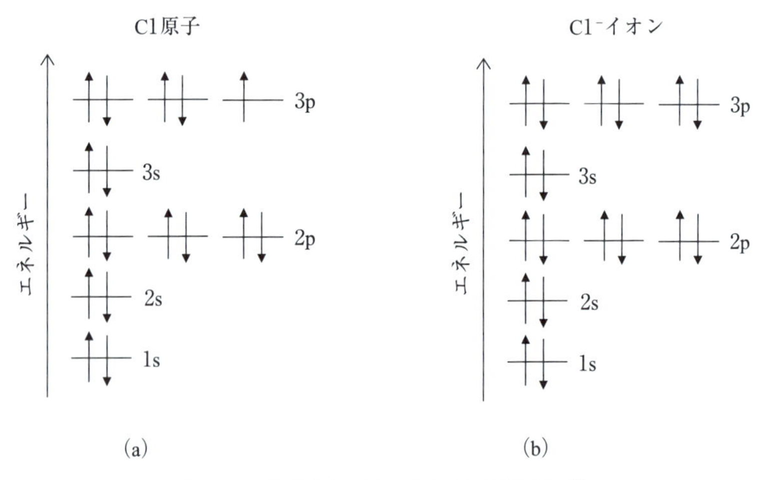

図 3−3 塩素原子と塩化物イオンの電子配置

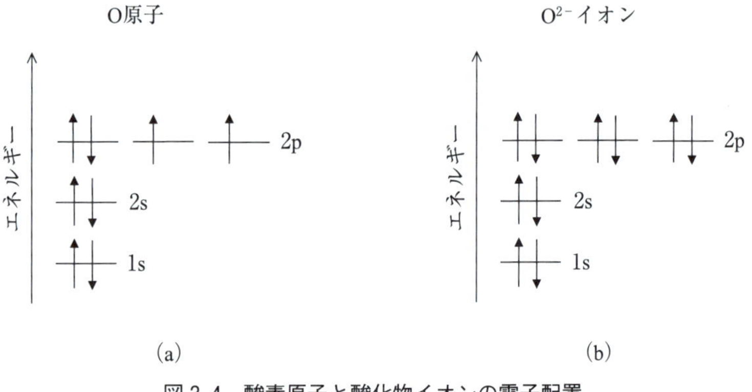

図 3−4 酸素原子と酸化物イオンの電子配置

の電子配置と同じである。例えば，Na 原子の 3s 軌道から電子を 1 個奪ったものが Na^+ イオンの電子配置であり（図 3–5），Al 原子の 3p 軌道から 1 個，3s 軌道から 2 個の電子を奪ったものが Al^{3+} イオンの電子配置であって（図 3–6），いずれも Ne 原子と同じ電子配置である。

18 族元素の原子の電子配置の特徴は，エネルギーの最も高い p 軌道が電子によって満たされていることにある。このような電子配置は閉殻構造とよばれる。図 3–3 ～図 3–6 で確かめられるように，典型元素の陰イオンと陽イオンの電子配置は閉殻構造をとる。別のいい方をすれば，典型元素の原子は，閉殻構造を目指してイオンになるともいえる。1 族の元素が 1 価の陽イオンに，また，2 族の元素が 2 価の陽イオンとなろうとすること，あるいは，17 族の元素が 1 価の陰イオンに，また，16 族の元素が 2 価の陰イオンになろうとするのも，閉殻構造を目指した結果であるといえる。

遷移元素も陽イオンになる。ただし，典型元素のイオンとは異なり，遷移元素の陽イオンは多くの場合 2 種類以上の価数をもつ。例えば，銅の陽

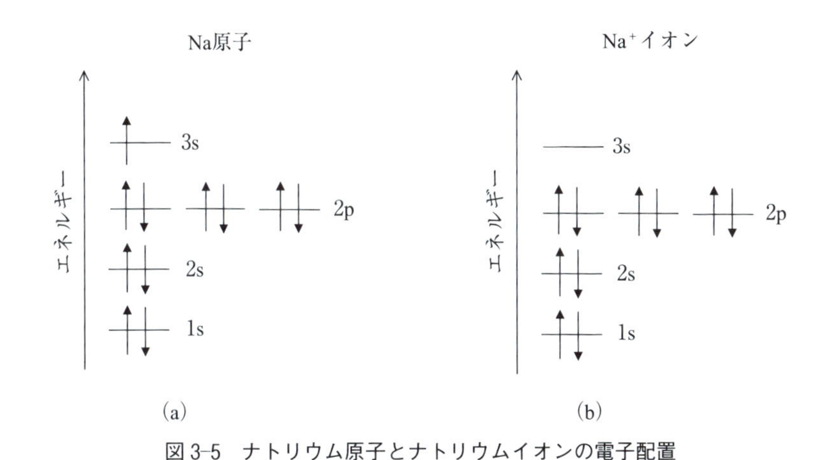

図 3–5　ナトリウム原子とナトリウムイオンの電子配置

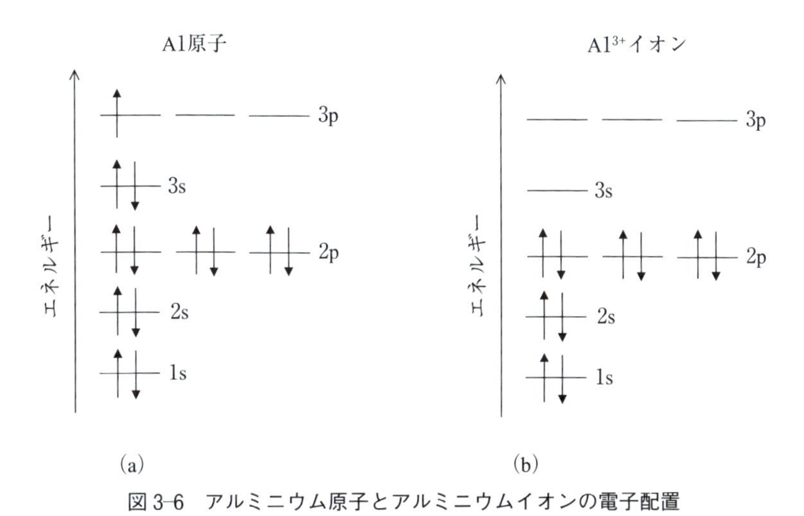

図 3–6　アルミニウム原子とアルミニウムイオンの電子配置

イオンには Cu^{2+} と Cu^{+} があり，鉄の陽イオンには Fe^{3+} と Fe^{2+} がある。さらに，遷移元素の陽イオンの電子配置は，多くの場合，閉殻構造をもたない[1)]。

鉄の陽イオンを例として，遷移元素の陽イオンの電子配置について説明する。図 3–7(a) に示すように，Fe 原子の電子配置は [Ar]$4s^2\ 3d^6$ である。Fe 原子が Fe^{2+} イオンになるとき，3d 軌道からではなく 4s 軌道から電子 2 個が奪われる（図 3–7(b)）。そして，Fe^{2+} イオンが Fe^{3+} イオンになるときに 3d 軌道から電子 1 個が奪われる（図 3–7(c)）。Fe^{2+} イオン，Fe^{3+} イオンの電子配置が閉殻構造をもたないことは，図 3–7(b) および 3–7(c) からも明らかである。この例に見られるように，遷移元素の原子が陽イオンになるとき，電子は s 軌道から先に奪われる[2)]。

1) 銅のイオンには Cu^{2+} と Cu^{+} のほか，Cu^{3+} が知られている。例えば，1986 年に日本とアメリカ合衆国で同時に発見された酸化物超伝導体 $YBa_2Cu_3O_{7-\delta}$ には Cu^{3+} が含まれる。

2) エネルギー準位図を描くとき，通常は 3d 軌道の準位を 4s 軌道の準位より高エネルギー側に書く。しかし，4s 軌道と 3d 軌道のエネルギーは近接しており，電子が実際に 3d 軌道に入ると，3d 軌道のエネルギーの方が 4s 軌道のエネルギーよりも低くなることが知られている。原子番号 21 のスカンジウム Sc から先では，実際 3d 軌道にある電子の方が 4s 軌道にある電子よりもエネルギーが低い。遷移元素が陽イオンになるときに 4s 軌道から先に電子が奪われるのは，4s 軌道にある電子のエネルギーが 3d 軌道にある電子のエネルギーよりも高いからである。

3.3 原子のイオン化と電気陰性度の関係

1 ～ 14 族の元素は陽イオンになり，16 族と 17 族の元素は陰イオンになる傾向をもつ。例えば，ナトリウムやアルミニウムは陰イオンにはならず陽イオンになり，塩素や酸素は陽イオンにはならず陰イオンになる。これはなぜなのだろうか。

第 2 章で学んだように，電気陰性度は，原子が化学結合を形成するときに相手の原子から電子を引き寄せる能力である。そして，周期表上で 1 族から 17 族に向かうと元素の電気陰性度は増大する。NaCl において，Na は 1 族の元素，Cl は 17 族の元素であり，電気陰性度は Cl の方が Na よりもはるかに大きい。その結果，Cl 原子が Na 原子から電子を奪い，Cl^{-} イオンと Na^{+} イオンが生じるのである。同様に，Al_2O_3 において Al は 13 族の元素，O は 16 族の元素であり，電気陰性度は O の方が Al よりも大きい。その結果，O 原子が Al 原子から電子を奪い，O^{2-} イオンと Al^{3+} イオンが生じる。以上のように，1 ～ 14 族の元素が陽イオンになり，16 および 17 族の元素が陰イオンになろうとするのは，前者の電気陰性度が小さく，後者の電気陰性度が大きいからである。

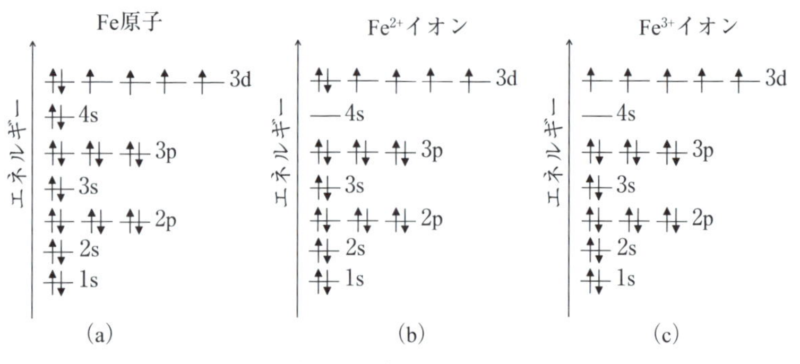

図 3–7 鉄原子と鉄イオンの電子配置

3.4 イオン半径と原子半径

原子と原子は，互いにどこまでも近づくことはできず，近づくことのできる距離に限界がある。すなわち，原子はあたかも固有の半径をもつ剛体球のように振る舞う。これと同じように，イオンもまた固有の半径をもつ剛体球のように振る舞う。剛体球としての原子の半径を原子半径（atomic radius）といい，イオンの半径をイオン半径（ionic radius）という。

同一元素の原子半径とイオン半径には，大きさの上で著しい差がある。原子半径とイオン半径を視覚的にとらえるための周期表を表3-1に示す。表から読み取られるように，一つの元素に着目した場合，陽イオンのイオン半径は原子半径よりも小さく，陰イオンのイオン半径は原子半径よりも大きい。例えば，Na^+のイオン半径はNaの原子半径の約半分しかなく，Cl^-のイオン半径はClの原子半径の2倍以上もある。

原子半径やイオン半径の大小は，電子雲の空間的な広がりの程度の大小そのものである。すなわち，電子雲の広がりが大きければ原子半径やイオン半径は大きく，広がりが小さければ原子半径やイオン半径は小さい。表3-1は，原子が陽イオンとなると電子雲の広がりが小さくなり，陰イオンとなると電子雲の広がりが大きくなることを意味している。それでは，なぜそのようなことが起こるのか。

原子核は周辺の空間に電場を形成している。電子は原子核がつくる電場を感じ，原子核から引力を受けている。しかしながら，第2章で学んだよ

表3-1 原子半径とイオン半径

	1	2	3	4	5	6	7	8	9	10	11	12	13	14	15	16	17
2	Li	Be	←原子										B	C	N	O	F
	+	2+	←イオン													2−	−
3	Na	Mg											Al	Si	P	S	Cl
	+	2+											3+			2−	−
4	K	Ca	Sc	Ti	V	Cr	Mn	Fe	Co	Ni	Cu	Zn	Ga	Ge	As	Se	Br
	+	2+	3+	4+	5+	3+	3+	3+	2+	2+	2+	2+	3+	4+		2−	−
5	Rb	Sr	Y	Zr	Nb	Mo	Tc	Ru	Rh	Pd	Ag	Cd	In	Sn	Sb	Te	I
	+	2+	3+	4+	5+	6+	7+	4+	3+	2+	+	2+	3+	2+	3+		−

0.5 nm

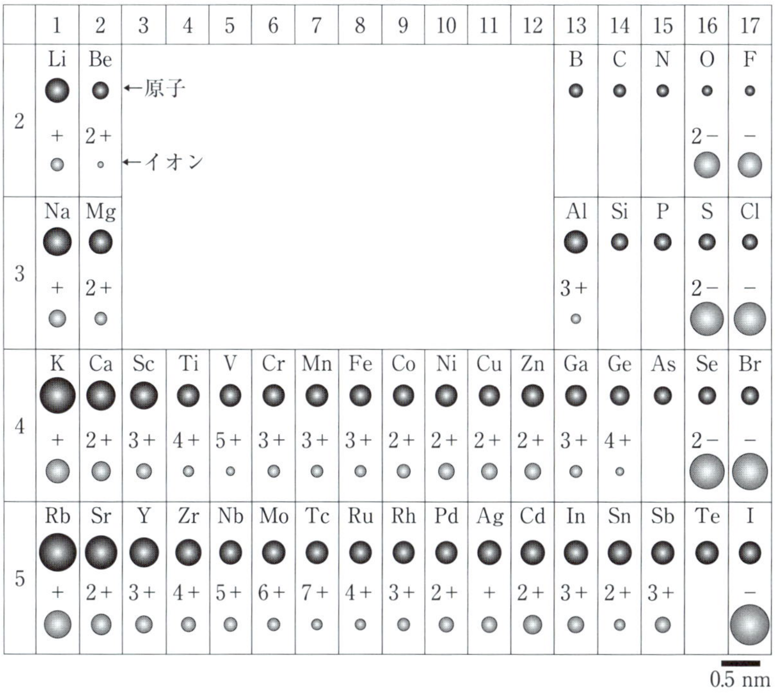

うに，他の電子による遮蔽(しゃへい)効果によって，電子が感じる電場は弱められ，有効核電荷は小さくなる[3]。

原子が陽イオンになると，電子の数が減った分だけ遮蔽(しゃへい)効果が弱まり，有効核電荷が大きくなる。その結果，電子が原子核から受ける引力は大きくなり，電子雲は引き締められて収縮する。これが，陽イオンのイオン半径が原子半径よりも小さい理由である。

一方，原子が陰イオンになると，電子の数が増えた分だけ遮蔽(しゃへい)効果が強くなり，有効核電荷が小さくなる。その結果，電子が原子核から受ける引力は小さくなり，電子雲は膨張する。これが，陰イオンのイオン半径が原子半径よりも大きい理由である。

遷移元素の陽イオンは複数の価数をもつことが多いが，鉄のイオン半径は $Fe^{3+} < Fe^{2+}$，銅のイオン半径は $Cu^{2+} < Cu^{+}$ というように，価数の大きい陽イオンのイオン半径の方が小さい。これは，電子の数が少ない分だけ遮蔽(しゃへい)効果が弱く，有効核電荷が大きくなるためと理解することができる[4]。

3) 質量が力を受けるとき，「その空間には重力場が存在する」という。これと同じように，電荷が力を受けるとき，「その空間には電場が存在する」という。電場はベクトル量であって向きと大きさをもつ。電場の向きは，正の電荷が受ける力の方向（すなわち負の電荷が受ける力の逆方向）と定義されている。電場の大きさは，1 C の電荷が受ける力の大きさで定義されているため，その SI 単位は N/C となる。実は N/C と V/m は等しく，通常は V/m を使う。

4) セラミックス（セラミック材料）は主として酸化物，炭化物，あるいは窒化物からなる無機材料であるが，酸化物からなるセラミックスが特に多い。組成の単純なアルミナ Al_2O_3，マグネシア MgO，チタニア TiO_2 などは代表的なセラミックスであり，これらはイオン結晶である。表 3-1 に見られるように，O^{2-} のイオン半径は Al^{3+}，Mg^{2+}，Ti^{4+} のイオン半径よりもはるかに大きい。したがって，これらのセラミックスに占める O^{2-} の体積割合は極めて大きく，やや誇張した言い方をすれば，体積の上でこれらのセラミックスは主として O^{2-} でできているとさえいえる。

3.5　陽イオン・陰イオン間の引力とイオン結合

正電荷と負電荷の間にはたらく引力を**静電引力（クーロン力）**という。陽イオンと陰イオンの間にはたらく引力も静電引力である。陽イオンと陰イオンが，静電引力によって引き合うことによって形成される化学結合を**イオン結合**（ionic bond）という。

イオンとイオンの間にはたらく力の大きさは，電磁気学の初歩で習うクーロンの法則に従う。図 3-8 に示すように，電荷 q_1〔C〕と q_2〔C〕が r〔m〕だけ離れて存在するとき，これらの電荷の間には力 F〔N〕がはたらく。片方の電荷が正，もう片方の電荷が負のとき（$q_1q_2 < 0\ C^2$），はたらく力は引力となる（図 3-8 (a)）。一方，両電荷がともに正あるいは負のとき（$q_1 q_2 > 0\ C^2$），はたらく力は反発力（斥力）となる（図 3-8 (b)）。そして，F〔N〕は，q_1〔C〕，q_2〔C〕，r〔m〕と以下の関係をもつ。

$$F = \frac{1}{4\pi\varepsilon_0}\frac{q_1q_2}{r^2} \tag{3-5}$$

ここで ε_0 は真空の誘電率とよばれる物理定数であり，その値は 8.854 ×

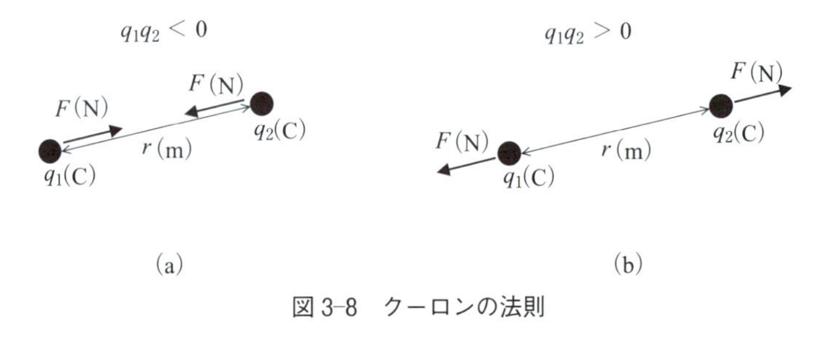

図 3-8　クーロンの法則

10^{-12} F m^{-1} である。ここで大切なのは，二つの電荷の間にはたらく力の大きさが，電荷の積に比例し距離の2乗に反比例することであり，これがクーロンの法則である。正電荷と負電荷の間にはたらく引力についていえば，それぞれの電荷の絶対値が大きいほど，また，電荷間の距離が小さいほど，引力は大きくなる。

イオン間にはたらく引力にもクーロンの法則が成り立つ。例えば，Al^{3+} イオンと O^{2-} イオン，Na^{+} イオンと Cl^{-} イオンが等しい距離を隔てて存在するとき，Al^{3+}・O^{2-} 間の引力 $F_{Al\text{-}O}$ と Na^{+}・Cl^{-} 間の引力 $F_{Na\text{-}Cl}$ の大小は電荷の絶対値だけで決まり

$$F_{Al\text{-}O} : F_{Na\text{-}Cl} = (3 \times 2) : (1 \times 1) = 6 : 1 \qquad (3\text{-}6)$$

なる関係が成り立つ。

3.6節で説明するように，イオン結合によってできた化合物の性質の多くが，クーロンの法則によって理解できる。

3.6　イオン結晶

3.6.1　結晶と非晶質

物質科学の世界で，結晶という言葉は明確に定義される。固体は結晶と非晶質に分類される。原子が規則的に配列してできた固体を結晶（crystal）といい，原子が不規則に配列してできた固体を非晶質（amorphous）という。まわりにある金属製品の大半は結晶であり，窓ガラスや瓶ガラスは非晶質である。

同じ化学式で書かれる物質であっても，結晶である場合と非晶質である場合がある。例えば，二酸化ケイ素 SiO_2 は結晶としても非晶質としても存在しうる。石英も石英ガラス（シリカガラス）も，その化学式は SiO_2 であるが，石英は結晶であり，石英ガラスは非晶質である。

結晶における原子の配列の特徴は結晶構造（crystal structure）とよばれ，自然界には様々な結晶構造が存在する。以下の項ではいくつかの結晶構造を紹介する[5, 6]。

3.6.2　結晶の分類

化学結合の観点から，結晶は共有結合結晶，イオン結晶，金属結晶，分子結晶に分類される。原子どうしが共有結合で結びついてできた結晶は共有結合結晶（covalent crystal）とよばれ，イオンどうしがイオン結合で結びついてできた結晶はイオン結晶（ionic crystal）とよばれる。また，原子どうしが金属結合で結びついてできた結晶は金属結晶（metallic crystal）とよばれる。ケイ素，塩化ナトリウム，銅は，常温常圧でそれぞれ共有結

5）結晶構造を，原子半径・イオン半径を反映させて描く場合と（下図左），原子半径・イオン半径を無視して描く場合がある（下図右）。原子半径・イオン半径を無視して原子・イオンを小さい球として描いた方が，原子・イオンの位置・座標が読み取りやすいため，この方法によって結晶構造が描かれることが多い。しかしながら，原子やイオンが大きさをもっているため，下図左の方がリアリティーがある。

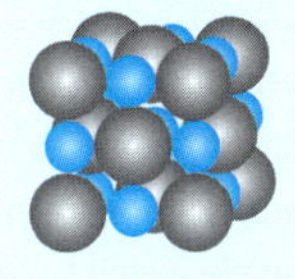
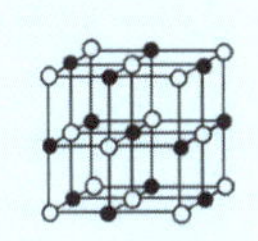

6）図で描かれた結晶構造のひとかたまりが1個の分子であると誤解してはいけない。図で描かれた結晶構造の外側にも原子は途切れなく配列している。

1個の分子は，定まった数の原子によって構成される。例えば，1個の HCl 分子は，1個の H 原子と1個の Cl 原子でできている。一方，1個の結晶が何個の原子から構成されるかは定まっていない。例えば，1個の NaCl 結晶は，10^6 個の Na^+ イオンと 10^6 個の Cl^- イオンでできているかもしれないし，10^{23} 個の Na^+ イオンと 10^{23} 個の Cl^- イオンでできているかもしれない。

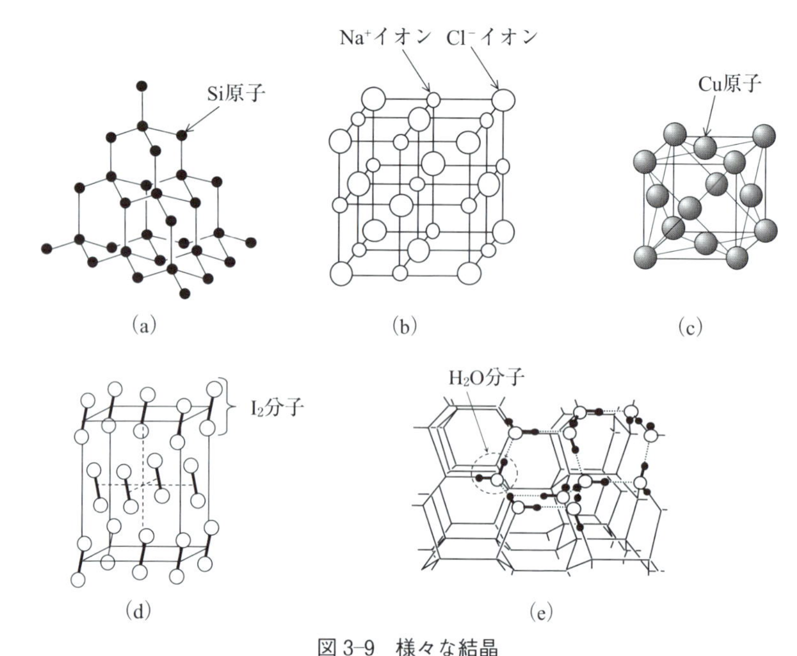

図 3-9 様々な結晶
(a) ケイ素（共有結合結晶），(b) 塩化ナトリウム（イオン結晶），
(c) 銅（金属結晶），(d) ヨウ素（分子結晶），(e) 氷（分子結晶）

合結晶，イオン結晶，金属結晶として存在する（図 3-9（a）～（c））。

第 5 章で学ぶように，ファンデルワールス力や水素結合によって分子と分子が結びついてできた結晶は分子結晶（molecular crystal）とよばれ，ヨウ素と氷がその代表的な例である（図 3-9（d），（e））。ここで，分子は原子どうしが共有結合によって結びついてできたものであり，分子結晶中には，共有結合とファンデルワールス力，あるいは，共有結合と水素結合という 2 種類の化学結合が存在することに注意すべきである。2 種類の化学結合が存在するという点で，分子結晶は共有結合結晶，イオン結晶，金属結晶と異なる。

3.6.3 様々なイオン結晶

前項ではイオン結晶の例として塩化ナトリウム NaCl を紹介したが，イオン結晶の例は無数にある。アルカリ金属（1 族）とハロゲン（17 族）の化合物はハロゲン化アルカリとよばれるが，塩化ナトリウム以外のハロゲン化アルカリも常温常圧でイオン結晶として存在する。そのうち，リチウム Li，ナトリウム Na，カリウム K，ルビジウム Rb のハロゲン化物はいずれも塩化ナトリウムと同じ結晶構造をもち，この結晶構造は岩塩型構造とよばれる（図 3-9（b））。塩化リチウム LiCl，臭化カリウム KBr，フッ化ナトリウム NaF などはいずれも岩塩型構造をもつイオン結晶である。

アルカリ土類金属（2 族）のハロゲン化物もまた常温常圧でイオン結晶

として存在するが，その結晶構造は岩塩型構造とは異なる。一方，酸化マグネシウム MgO，酸化カルシウム CaO および酸化ストロンチウム SrO は，常温常圧で岩塩型構造をもつイオン結晶として存在する。これらはアルカリ土類金属（2族）と酸素（16族）が化合してできた化合物であり，2価の陽イオンと陰イオンからなる化合物である点でハロゲン化アルカリと異なる。

これらの酸化物の例に見られるように，金属酸化物の多くはイオン結晶である。自動車の排ガスの酸素センサや燃料電池の固体電解質として使用されるイットリア安定化ジルコニア $(Y_xZr_{1-x})O_{2-x/2}$ は蛍石（ほたるいし）型構造をもつイオン結晶であり，Y^{3+} イオン，Zr^{4+} イオン，O^{2-} イオンからなる（図3–10（a））。超小型のコンデンサとして1台の携帯電話に数百個搭載されているチタン酸バリウム $BaTiO_3$ は，ペロブスカイト型構造をもつイオン結晶であり，Ba^{2+} イオン，Ti^{4+} イオンおよび O^{2-} イオンからなる（図3–10（b））。

3.6.4 イオン結晶における隣接イオン間の引力

3.5節で述べたように，陽イオンと陰イオンの間にはたらく引力はクーロンの法則に従う。すなわち，陽イオンと陰イオンの間にはたらく引力は，両イオンの電荷の絶対値の積に比例し，イオン間距離の2乗に反比例する。ここでいうイオン間距離は，イオンの中心から中心までの距離である（図3–11）。

3.4節で述べたように，イオンは剛体球とみなすことができる。そして，イオン結晶中では，隣り合う陽イオンと陰イオンは接触している（図3–11（a））。図3–11（b）より，イオン結晶中で隣接する陽イオンと陰イオンのイオン間距離は，両イオンのイオン半径の和であることがわかる。

以上のことから，イオン結晶中の隣接する陽イオンと陰イオンの間には

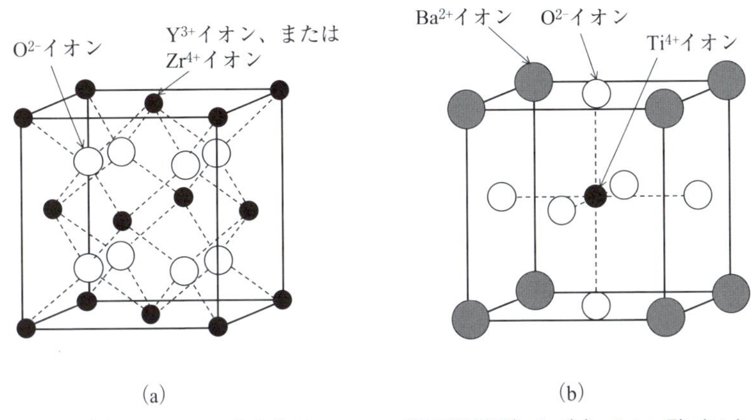

図3–10 (a) イットリア安定化ジルコニア（蛍石型構造）と (b) チタン酸バリウム（ペロブスカイト型構造）の結晶構造

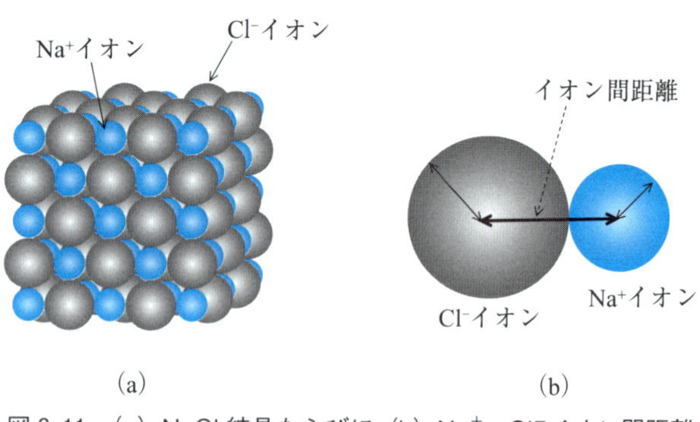

図 3-11　(a) NaCl 結晶ならびに (b) Na^{+}・Cl^{-}イオン間距離

たらく引力は，イオンの価数が大きいほど，また，イオン半径が小さいほど大きくなることが理解できる。次項で説明するように，イオン間の引力に関するこの法則が，イオン結晶の融点の高低を理解する上で役立つ。

3.6.5　イオン結晶の融点

温度を上げていくと，イオン結晶はある温度で液体になる。加熱によって結晶が液体になる現象を融解（melt）といい，融解が起こる温度を融点（melting point）という[7]。

融解に際し，イオンの配列は規則的で固定されたものから不規則で乱雑に動くものに変化する。結晶が流動性をもたず，液体が流動性をもつのはこのためである。イオンの配列がこのように変化するためには，陽イオン・陰イオン間のイオン結合が切断されなければならない。イオン結合を切断するためには外部から熱エネルギーを与える必要があり，温度が高いほど，与えられる熱エネルギーは大きい。

陽イオン・陰イオン間の引力が大きいとイオン結合を切断するために大きい熱エネルギーが必要であり，高い温度が必要となる。すなわち，イオン結晶の融点は，陽イオン・陰イオン間の引力が大きいほど高い。

ハロゲン化ナトリウムの融点を表 3-2 に示す。これらのハロゲン化ナトリウムはいずれも岩塩型構造をもつ。表 3-2 より，融点が NaF ＞ NaCl ＞ NaBr ＞ NaI の順に低くなることが読み取れる。このことは，次のように説明される。陽イオン・陰イオン間の引力は，両イオンの電荷の絶対値の積に比例し，イオン間距離の 2 乗に反比例する。両イオンの電荷の絶対

7）「融解」も「溶解」も，動詞では「溶ける」という言葉で表現される。しかし，融解と溶解は異なる現象である。融解は，加熱によって融点で固体が液体に変化する現象である。溶解は，固体が別の物質の液体に溶けて溶液になる現象である。英語では，「融解」「融解する」のいずれもが「melt」で表現され，「溶解」「溶解する」のそれぞれは「dissolution」「dissolve」で表現される。このように，英語では融解と溶解が言葉の上でも明確に分かれているが，日本語の「溶ける」は，融解と溶解のいずれを指しているのか区別できず，注意が必要である。

表 3-2　ハロゲン化ナトリウムの融点

ハロゲン化ナトリウム	融点／℃
NaF	993
NaCl	801
NaBr	755
NaI	651

表 3-3　アルカリ土類金属酸化物の融点

アルカリ土類金属酸化物	融点／℃
MgO	2800
CaO	2570
SrO	2430
BaO	1920

値は，表3-2のハロゲン化ナトリウムにおいて等しい。一方，周期表上での周期は F < Cl < Br < I の順に大きく，イオン半径は F^- < Cl^- < Br^- < I^- の順に大きい。したがって，隣接イオン間距離は NaF < NaCl < NaBr < NaI の順に大きく，その結果，隣接イオン間引力は NaF > NaCl > NaBr > NaI の順に小さくなる。これが，融点がこの順に低くなる理由である。

アルカリ土類金属の酸化物の融点を表3-3に示す。これらの酸化物も岩塩型構造をもつ。表3-2と比べればわかるように，アルカリ土類金属の酸化物はハロゲン化ナトリウムよりもはるかに高い融点をもつ。これは，アルカリ土類金属の酸化物が2価のイオンからなり，陽イオン・陰イオンの電荷の絶対値の積が大きく，両イオン間の引力が大きいためと理解できる。

3.6.6 イオン結晶の格子エネルギー

イオン結晶を個々のイオンに分解するためにはイオン結合を切断する必要があり，イオン結合を切断するためには外部からエネルギーを与える必要がある。イオン結晶を個々のイオンに分解するのに必要なエネルギーを，イオン結晶の**格子エネルギー**（lattice energy）という。例えば，塩化ナトリウムの格子エネルギーは

$$NaCl(s) \longrightarrow Na^+(g) + Cl^-(g),\ \Delta H \tag{3-7}$$

における反応エンタルピー ΔH である。ここで（s），（g）はそれぞれ固体状態，気体状態を表す。固体状態にある NaCl すなわち NaCl 結晶を，気体状態の Na^+ イオンと Cl^- イオン（バラバラになった個々のイオン）に分解する際に系が吸収する熱エネルギー ΔH が，NaCl の格子エネルギーである。格子エネルギーは，物質 1 mol あたりの量（(3-7) 式では NaCl 1 mol あたりの量）として定義され，その SI 単位は $J\ mol^{-1}$ である。

イオン結晶を個々のイオンに分解するのに必要なエネルギーは，陽イオン・陰イオン間引力が大きいほど大きい。すなわち，前項で取り上げた融

表3-4 ハロゲン化ナトリウムの格子エネルギー

ハロゲン化ナトリウム	格子エネルギー／$kJ\ mol^{-1}$
NaF	909
NaCl	771
NaBr	733
NaI	697

表3-5 アルカリ土類金属酸化物の格子エネルギー

アルカリ土類金属酸化物	格子エネルギー／$J\ mol^{-1}$
MgO	3760
CaO	3371
SrO	3197
BaO	3019

点と同様に，陽イオン・陰イオン間引力が大きいほど格子エネルギーは大きい。表3-2および表3-3に挙げたイオン結晶の格子エネルギーを，表3-4および表3-5にそれぞれ示す。格子エネルギーの大小関係が，融点の大小関係と同じであることがわかる。

3.6.7 イオン結晶の水への溶解

食塩（塩化ナトリウム）は水に溶解し，無色透明の食塩水（塩化ナトリウムの水溶液）になる。この例に見られるように，水に溶解するイオン結晶は多い。しかし，イオン結晶が必ず水に溶解するわけではなく，水に溶解しないイオン結晶もある。

イオン結晶が水に溶解する程度の大小は，第11章で学ぶ溶解度によって定量化することができる。表3-6にハロゲン化ナトリウムの水に対する溶解度を示す。表3-6に見られるように，溶解度はNaF < NaCl < NaBr < NaIの順に大きくなり，NaFとNaIとでは溶解度が40倍以上も異なる。ハロゲン化ナトリウムの溶解度がハロゲン化物イオンの種類によってこのように大きく異なるのはなぜなのだろうか。

表3-6 ハロゲン化アルカリの水に対する溶解度（20℃）

ハロゲン化アルカリ	溶解度（g/100g H_2O）
NaF	4
NaCl	36
NaBr	91
NaI	178

塩化ナトリウム水溶液を例として，イオン結晶が水に溶解した状態について説明する。水溶液中でNa^+イオンとCl^-イオンはもはや結合しておらず，バラバラの状態にある。そして，いずれのイオンもH_2O分子に囲まれている（図3-12）。イオンがH_2O分子に囲まれることを水和（hydration），H_2O分子に囲まれたイオンを水和イオン（hydrated ion）という。第4章と第5章で学ぶように，H_2O分子のH原子は正に，O原子は負に帯電している。そのため，H_2O分子のO原子とNa^+イオンの間，また，H_2O分子のH原子とCl^-イオンの間には静電引力がはたらく。このように，Na^+イオンとCl^-イオンはH_2O分子に囲まれているだけではなく，H_2O分子と静電引力によって引き合っている（図3-12）。これが，イオン結晶が水に溶解して水溶液となった状態である[8)]。

イオン結晶の実際の溶解は結晶の表面から起こる（図3-12）。このとき，H_2O分子は結晶表面のイオンと引き合い，イオンを引きちぎりながら水和すると考えてよい。水和がイオン結合に打ち勝つことが，溶解が実現するための条件である。

安定性や自由エネルギーの点からは次のようにいうことができる。陽イ

8) 水溶液中で陽イオンと陰イオンは，バラバラの状態にあると述べた。一方，3.6.6項でイオン結晶の格子エネルギーを，イオン結晶を陽イオンと陰イオンをバラバラの状態にするのに必要なエネルギーとして定義した。しかしながら，水溶液中でバラバラの状態にあるイオンと，格子エネルギーを定義するときに想定されるバラバラの状態にあるイオンとは，異なる状態にあることに注意すべきである。水溶液中でイオンはH_2O分子から引力を受けてH_2O分子に囲まれているが，格子エネルギーを定義するときに想定されるバラバラの状態にあるイオンの近くには，他の分子や原子は存在しない。

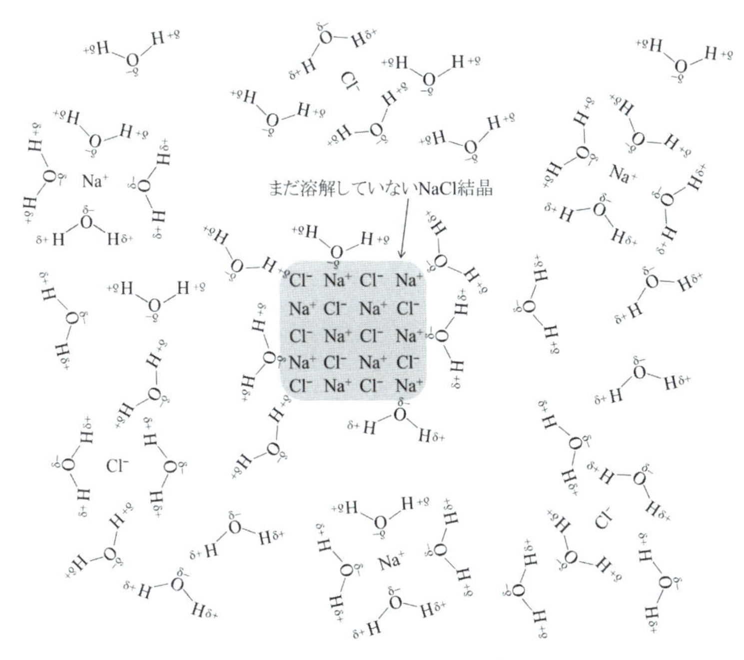

図 3-12　NaCl 結晶の水への溶解

オンと陰イオンが，イオン結合によって引き合ってイオン結晶として存在するよりも，両イオンが H_2O 分子と引き合って水溶液として存在する方が安定であること（自由エネルギーが低いこと）が，イオン結晶が水に溶解するための条件である。

格子エネルギーが大きいイオン結晶では，陽イオンと陰イオンが強く結合しているため，イオン結晶の状態が水溶液の状態よりも安定である可能性が高い。ハロゲン化ナトリウムの水に対する溶解度が，NaF < NaCl < NaBr < NaI の順に大きくなるのは（表 3-6），格子エネルギーが NaF > NaCl > NaBr > NaI の順に小さくなるためであると理解することができる（表 3-4）。このように，陽イオン・陰イオン間の静電引力が大きく，格子エネルギーが大きいイオン結晶は，水に溶解しにくい傾向をもつ。

第 4 章でベンゼンやヘキサンが極性をもたない分子であることを学ぶが，極性をもたない分子からなる液体にイオン結晶は溶解しない。これは，イオンと無極性分子の間に静電的な引力が生じず，無極性分子がイオンを結晶表面から引きちぎることができないからである。

章末問題

1 下記のイオンがもつ電荷を単位を付して答えなさい。

(a) Na^{+} (b) Mg^{2+} (c) Cl^{-} (d) O^{2-}

2 下記の同位体のイオンがもつ電荷を単位を付して答えなさい。

(a) ${}^{1}_{1}H^{+}$ (b) ${}^{2}_{1}H^{+}$

3 下記の元素のイオンの電子配置をエネルギー準位図で描き，価数を答えなさい。

(a) カリウム (b) カルシウム (c) アルミニウム

(d) フッ素 (e) 酸素

4 (a) Ti^{3+}イオン，(b) Ni^{2+}イオンの電子配置をエネルギー準位図で描きなさい。

5 Br 原子の原子半径と Br^{-}イオンのイオン半径の大小関係を，不等号を使って答えなさい。また，そのような大小関係が生じる理由を説明しなさい。

6 Cu 原子の原子半径，Cu^{2+}イオンと Cu^{+}イオンのイオン半径の大小関係を，不等号を使って答えなさい。また，そのような大小関係が生じる理由を説明しなさい。

7 アルカリ金属元素やアルカリ土類金属元素が陰イオンではなく陽イオンになる理由，ならびにハロゲン元素が陽イオンではなく陰イオンになる理由を説明しなさい。

8 K^{+}イオンと Br^{-}イオン，ならびに Ba^{2+}イオンと O^{2-}イオンが等しい距離を隔てて存在するものとする。K^{+}イオンと Br^{-}イオンの間にはたらく引力と，Ba^{2+}イオンと O^{2-}イオンの間にはたらく引力の比を求めなさい。ただし，比を求める過程も記述しなさい。

9 次の (a)，(b) に挙げた化合物は，いずれも岩塩型構造をもつイオン結晶である。(a)，(b) のそれぞれにおいて，化合物の融点の高低を推測し，不等号を使って答えなさい。また，そのように推測した理由を説明しなさい。

(a) KF，KCl，KBr，KI (b) LiCl，NaCl，KCl，RbCl

10　酸化カルシウム CaO とフッ化ナトリウム NaF はいずれも岩塩型構造をもつイオン結晶である。また，Ca^{2+} イオンと Na^{+} イオンのイオン半径はほぼ等しく，O^{2-} イオンと F^{-} イオンのイオン半径はほぼ等しい。CaO と NaF の格子エネルギーの大小関係を推測し，不等号を使って答えなさい。また，そのように推測した理由を説明しなさい。

11　臭化カリウム KBr は水に溶解する。KBr 水溶液中でイオンや分子がどのように分布しているかを図で描きなさい。

12　塩化ナトリウム NaCl は水に溶解するが，酸化マグネシウム MgO は水に溶解しない。その理由を説明しなさい。

第4章 共有結合

この章では，化学結合の一つである共有結合について学ぶ。分子の物性を考える上で重要である分子の形や極性が，古典的化学結合論である八電子則，原子価殻電子対反発則から予想できることを理解し，原子価結合法を経て分子軌道法に至る化学結合論の変遷を追いながら，現代における共有結合の取り扱いの基礎を学ぶ。

4.1 共有結合とは

第3章で述べたイオン結合は，主に電気陰性度が小さい元素（金属元素）と電気陰性度が大きい元素（非金属元素）間に生じる化学結合であった。イオン結合では，元素の電気陰性度の差が大きく，結合に関与する電子は一方の元素にほぼ属すると考えることができる。一方，非金属元素－非金属元素間では，電気陰性度つまり原子核が電子を引き付ける力が，どちらの元素も大きくまた双方の元素で大きな違いがないので，結合に関与する電子が両方の元素に引かれることで，“共有”され結合を形成する。このように形成される結合を共有結合（covalent bond）という。

分子（molecule）は化学的性質を持つ物質としての最小単位であるが，非金属元素で構成されることが多いので，分子を形成する化学結合は共有結合ということもできる。

4.2 八電子則

ルイス（G. N. Lewis）は，分子を形成する元素とその価電子（valence electron）について考察し，共有結合を形成する電子対を双方の原子に所属するとして価電子を数えた場合，希ガス配置である8電子（水素原子の場合は2電子）である分子が安定に存在できると結論した（引用・参考文献 10)）。これを八電子則（オクテット則；octet rule）という。アンモニア分子 NH_3 について考えてみよう。

1）はじめに，分子を構成する原子それぞれの価電子を考える。H原子の基底状態の電子配置は $1s^1$ であるので，価電子は1個である。また，N原子の基底状態の電子配置は $1s^2\ 2s^2\ 2p^3$ であり，K殻は閉殻であるので，最外殻にあたるL殻に存在する5電子が価電子である。

2）次に，価電子を「・」で表し，原子のまわりに配置する。ルイスは原子を取り囲む立方体の8個の隅に配置することを考えたが（そのため，八電子則は八隅則ともよばれる），ここでは元素記号の四辺を使って配置することにする。四辺に配置する際に，可能な限り電子が対にならないようにすると，N原子およびH原子は次のように配置できる。

·N̈·（下に·）　　H·

3）一辺にある価電子が1個であるもの（これを不対電子という）どうしを組み合わせ，1組の電子対とする。いま，区別のためにHの価電子を「•」と表しNH_3分子を組み上げると次のようになる。

H:N̈:H
　 H

このように，価電子を用いて分子内の結合の様子を表した化学式を，電子式（electronic formula）あるいはルイス式（Lewis formula）という。NH_3のそれぞれの原子のまわりの電子数を考えてみると，N原子は価電子の5電子に加えてH原子から供与された計3電子を加えて8電子となっており，H原子は価電子1電子とN原子からの1電子で合計2電子となっているので，すべての原子について希ガス配置を取り，安定な分子を形成している。ここで，電子式においてNH_3分子中の「:」のように，原子間に存在する共有結合に関する1組の電子対を共有電子対（shared electron pair）といい，上記のNH_3分子中のN原子にある「:」のように，共有結合に関与せず特定の原子に属している電子対を非共有電子対（unshared electron pair）あるいは孤立電子対（lone pair）という。

これまでの操作で，すべての原子に関して八電子則が満たされればこれ以上の操作は必要ないが，八電子則が満たされていない場合，次の操作を行う。

4）原子上にある不対電子あるいは非共有電子対を，八電子則を満たすように移動させる。例えば，二酸化炭素CO_2の場合，CとOの間の不対電子を一つずつ対にして共有電子対とすると

:Ö:Ċ:Ö:

となるが，C上の電子は6個，O上の電子はそれぞれ7個となって八電子則を満たしていない。そこでさらに不対電子を移動させ，

:Ö::C::Ö:

とすると，すべての原子が八電子則を満たす。同様にアセチレンC_2H_2

の電子式を書くと

H:C⋮⋮C:H

となる。

電子式中の共有電子対1組が一つの共有結合に相当するので，共有電子対「：」を価標（bond）「－」に置き換えると，NH_3，CO_2 および C_2H_2 は次のようになる。

H—N̈—H（N の下に —H）　:Ö=C=Ö:　H—C≡C—H

NH_3 に見られるように，原子間にある共有電子対が「：」である時は，原子間の結合に2電子が関与しており，これにより共有結合1個「－」で原子どうしが結合している。これを単結合（single bond）という。また CO_2 や C_2H_2 に見られるように，原子間にある共有電子対が「::」あるいは「:::」である時は，結合にそれぞれ4電子，6電子関与しており，これは共有結合2個分，あるいは3個分に相当することから，おのおの価標「＝」，「≡」で置き換えられ，二重結合（double bond）あるいは三重結合（triple bond）といい，これらは多重結合（multiple bond）とよばれる。

このように，電子式では共有結合に関与する共有電子対と，共有結合に関与しない非共有電子対の数がわかる。

4.3 結合距離と結合次数

電子式を描けば，原子間の共有結合の様子が予想できることがわかった。そこで，C 原子2個と水素原子から構成される分子 C_2H_6，C_2H_4 および C_2H_2 を比べてみよう。電子式から，それぞれの分子において C 原子間の共有結合に関与する共有電子対は1組，2組および3組であり，C 原子間の結合はそれぞれ単結合，二重結合，三重結合である。共有結合は，共有されている電子の負電荷によって原子核の正電荷を引き寄せ結合しているので，共有される電子が多いほど共有結合は強くなる。実際，これら三つの分子の C 原子間の結合エネルギーを比較すると，単結合 ＜ 二重結合 ＜ 三重結合となっているのがわかる。また，C 炭素間の原子間距離は，単結合 ＞ 二重結合 ＞ 三重結合となっており，結合の強さや長さはその結合の多重度に関係がある。次に示す結合次数（bond order）によって結合の多重度を評価することができる。

結合次数 ＝ 共有電子対の組数 ＝（共有電子数）÷ 2

4.4　原子価

ドルトン（J. Dalton）や アボガドロ（A. Avogadro）らによって基礎的な諸法則が明らかとなったころ，化合物に含まれる元素の比はある決まった値をとり，元素は他の元素といくつ結合できるか決まっているという考えに至った。ここで，他の元素と結合できる最大数を原子価（valence）という。原子価を電子式と対比して考えると，分子を形成する原子に対して原子価は共有結合を形成できる数ということになるので，電子式を書いた際に原子に現れる不対原子の数が原子価に等しいことがわかる。例えば，N の場合，5 個の価電子のうち 2 個は 1 対の電子対となるので不対電子は 3 個ということになり，N の原子価 3 と等しい。

4.5　原子価殻電子対反発則

4.2 節の八電子則を用いれば，分子を形成している原子間の結合の様子を簡単に知ることができた。しかし，分子の形は八電子則からはわからない。そこで，本節では分子の形が明らかにできる法則について考えてみよう。

共有結合に関与する電子は，原子間で“共有”されているので，共有結合を形成している 2 原子の間に多く存在すると考えられる。これは，一方の原子から共有電子対が存在する位置を考えると，共有結合している相手の原子の方向に局在していると考えることができる。このことを水分子 H_2O について考えてみる。H_2O の O－H 間の共有電子対は O から見れば H がある方向に局在している。二つの O－H 結合を形成している 2 組の共有電子対どうしは，その負電荷から互いが反発すると考えられる。もし，この共有電子対だけの電子反発を考えるなら，O－H 結合は互いの距離が最も遠くなる 180° の方向を向くのが妥当である。しかし，実際の H_2O 分子は直線型分子でないことがわかっている。このことを解決するには，O 上の非共有電子対も O から見て，ある方向に局在していると考えれば説明できる。つまり，2 組の共有電子対と 2 組の非共有電子対の合計 4 組が，互いに反発して安定な位置に存在すると考えるのである。4 方向が空間的に最も離れる方向は，正四面体の中心から各頂点に向かう方向であるので，H_2O は直線型でないと説明ができる。

このように，原子価殻（最外殻）にある共有電子対あるいは非共有電子対が，互い反発するとして分子の概形を考えることができる法則を，原子価殻電子対反発則（VSEPR 則；valence shell electron pair repulsion rule）という。VSEPR 則により CH_4 と NH_3 の形を考えると，それぞれ H_2O と同様に，正四面体の中心から頂点に向かって共有結合が伸びていると考えることができる。しかし，実際の共有結合間の角度は，CH_4 が 109.5° と正確に正四面体の中心から頂点に向かう直線のなす角度と同じであるのに対して，NH_3 は 106.7°，H_2O は 104.5° と小さくなっている（図 4–1）。これは，共有電子対よりも非共有電子対が電子対間の反発は強く，電子対間の反発が

非共有電子対どうし > 非共有電子対 – 共有電子対 > 共有電子対どうし

となっているためである。

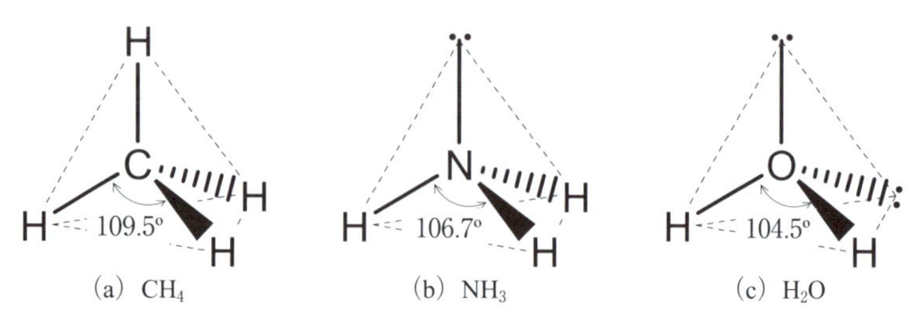

図 4–1 CH_4，NH_3，H_2O 各分子の形と結合角

C_2H_4 や C_2H_2 などの多重結合を含む分子は，多重結合に関与する共有電子対が一方向に局在すると考える。C_2H_4 の C 原子のまわりの結合は，C＝C の二重結合一つと C－H の単結合二つの計 3 方向と考えれば，C 原子まわりは平面三角形型となり，また C_2H_2 の C 原子のまわりの結合は，C≡C の三重結合一つと C－H の単結合一つの計 2 方向で，直線型ということがわかる（図 4–2）。

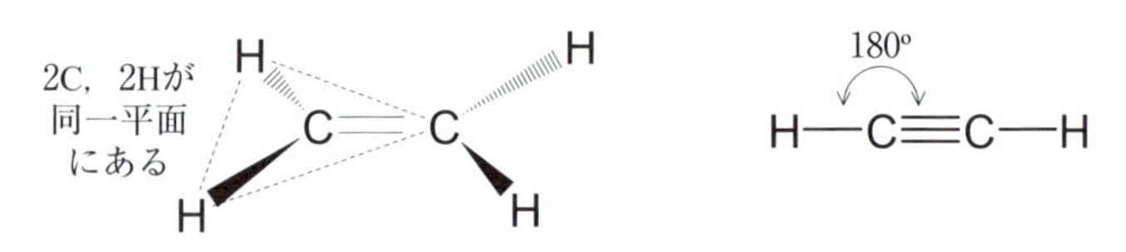

図 4–2 C_2H_4，C_2H_2 各分子の形と結合角

4.6 極　　性

2 原子からなる分子の場合，2 種類の分子に大別できる。一つは，H_2，N_2，O_2 などの同種の元素から構成される等核 2 原子分子（homonuclear diatomic molecule）であり，もう一つは，HCl，CO などの異種の元素から構成される異核 2 原子分子（heteronuclear diatomic molecule）である。等核 2 原子分子は，当然二つの原子の電気陰性度は同じなので，この二つの原子間の共有電子対は，双方の原子核から同じ強さで引かれている。したがって，この共有電子対は二つの原子のまわりに同等に存在し，その重心は二つの原子核の中点である。また二つの原子核と共有結合に関与しない電子との総和である正電荷の重心も同じ位置にあるので，等核 2 原子分子は電気的に偏りがない。このように電気的偏りのない分子を無極性分子

(nonpolar molecule) という。

一方，異核2原子分子では二つの原子の電気陰性度は異なるため，共有電子対は電気陰性度が大きい原子に偏り，その重心は二つの原子核の中点とは異なる。この結果，分子自体は電気的に中性であるが，正電荷と負電荷の重心が異なることになり，電気双極子が生じる。このように，電極に偏りがある状態を分極 (polarization) しているといい，分子全体の正電荷と負電荷の重心が異なり電荷に偏りがある，つまり双極子を持つ分子を極性分子 (polar molecule) という。極性分子は外部の電場あるいは磁場の影響を受ける。この影響の受けやすさは，電荷の大きさ$|q|$と電荷間の距離rとの積で表される双極子モーメント (dipole moment) μの大きさを持ったベクトルで表すことができ，その単位はデバイ D (1 D = 3.336 × 10^{-30} C m) である (表4-1)。

表4-1　二原子分子の双極子モーメントμ

化合物	μ/D	化合物	μ/D	化合物	μ/D	化合物	μ/D
AlF	1.53	HCl	1.11	KI	10.82	LiI	7.43
BaO	7.95	HF	1.83	LiBr	7.27	NaBr	9.12
BrCl	0.52	HI	0.45	LiCl	7.13	NaCl	9.00
BrF	1.42	KCl	10.27	LiF	6.33	NaI	9.24
HBr	0.83	KBr	10.63	LiH	5.88	NO	0.16

$+q$　　$-q$ [1]

⊕ ←―――― ⊖

|← r →|

$\mu = |q|r$

1) 双極子モーメントは－から＋の方向を正にとる。ただし，有機化学では化学結合の電気的な偏りを表す方法として，双極子モーメントの矢印とは逆向きに，＋から－に向かってプラスがついた矢印 (+――→) を用いることが多くある。本書では，化学結合の局所的な電気的な偏りを表すときにプラスがついた矢印 (+――→) を，分子全体の双極子モーメントを表すときに通常の矢印 (←――) を用いる。

ここで，異核2原子分子であるHCl分子について考えてみよう。電気陰性度はCl原子の方が大きいので，H－Cl間の共有電子対は少しCl原子側に引き寄せられていて，共有電子対の重心は2原子の中点よりもCl原子側にかたよっている (図4-3)。2原子分子の場合，双極子モーメントの向きは共有結合の向きと一致するので，HCl分子ではH原子からCl原子に向いていることになる。実験により，HCl分子の双極子モーメントの大きさは1.11 Dであることがわかっており，電荷の中心がそれぞれの原子核にあるとすると，双極子の長さrは原子間距離1.27 × 10^{-10} mとなることから，電荷の大きさ$|q|$は2.92 × 10^{-20} C = 0.18 eとなる。つまり，HCl分子は，Hが＋0.18 e，Clが－0.18 eの電荷を帯びていることになる。このように，共有結合している原子間で電荷のかたよりがある結合を極性共有結合 (polar covalent bond) という。また，気体状態のNaClは2原子分子として存在するが，Na原子とCl原子の電気陰性度は大きく異なるため，この2原子間の共有結合は強い極性をもち，その双極子モーメントも9.00 Dと大きな値を示す。NaCl分子の原子間距離は2.36 × 10^{-10} mであ

ることから，電荷の大きさ$|q|$を求めると 0.79 e であり，大きなイオン性を帯びた共有結合であることがわかる[1]。

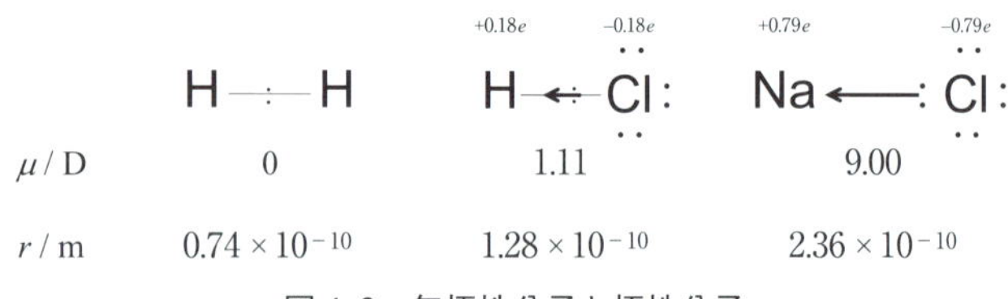

図 4–3 無極性分子と極性分子

次に，3 原子分子である H_2O および CO_2 について考えてみる。分子全体の極性は全電子の重心と全原子核の重心との双極子から考えることができるが，分子内に存在する共有結合の双極子モーメントの総和と考えることもできる。H_2O 分子には二つの O−H 結合があり，その極性は H ⟼ O となっている。VSEPR 則から考えて，H_2O 分子は屈曲型をしているので，二つの O−H 結合の双極子モーメントは打ち消されず，分子全体の双極子モーメントは二つの H 原子の中点から酸素原子を通る向きである（図 4–4）。それに対して，CO_2 分子にある二つの C=O 結合には C ⟼ O の極性は存在するが，その分子形は直線であり二つの双極子モーメントは反平行になっているので，ちょうど打ち消しあい分子全体では双極子モーメントはなく，無極性分子である。他の多原子分子の極性についても同様に考えることができ，それぞれの共有結合間の極性と分子形から分子全体の極性について予想することができる。

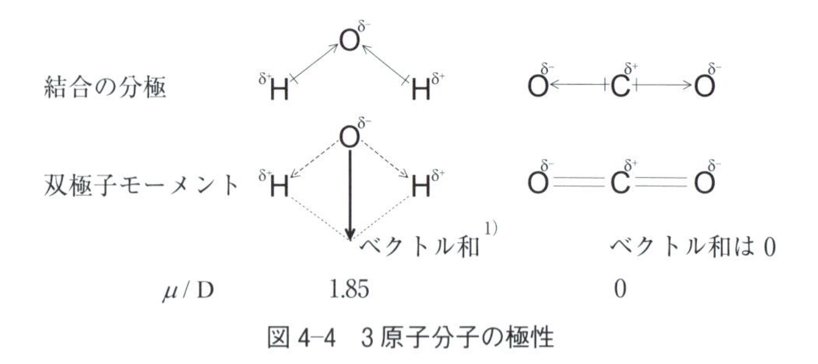

図 4–4 3 原子分子の極性

4.7 共 鳴

炭酸イオン CO_3^{2-} について考えてみよう。CO_3^{2-} の電子式と構造式は

と書け，VSEPR 則から三角形構造をしていると考えられる。この構造式

1) 結合の電気的な偏りは + から − へのプラスがついた矢印で，分子全体の電気的な偏り（双極子モーメント）は − から + へ通常の矢印で表記したため，矢印の向きが逆転していることに注意。

のまま構造が固定されているならば，C＝O 二重結合と C－O 単結合では結合距離が違い，C 原子と 3 個の O 原子との距離は異なってくると考えられる。また，それに伴い結合の双極子モーメントが異なっているので極性が生じるはずである。しかし，実際には CO_3^{2-} イオンには極性はなく，実験結果から C とすべての O との距離は同じであることがわかっている。この矛盾を解決するために次のように考える。CO_3^{2-} はどの酸素上に負電荷があるかによって三つの構造式（極限構造式）を書くことができる（図 4-5）[1]。電子が常に移動することで，この三つの極限構造を行き来している状態で CO_3^{2-} イオンが存在すると考えるのである。これを共鳴（resonance）という。共鳴状態にある電荷や結合は平均化されると考えられるので，CO_3^{2-} イオンの C－O 結合はすべて等価であり，一つの O 原子上にはそれぞれ $-\frac{2}{3}$e の電荷があると考える。この共鳴の考えは，後述する分子軌道法から考えると分子あるいはイオンの正しい姿をとらえているとはいえないが，ある程度の物性を考えるうえでは役に立つ。

1）共鳴は両矢印記号（↔）で表す。

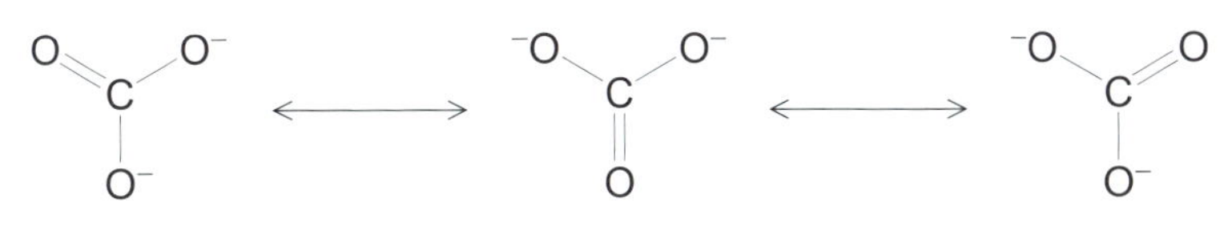

図 4-5　炭酸イオン CO_3^{2-} の共鳴

4.8　共有結合の定性的な化学結合論

これまでの説明で，分子の化学的性質は電子の振る舞いによって決まることがわかった。特に分子では，結合電子（共有電子対）などの原子価殻（最外殻）にある電子の振る舞いが，分子の性質をほぼ決めている。つまり，分子の性質を説明できるように，共有結合における電子の振る舞いをどのように表記するかが重要となってくる。

これらのことを考えるために，ここでは定性的に，無限遠で原子状態であるものが接近することによって分子を形成すると考える。第 2 章にもあるとおり，原子状態では原子に属する電子は原子軌道に存在する。2 個の H 原子から基底状態の H_2 分子が形成されるときは，それぞれの H 原子の基底状態である 1s 軌道にある不対電子どうしが共有電子対になり，共有結合を形成すると考えられる。その時，2 個の原子が存在する方向は，共有結合が形成される方向なので結合軸といい，これを x 軸として，s 軌道 2 個から共有結合が形成される電子雲の様子を表すと，図 4-6（a）のようになる。この場合，どちらの s 軌道の波動関数も同一符号をもっていることに注意しよう（ここで注目しているのは波動関数の符号であって，電荷の符号ではない）。つまり，同一の波動関数の符号をもつ電子雲どうしが接近すると共有結合が形成される。

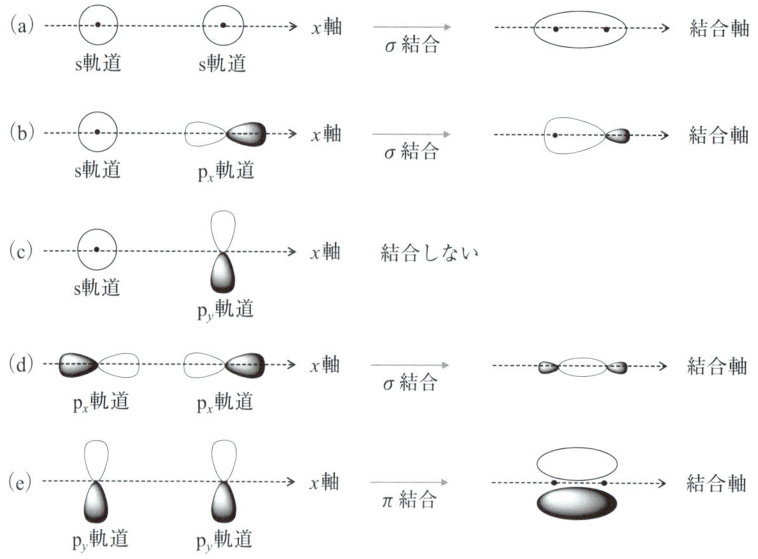

図 4-6　σ結合と π 結合

次に，H 原子などのように s 軌道に不対電子があるものと，C 原子などのように p 軌道に不対電子があるものが共有電子対を形成する場合について考えてみよう。p 軌道は s 軌道と違い，軌道が方向性をもつので，結合軸（x 軸）を向いている軌道（p_x 軌道）と結合軸に垂直な軌道（p_y 軌道と p_z 軌道）に分けて考える。p_x 軌道は結合する相手の s 軌道の方向を向いているので，原子が接近してくると軌道どうしが重なり，図 4-6（b）のように共有結合が形成される。これに対して，p_y 軌道（あるいは p_z 軌道）の場合は結合軸（x 軸）を含む面に節[2]があり，x 軸上は電子の存在確率が 0 である。この結果，原子核が接近してもお互いの不対電子は影響を及ぼしあわず，結合は形成されない（図 4-6（c））。

続いて，p 軌道どうしの結合について考える。ここでも，p_x 軌道と p_y 軌道のように軌道の向きが合わない軌道どうしは，前述の s 軌道と p_y 軌道などと同様に，結合を形成しない。つまり，p_x 軌道と p_x 軌道，p_y 軌道と p_y 軌道，p_z 軌道と p_z 軌道の組み合わせのみが結合を形成する。p_x 軌道と p_x 軌道の結合は，どちらの軌道も結合軸の方向を向いているので，s 軌道と p_x 軌道あるいは s 軌道どうしの結合と似た結合を形成する（図 4-6（d））。

それに対して，p_y 軌道どうし，あるいは p_z 軌道どうしの結合は様子が異なる。例えば，p_y 軌道どうしの結合の場合，p_y 軌道は結合軸（x 軸）の垂直方向を向き，節は共に zx 平面で共平面となっており，この平面中に結合軸を含む。したがって，結合軸の電子密度は 0 であり，また，p 軌道

2）波動関数 φ には符号があり，その符号が変わるところには $\varphi = 0$ となる面がある。これを「節」といい，また節では $\varphi^2 = 0$ であるので，電子の存在確率は 0 である。

は節面の上下で波動関数の符号が変わるため，それぞれの p_y 軌道の波動関数が $y>0$ の領域と，$y<0$ の領域でそれぞれ同じ符号となることができる。この結果，図 4-6（e）に示すような電子雲をもつ共有結合が形成される。この結合は，これまでに述べてきた s 軌道－s 軌道，s 軌道－p_x 軌道，p_x 軌道－p_x 軌道の結合とは異なる特徴をもつ。これらの結合の共有電子対は結合軸に電子密度の極大があり，結合軸まわりに電子が多く存在している。それに対して，p_y 軌道－p_y 軌道（p_z 軌道－p_z 軌道も同じ）の場合は，結合軸における共有電子対の存在確率は 0 であり，結合軸を含む平面（この場合は zx 平面）で波動関数の符号が異なる電子雲となる。つまり，この結合では結合軸のところに節面が存在することから，原子軌道の p 軌道（原子核を通る節面が一つ存在する）になぞらえ，ギリシャ文字の“p”にあたる“π”を用いて，このタイプの結合を π（パイ）結合（π bond）とよぶ。また，前述した結合軸に結合電子の存在確率の極大がある結合を，原子軌道の s 軌道（原子核を通る節面がない）になぞらえて，σ（シグマ）結合（σ bond）とよぶ。

ところで，定量的に共有結合電子がどのようなエネルギーをもち，どのような波動関数をもつかは，波動方程式

$$H\psi = E\psi$$

を解けばわかるはずである。しかし，詳しいことは専門書に譲るが，電子が 2 個以上ある系において，この波動方程式を厳密に解くことは困難である。そこで，波動関数を我々が理解しやすい形に近似することによって，近似解を導くことが試みられてきた。この代表例である原子価結合法と分子軌道法について次に説明する。

4.9　原子価結合法

ハイトラー（W. Heitler）とロンドン（F. London）は H_2 分子において，H 原子の 1s 軌道にある不対電子が，お互いに交換されることによって共有結合が形成されていると考えると，H_2 分子のスペクトルを説明できると発表した（引用・参考文献 11）。この時の H_2 における電子の軌道は

$$\psi = c_1\varphi_A(e_a)\varphi_B(e_b) + c_2\varphi_A(e_b)\varphi_B(e_a)$$

と書き表すことができる。$\varphi_A(e_a)\varphi_B(e_b)$ は H_A 原子の 1s 軌道に a の電子（e_a）が入り，H_B 原子の 1s 軌道には b の電子（e_b）が入っている状態の波動関数を表している。また，$\varphi_A(e_b)\varphi_B(e_a)$ は電子が交換され，H_A 原子の 1s 軌道に e_b が入り，H_B 原子の 1s 軌道には e_a が入っている状態の波動関数を表している（図 4-7）。この方法では，共有結合は原子価電子が属する原子軌道の線形結合（一次結合）で結合電子の軌道を表す。このような共有結合の電子の挙動を説明する方法を原子価結合法（valence bond method）という。この原子価結合法は，ルイス式（電子式）などの当時

の化学結合論の延長上にあるので広く受け入れられたが，第2周期以降の元素に適用するときに問題が生じる。

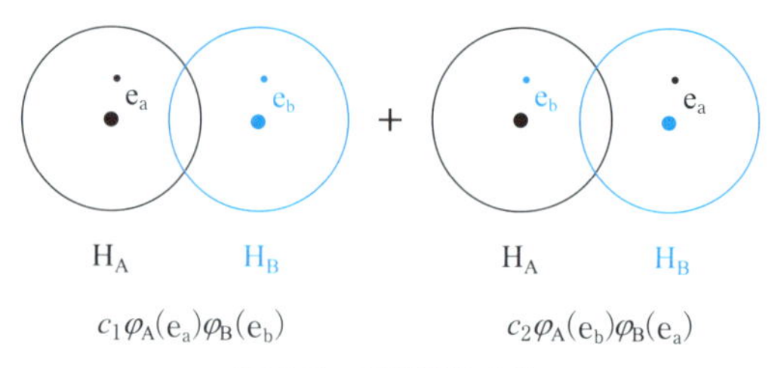

図 4-7 原子価結合法

一例として，原子価結合法で CH_4 分子を考えてみる。実験から，CH_4 分子は等価な四つの C－H 結合をもち，無極性分子であることがわかっている。規則に則って電子を配置させると，C 原子の基底状態の電子配置は $1s^2\,2s^2\,2p^2$ であるので不対電子は 2 個となる。この電子配置のまま H 原子との共有結合を考えると二つの共有結合しか形成できないことになり，C 原子の原子価 4 との整合性がない。そこで，少しだけエネルギーが高い励起状態である $1s^2\,2s^1\,2p^3$ の電子配置を考える。この配置では，2s 軌道の 1 電子と 2p 軌道の 3 電子はすべて不対電子となり，C 原子の原子価が 4 であることと整合性がある。このように，原子価を満たすように電子配置を基底状態から励起状態にすることを昇位（promotion）という。

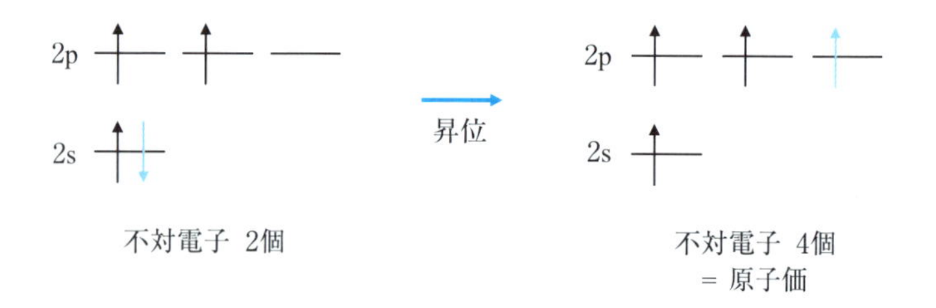

いま，昇位後の C 原子にある 4 個の不対電子と四つの H 原子にある不対電子 1 個ずつが共有電子対になり，四つの C－H 共有結合を形成すると考える。その場合，一つの C－H 結合は C 電子の 2s 軌道の電子と H 原子の 1s 軌道の電子から結合ができ，ほかの三つの C－H 結合は C の 2p 軌道の電子と H 原子の 1s 軌道の電子から結合ができるので，2s 軌道からできる一つの C－H 結合と 2p 軌道からできる三つの C－H 結合は等価でない（図 4-8）。これは CH_4 の四つの C－H 結合は等価であるという実験事実と異なる。そこで，この矛盾を解決するために，ポーリング（L. Pauling）は混成軌道という考え方を導入した。

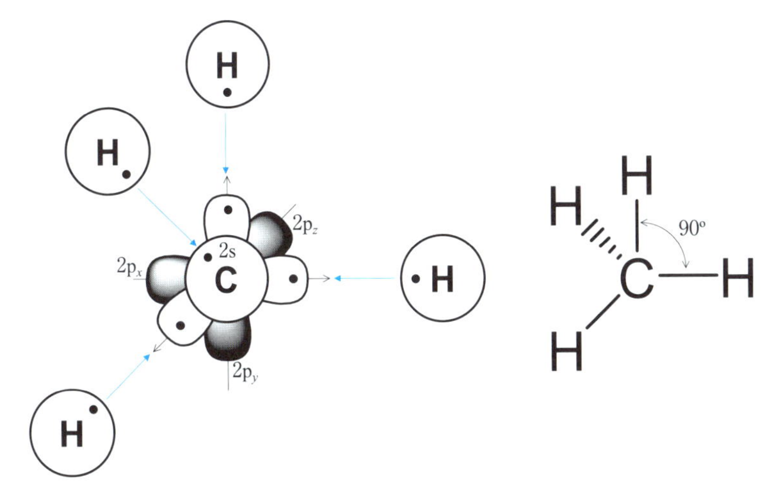

図 4-8　C 原子の 2s, 2p 軌道にある不対電子が結合をつくると考える時の CH_4 分子の形

4.10　混成軌道

4.10.1　sp^3 混成軌道

原子価結合法で CH_4 を考える場合，C 原子の原子軌道をそのまま用いては，CH_4 を正しく表せないことがわかった。そこで，ポーリングはC原子の 2s 軌道一つと 2p 軌道三つを線形結合させることにより，新たに等価な四つの軌道とし，この軌道に配分された不対電子が，H 原子四つのそれぞれの不対電子と共有結合を形成すると考えた（引用・参考文献 12）。エネルギーの近いいくつかの原子軌道を線形結合させることにより，新たにエネルギーの等価な同数の軌道を考えることを混成するといい，このような軌道を混成軌道（hybrid orbital）という。CH_4 の場合，一つの s 軌道と三つの p 軌道から新たに四つの混成軌道を考えるが，この混成軌道は混成する前の軌道の名前から sp^3 混成軌道とよぶ（図 4-9）。軌道を混成させるときに注意したいことは，合計 n 個の軌道を混成させてできる混成軌道の数は n 個であるということである。つまり，混成前後で収容できる電子の数は必ず一致させておく必要がある。

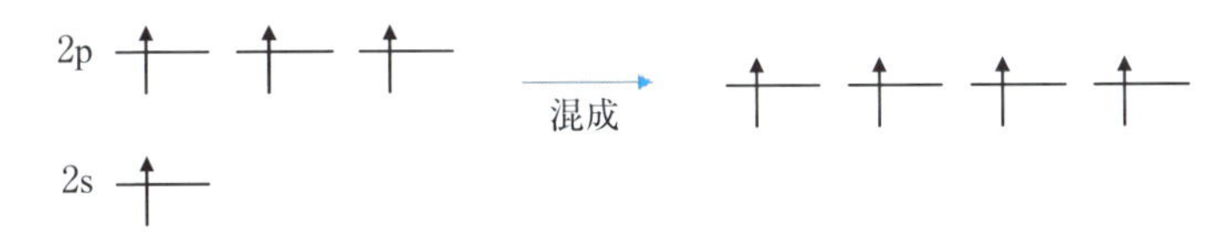

図 4-9　C 原子における sp^3 混成軌道の形成

原子軌道を考えた時のように，原子軌道が安定に存在するには互いの軌

3) 「互いの軌道が直交する」とは，互いの軌道の積を全空間で積分すると 0 になる（$\int \varphi_A \varphi_B d\tau = 0$）ことである。

道は直交[3] している必要があるが，この混成軌道にも同じ条件が適用され，混成軌道どうしは直交する必要がある。しかし，この条件のもと，s 軌道と p 軌道を線形結合させ新たな混成軌道を考えても，一つの解には定まらない。ただ，実験結果から，CH_4 が等価な四つの C－H 結合をもち，極性をもたない分子であることをわかっているので，それに矛盾しないように sp^3 混成軌道の形を定めることができる。すなわち，正四面体の中心に C 原子があり，そこから各頂点に向かう方向に混成軌道の極大方向をとることにより，C－H 結合も正四面体の中心から四つの頂点方向に伸びていると考える。この時，四つの C－H 結合の極性は打ち消され，CH_4 分子が無極性であることと矛盾しない。この四つの sp^3 混成軌道は，原子軌道の線形結合を用いて

$$
\begin{aligned}
\varphi_1 &= \frac{1}{2}\chi_s + \frac{\sqrt{3}}{2}\chi_{p_x} \\
\varphi_2 &= \frac{1}{2}\chi_s - \frac{1}{2\sqrt{3}}\chi_{p_x} + \sqrt{\frac{2}{3}}\chi_{p_z} \\
\varphi_3 &= \frac{1}{2}\chi_s - \frac{1}{2\sqrt{3}}\chi_{p_x} + \frac{1}{\sqrt{2}}\chi_{p_y} - \frac{1}{\sqrt{6}}\chi_{p_z} \\
\varphi_4 &= \frac{1}{2}\chi_s - \frac{1}{2\sqrt{3}}\chi_{p_x} - \frac{1}{\sqrt{2}}\chi_{p_y} - \frac{1}{\sqrt{6}}\chi_{p_z}
\end{aligned}
\qquad (4.1)
$$

と表すことができる。これらの混成軌道は，向きは異なるが電子雲の形はすべて同じである（図 4-10）。また，座標軸の取り方を違ったものにすれば

$$
\begin{aligned}
\varphi_1' &= \frac{1}{2}\{\chi_s + \chi_{p_x} + \chi_{p_y} + \chi_{p_z}\} \\
\varphi_2' &= \frac{1}{2}\{\chi_s + \chi_{p_x} - \chi_{p_y} - \chi_{p_z}\} \\
\varphi_3' &= \frac{1}{2}\{\chi_s - \chi_{p_x} + \chi_{p_y} - \chi_{p_z}\} \\
\varphi_4' &= \frac{1}{2}\{\chi_s - \chi_{p_x} - \chi_{p_y} + \chi_{p_z}\}
\end{aligned}
\qquad (4.1')
$$

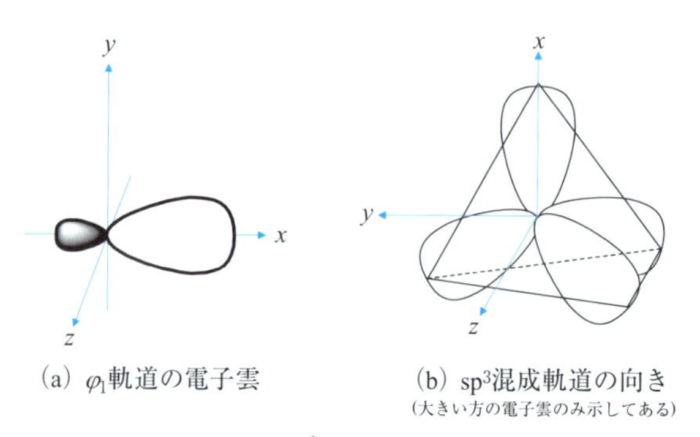

図 4-10 sp^3 混成軌道の電子雲

と表すこともできる。C原子の価電子は4個であり，この四つのsp^3混成軌道にちょうど1個ずつ電子が配置されるので，それぞれのsp^3混成軌道一つとH原子の1s軌道とがσ結合を形成し，四つの等価なC－H結合となる。この結果，CH_4分子の形は，正四面体の中心にCを置き，Hを四つの各頂点に置いた形となるので，図4-1（a）にあるVSEPR則から予想される形と同じであり，また，四つの結合角（∠HCH）は等しく109.5°となって，実測値に一致する。

次に，NH_3分子とH_2O分子について考えてみる。図4-1（b）および（c）に示すように，VSEPR則から両分子ともCH_4と同様に，四面体の中心から頂点方向への結合方向を考える分子である。つまり，非共有電子対も含めると四面体構造をしているので，中心原子のNとOはsp^3混成軌道で結合していると考えると，分子の形や性質が矛盾なく説明できる。

4.10.2 sp^2混成軌道

VSEPR則から正三角形型をしていると考えられるBBr_3について考える。BBr_3の中心原子であるB原子の基底状態の電子配置は$1s^2\ 2s^2\ 2p^1$であるが，上記のC原子と同じように昇位した$1s^2\ 2s^1\ 2p^2$の電子配置を考える（図4-11）。この時，不対電子が入る軌道を$2p_x$軌道と$2p_y$軌道とし，2s軌道との三つの軌道から混成軌道を考えると

$$\begin{aligned}
\varphi_1 &= \frac{1}{\sqrt{3}}\chi_{s} + \sqrt{\frac{2}{3}}\chi_{p_x} \\
\varphi_2 &= \frac{1}{\sqrt{3}}\chi_{s} - \frac{1}{\sqrt{6}}\chi_{p_x} + \frac{1}{\sqrt{2}}\chi_{p_y} \\
\varphi_3 &= \frac{1}{\sqrt{3}}\chi_{s} - \frac{1}{\sqrt{6}}\chi_{p_x} - \frac{1}{\sqrt{2}}\chi_{p_y}
\end{aligned} \tag{4.2}$$

の三つの軌道とすることができる。これらは，一つのs軌道と二つのp軌道を混成し生じることから，sp^2混成軌道とよぶ。これらの軌道はすべてxy平面に電子密度の極大があり，結合の向きは互いに120°をなしている。B原子ではsp^2混成軌道に対して3個の電子を配置するので，それぞれの軌道に不対電子が1個ずつ入ることになる。このsp^2混成軌道にある不対電子とBr原子の不対電子が共有結合すると，B－Br結合が同一平面内に120°の角度で三つできるので，BBr_3の分子形をよく再現している（図4-12）。

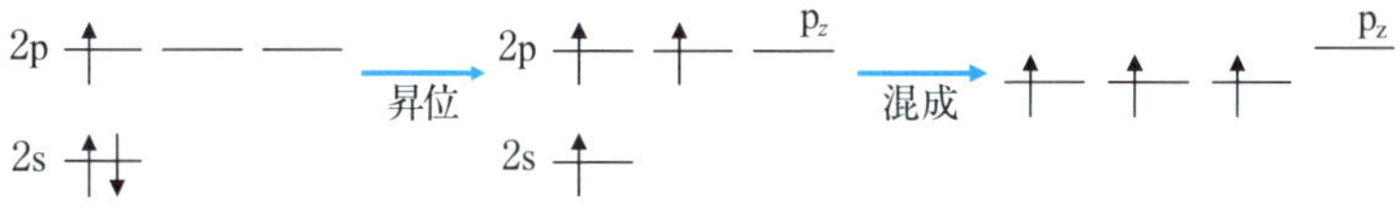

図4-11　B原子におけるsp^2混成軌道の形成

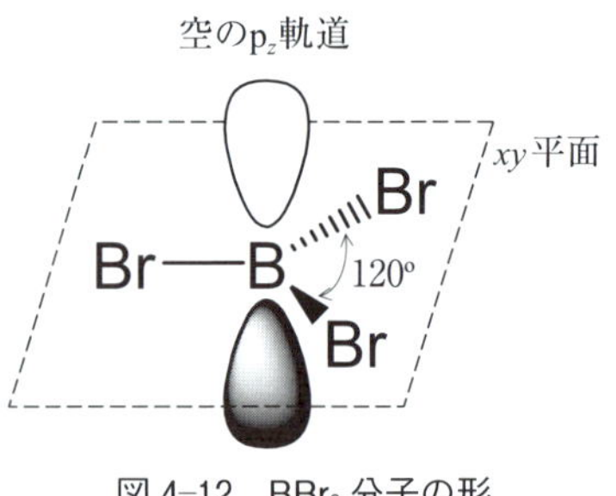

図 4-12 BBr_3 分子の形

次にC_2H_4分子について考える。VSEPR 則から C 原子まわりは三角形型をしていることになる。C 原子の昇位後の電子配置は 2s, $2p_x$, $2p_y$, $2p_z$ の軌道に不対電子が 1 個ずつあるが, C 原子まわりの原子配置が三角形であることを考え, 一つの 2s 軌道と二つの 2p 軌道（いまは $2p_x$ と $2p_y$ 軌道を選択）から sp^2 混成軌道が形成され,（4.2）式に示された三つの波動関数になるとする（図 4-13）。この電子配置の時に, C＝C 結合の方向を x 軸とすると, 二つの C－H の結合角はそれぞれ約 120° の方向であるから, φ_2, φ_3 にある不対電子と H 原子の 1s 軌道の不対電子とが σ 結合することにより, C－H 結合が形成される。C＝C 結合は, まずお互い相手の C 原子に向いている軌道である φ_1 軌道どうしが σ 結合して, 1 組の共有電子対を形成する。C＝C 結合は二重結合なので, もう 1 組の共有電子対が存在するが, これは残った $2p_z$ 軌道にある不対電子どうしが π 結合することにより共有電子対となる（図 4-14）。このことから, C＝C 結合は, 一つの σ 結合と一つの π 結合からなっていることがわかる。

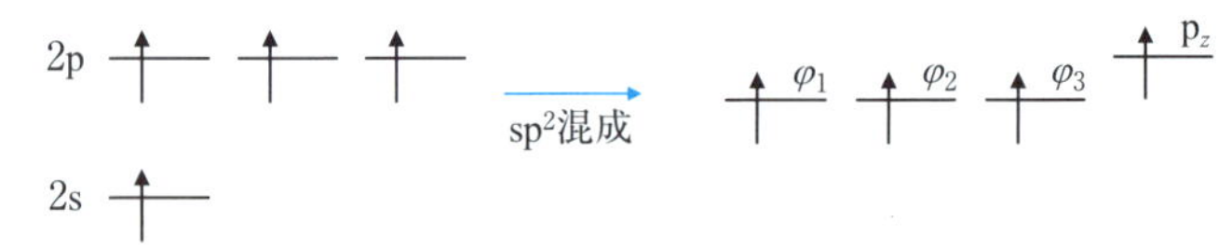

図 4-13 C 原子における sp^2 混成軌道の形成

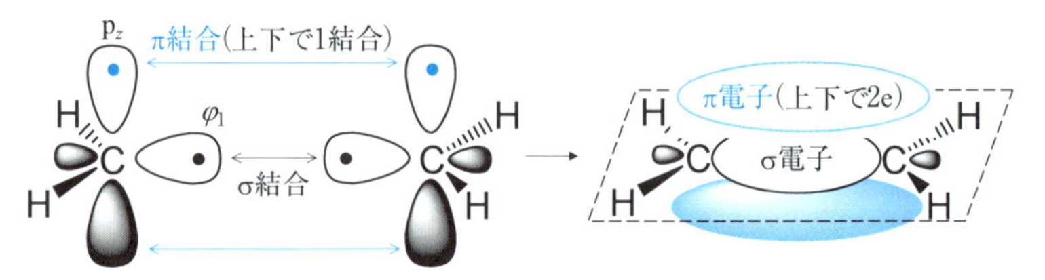

図 4-14 C_2H_4 分子における C＝C 結合の形成

4.10.3 sp 混成軌道

同様に, $BeCl_2$ について考えてみる。昇位後の Be 原子の電子配置は $1s^2\ 2s^1\ 2p^1$ であり, 一つの s 軌道と一つの p 軌道（p_x 軌道とする）からで

きる sp 混成軌道について考える。この時，sp 混成軌道は

$$\varphi_1 = \frac{1}{\sqrt{2}}\chi_{s} + \frac{1}{\sqrt{2}}\chi_{p_x}$$
$$\varphi_2 = \frac{1}{\sqrt{2}}\chi_{s} - \frac{1}{\sqrt{2}}\chi_{p_x} \tag{4.3}$$

と表すことができ，残りの p 軌道は p_y 軌道と p_z 軌道である。Be 原子の場合，二つの sp 混成軌道に不対電子が 1 個ずつ入り，この不対電子と Cl 原子の不対電子が共有電子対となり，二つの共有結合が形成される。VSEPR 則で考えると $BeCl_2$ は直線分子であり，Cl 原子が Be 原子に結合する方向を x 軸とすれば，φ_1，φ_2 の軌道の向きと一致することがわかる。つまり，Be の sp 混成軌道にある不対電子 2 個と二つの Cl 原子の不対電子がそれぞれ σ 結合することによって直線分子が形成されている（図 4-15）。

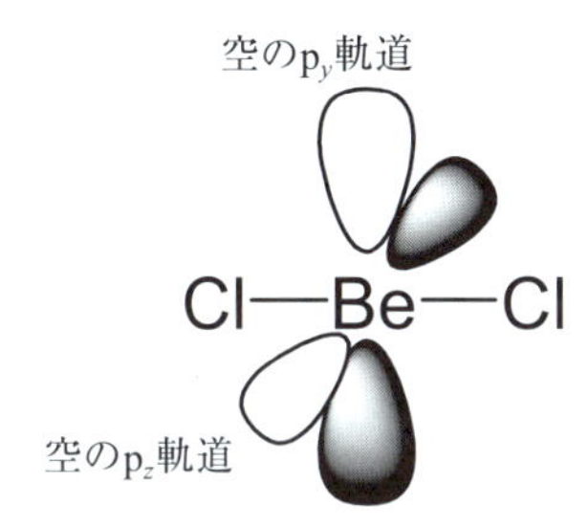

図 4-15　$BeCl_2$ 分子の形

さらに，直線分子である C_2H_2 について考える。ほかの炭素化合物と同様に，昇位した C 原子は一つの s 軌道と三つの p 軌道にそれぞれ不対電子をもつが，分子形に合わせて一つの s 軌道と一つの p 軌道（p_x 軌道とする）から sp 混成軌道を形成すると，前述の φ_1，φ_2 の混成軌道をとってそれぞれ不対電子が入り，さらに混成軌道を形成しない p_y 軌道と p_z 軌道に不対電子が 1 個ずつ入った形になる。C_2H_2 分子の結合軸を x 軸とすると，sp 混成軌道にある C において前述の二つの sp 混成軌道のうち，一つは H 原子と σ 結合を形成し，もう一つは C 原子との σ 結合を形成する。C 原子には sp 混成軌道に参加していない p_y 軌道，p_z 軌道にも不対電子があるので，これらがそれぞれ共有電子対になることにより二つの π 結合を形成し，C≡C 結合となる。したがって，C≡C の三重結合は一つの σ 結合と二つの π 結合から形成されていることがわかる。

4.11 分子軌道法

4.11.1 LCAO 法

これまで述べてきた原子価結合法は，原子軌道あるいはそれらの線形結合から導かれた混成軌道に不対電子があり，これらの不対電子が交換されることにより共有結合が形成されると考えた。しかし，この方法は簡単な分子を定性的に理解するには有用であるが，複雑な分子に適用するのには非常に膨大な量の計算が必要となる。そこで，それに代わる方法として分子軌道法（molecular orbital method；MO 法）が考えられた。原子に属する電子は，その原子核や内殻にある電子によって決められる原子軌道に納まるように考えたように，分子にはその分子を構成している原子核とその位置関係などで決まる電子が収まるべき軌道（分子軌道）があって，基底状態にある分子に属する電子は，エネルギーの低い軌道から順に収まっていると考える。

分子軌道法で H_2 分子について考えてみよう。原子の場合と同様，分子の場合も波動方程式を解くことにより分子軌道の波動関数を得ることができるが，2 電子以上の場合正確に波動方程式を解くことは困難である。そこで，まず 1 電子の場合（H_2^+；水素分子陽イオン）について考えてみる。二つの H 原子の原子間距離によって軌道のエネルギー及び関数が異なってくるが，一番低いエネルギーを示す分子軌道の形はおおよそ図 4-6（a）に示す形となる。もし，原子間の距離を 0 とすれば，原子核の電荷が + 2 である He の 1s 軌道と同じであり，距離が無限遠ならば 2 個の H 原子の 1s 軌道である。このことから，レナード-ジョーンズ（J. E. Lennard-Jones）は，この分子軌道を原子の原子軌道を用いて表せられないかと考えた（引用・参考文献 13）。分子軌道は原子軌道の線形結合で近似できるとして，分子軌道法を近似的に扱いやすいものにした。この方法を LCAO（Linear Combination of Atomic Orbitals）法という。いま，一方の H 原子を H_A，他方を H_B とし，それぞれの 1s 軌道の波動関数を χ_A，χ_B とすると，一番エネルギーの低い分子軌道の波動関数 ψ_1 は次のように表される。

$$\psi_1 = c_A\chi_A + c_B\chi_B \tag{4.3}$$

H_2^+ イオンの場合，$c_A = c_B$ であり，$\int\chi_A\chi_B d\tau = S$ とおくと（これを重なり積分とよぶ）

$$\psi_1 = \frac{1}{\sqrt{2(1+S)}}(\chi_A + \chi_B) \tag{4.4}$$

となる。次に，2 番目に低いエネルギーをもつ分子軌道 ψ_2 は，φ_A，φ_B を用いて次のように表される。

$$\psi_2 = \frac{1}{\sqrt{2(1-S)}}(\chi_A - \chi_B) \tag{4.5}$$

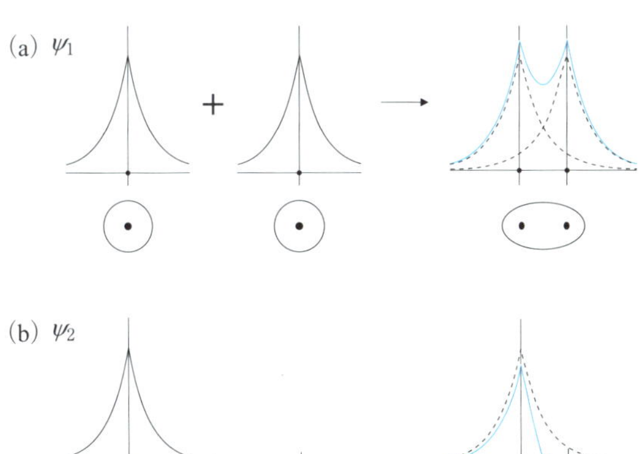

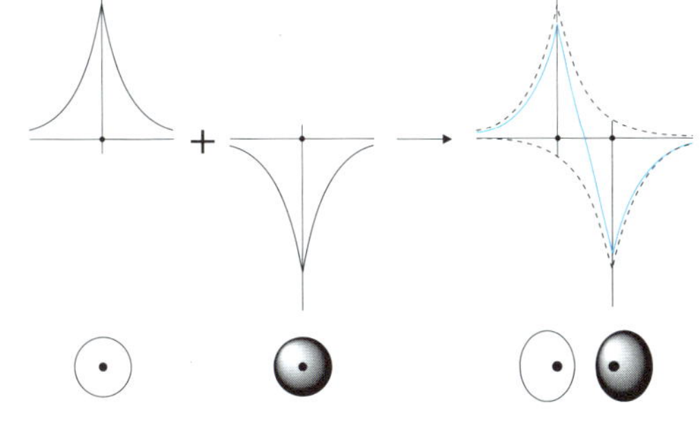

図 4-16　分子軌道の形成

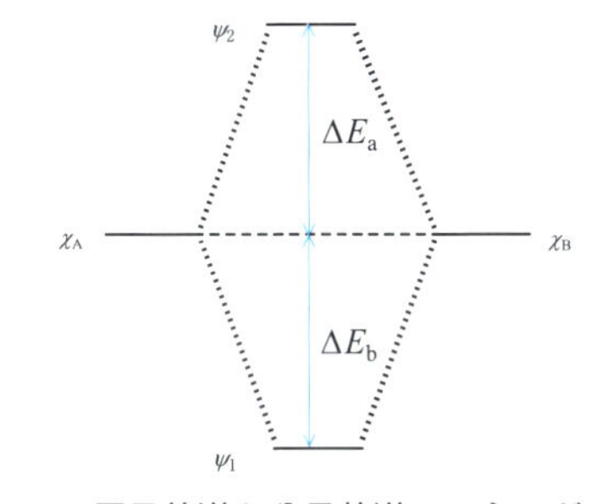

図 4-17　原子軌道と分子軌道のエネルギー準位

つまり，混成軌道と同じように考えれば，二つの 1s 軌道から二つの分子軌道（ψ_1，ψ_2）が生じる。その様子を表したものが図 4-16 であり，ψ_1，ψ_2 および 1s 軌道のエネルギー準位図が図 4-17 である。ここで，ΔE_a（1s 軌道と ψ_2 のエネルギー差）は ΔE_b（1s 軌道と ψ_1 のエネルギー差）よりも若干大きい。また，図 4-18 は分子軌道の波動関数と波動関数の 2 乗（つまり電子密度）を模式的に表したものである。ψ_1 の電子雲は，ちょうど 4.8 節で考えた σ 結合の電子雲に似ている（図 4-16（a））。つまり，ψ_1 は σ 結合を形成する波動関数と考えてよいだろう。それに対して ψ_2 はどうであろうか。ψ_2 の電子密度を見てみると，H 原子間よりもその外側で電子の存在確率が大きく，ψ_2 に電子が入ると H 原子を引き離すようにクーロン力がはたらく。つまり，ψ_2 は σ 結合を解消する波動関数と考えられる。これらのことをふまえて，ψ_1 を H 原子の二つの 1s 軌道から生じる σ 結合の**結合性軌道**（bonding orbital），ψ_2 を**反結合性軌道**（antibonding orbital）という。この時，反結合性軌道ということをより明確にするために σ に「*」

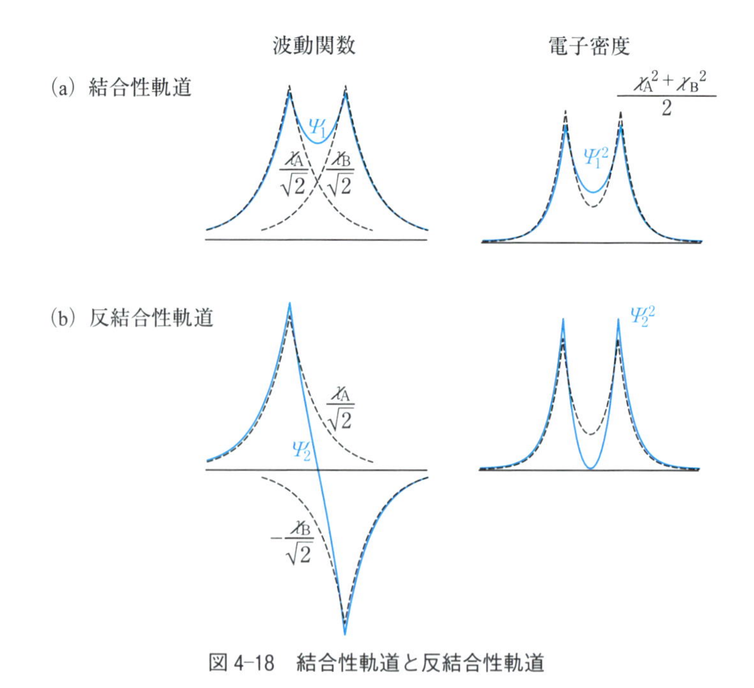

図 4–18 結合性軌道と反結合性軌道

を付けて「σ^*反結合性軌道」と書き表す。また，図 4–16 から，同一符号の関数をもつ電子雲が接近すると結合性軌道が形成され，逆符号の関数をもつ電子雲が接近すると反結合性軌道となる。

ここで図 4–17 のエネルギー準位図から，H 原子と H^+イオンから H_2^+イオンが生じる様子を考えてみよう。H 原子と H^+イオンが無限遠にあるときは，電子は H 原子の 1s 軌道に属しているので，H^+イオン（H 原子核）と電子とに無限遠に離れて孤立しているよりは，1s 軌道のエネルギー分だけ安定化している。ここから H 原子と H^+イオンが接近して H_2^+が形成されると，二つの 1s 軌道が相互作用し ψ_1 軌道と ψ_2 軌道になる。H_2^+イオンは電子 1 個なので，その電子はエネルギーが低い ψ_1 軌道に入り，ψ_1 軌道のエネルギーの相当する分だけ H_2^+は安定になる。この時，ψ_1 軌道は元の H 原子の 1s 軌道よりも図 4–17 中の ΔE_b だけエネルギーが低いので，H_2^+イオンは H 原子と H^+イオンの状態でいるよりも ΔE_b だけ安定になり，安定なイオンとして存在できる。

これまでは，分子軌道に 1 電子しかない場合を扱ってきたが，2 電子以上の分子軌道に関しても，注意しなければならない点はあるが，1 電子と同じように扱っても大丈夫である。はじめに H_2 分子について考える。二つの H 原子の 1s 軌道から ψ_1 軌道および ψ_2 軌道が形成されることは H_2^+イオンと同じである。H_2^+イオンと異なるのは分子軌道に 2 電子入ることだが，原子軌道の電子配置と同様に考えて，σ 結合性軌道である ψ_1 軌道に 2 電子が反平行に入ると考えてよい。この時の H 原子 2 個からの安定化エネルギーは $2\Delta E_b$ であり，実際 H_2^+イオンよりも H_2 分子のほうが安定な共有結合を形成する。つまり，結合性軌道に電子が入ると，共有結合が強くなる。次に，さらに1電子を加えたH_2^-イオンについて考えてみる。この場合，ψ_1軌道はすでに2個の電子が占めているので，次のエネルギー準位をもつψ_2軌道に1電子入る。H_2^-イオンを形成する前のH原子とH^-イオンからの安定化は$2\Delta E_b - \Delta E_a$となり，H_2分子に比べて不安定になると予想される。実際，H_2^-イオンはH_2分子に比べて不安定である。ψ_2軌道はσ^*反結合性軌道なので，反結合性軌道に電子が入ることによって，共有結合が弱められることがわかる。最後に2核4電子としてHe_2について考えてみよう。原子核がHからHeに置き換わることにより，中心電荷が増して1s軌道のエネルギーが低下することは，原子軌道のところで習った。当然，1s軌道から形成されるψ_1，ψ_2軌道もエネルギーが低下するが，相対的なエネルギー準位の関係は変わらない。つまり，定性的には3電子のH_2^-イオンにさらに1電子加えて考えればよい。したがって，He_2分子が形成されるならば，He原子の1s軌道2個から形成されるσ結合性軌道ψ_1に2個電子が入り，さらにσ^*反結合性軌道ψ_2に2個電子が入ることになる。He原子は1s軌道に2電子入っているので，He_2分子を形成するとした時の安定化は$2\Delta E_b - 2\Delta E_a < 0$となり，分子を形成するエネルギー的な優位性がないことになる。つまり，He_2分子は形成されにくいということになり，実際He_2分子は形成されないので，この点に関しても分子軌道法で考えて矛盾なく説明できる。

4.11.2　等核2原子分子の分子軌道

周期表の第2周期の原子において，電子は基底状態では1s軌道および2s軌道，B原子以降の原子では2p軌道にも電子が存在する。LCAO法で，これらの原子から構成される等核2原子分子を考えるときは，4.6節で示したσ結合とπ結合が，これらの軌道から形成される場合を考えればよい。しかし，第2周期の原子では，1s軌道は原子核に非常に近いところにしか電子密度がないので，結合する相手の原子の2s軌道や2p軌道との相互作用は無視でき，2原子間の結合は2s軌道と2p軌道から形成されるσ結合とπ結合を考えればよい。4.11節でH_2分子ではそれぞれのH原子の1s軌道からσ結合が形成されるとき，σ結合性軌道とσ^*反結合性軌道を考えればよいことがわかった。これと同様に，第2周期の原子の等核2原子分子では結合軸をx軸とすれば，2s軌道どうしからσ(2s)結合性軌道とσ^*(2s)反結合性軌道が，$2p_x$軌道どうしからはσ(2p)結合性軌道とσ^*(2p)反結合性軌道が，また$2p_y$軌道どうしおよび$2p_z$軌道どうしからは，それぞれπ(2p)結合性軌道とπ^*(2p)反結合性軌道が形成される。これらをふまえて，O_2分子の分子軌道をLCAO法で考えてみると図4–19（b）のようになる。π(2p)結合性軌道よりもσ(2p)結合性軌道の方が，また

σ^*(2p) 反結合性軌道よりも π^*(2p) 反結合性軌道の方がエネルギーが低くなるのは，π 結合は σ 結合よりも弱い結合であり，結合が形成されるときの軌道間の相互作用が小さく，重なり積分（4.10.2 項の S にあたる）が小さいので，結合性軌道と反結合性軌道のエネルギー差は小さくなるからである。原子番号が N 原子以下である原子の等核 2 原子分子の分子軌道は O_2 分子とは異なり，σ(2p) 軌道は π(2p) 軌道よりもエネルギーが高くなる（図 4-19（a））。これは，それぞれの原子の 2s 軌道と 2p 軌道のエネルギー差が小さく，2s 軌道が σ(2p) 結合性軌道に影響を与えるためと考えられている。

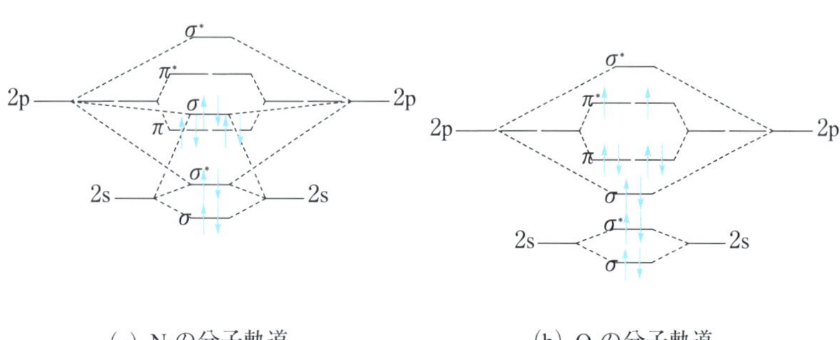

(a) N_2の分子軌道　　(b) O_2の分子軌道

図 4-19　等核 2 原子分子の分子軌道

また，分子軌道法で多重結合を考える場合，その結合次数は次のように計算される。

$$\text{結合次数} = \frac{(\text{結合性軌道にある電子数}) - (\text{反結合性軌道にある電子数})}{2}$$

この式を用いて O_2 分子の結合次数を考えてみよう。O_2 分子では，2s 軌道と 2p 軌道から形成される分子軌道には，結合性軌道に 8 電子，反結合性軌道には 4 電子属するので，その結合次数は 2 となり，電子式から考えた O_2 の結合次数と同じになる。この結果から，分子軌道法と電子式とで同じ結果が得られるように考えられるが，分子軌道法によれば O_2 分子には π^*(2p) 反結合性軌道に 2 個の不対電子があることがわかる。このことは O_2 分子が常磁性であることに対応しており，八電子則では説明できない性質が分子軌道法によって説明できる。

4.12 配位結合

これまでは，共有結合が形成されるときには，結合が形成される原子から 1 電子ずつが供与されて共有電子対が形成された。しかし，共有電子対を形成する電子 2 個が，一方の原子から供与されて安定な原子間結合を形成する場合も，共有結合の一種と考えることができる。このように形成される共有結合を配位結合（coordinate bond）という。通常の共有結合はその結合が形成される前を考えると，それぞれの原子が不対電子を持っている状態であり，この状態では安定に存在することは難しいと思われる。また，この場合の共有結合は解離させると不安定な状態になるために，結合の切断には大きなエネルギーが必要である。それに対して配位結合では，結合を形成する前は，おのおのは非共有電子対と空軌道をもった原子であり，分子中に不対電子があるよりは安定に存在できると考えられる。実際，多くの配位結合は，安定な化学種間で形成されることが多い。つまり，配位結合の形成・解離には，通常の共有結合の結合エネルギーほど大きなエネルギーが必要でないことが多い。

それでは，NH_3 分子と BBr_3 分子から NH_3BBr_3 が形成されるときの配位結合について考えてみよう（図 4–20）。NH_3 分子の N 原子は sp^3 混成をとり，一つの sp^3 混成軌道に非共有電子対をもっているのに対して，BBr_3 分子の B 原子は sp^2 混成をとり，B 原子の残りの p 軌道は空軌道である（図 4–12）。したがって，NH_3 と BBr_3 の間では，非共有電子対がある NH_3 の N 原子の sp^3 混成軌道と空軌道である BBr_3 の B 原子の p 軌道とが配位結合を形成し，新たに NH_3BBr_3 分子が形成される。このとき配位結合が形成される前と形成後の N 原子および B 原子まわりの形を VSEPR 則から考えてみよう。N 原子では，配位結合前は共有電子対 3 組と非共有電子対 1 組から四面体形であり，配位結合後も共有電子対 4 組からなる四面体形と大きくは変わらない。しかし，B 原子では配位結合前は共有電子対 3 組であり平面正三角形であるのに対して，配位結合後は共有電子対 4 組となり四面体形へと変化する。このように，配位結合では非共有電子対を供与する側の分子形は大きく変化しないが，電子対を供与される側の原子は

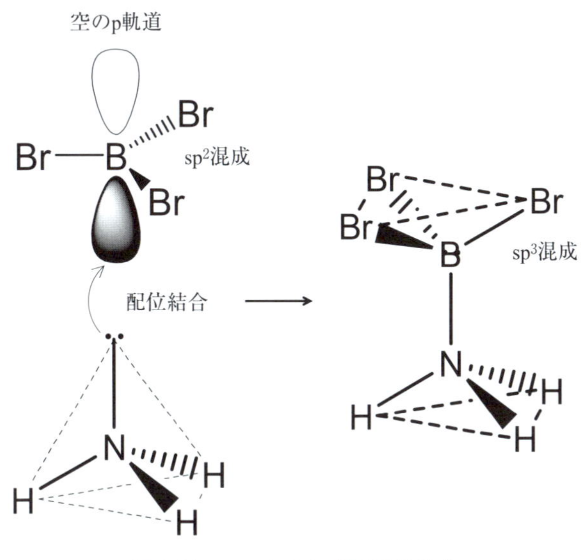

図 4–20　NH_3 と BBr_3 間の配位結合

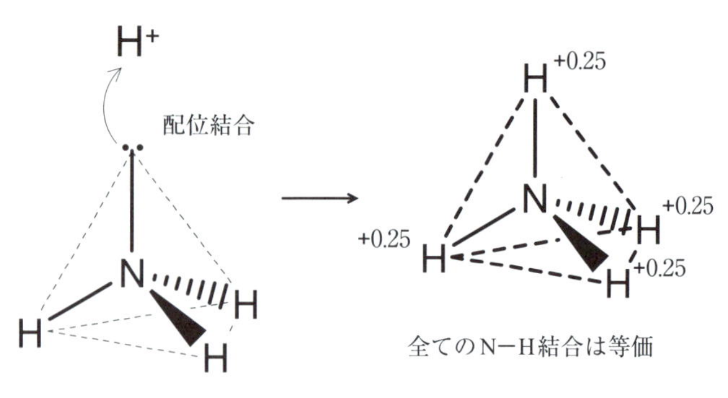

図 4–21 NH_4^+の形成

その原子まわりの電子数が変化することにより，分子形が変化することがある。

また，アンモニウムイオンNH_4^+の形成も配位結合によって説明することができる。NH_3分子は前述したとおり，一つのsp^3混成軌道に非共有電子対をもつ。水素イオンH^+はH原子では電子が存在する1s軌道から電子を取り去ったものであり，1s軌道は空軌道である。そこで，N原子のsp^3混成軌道にある非共有電子対が，H^+イオンの空軌道である1s軌道に供与されて，配位結合が形成されることによりNH_4^+イオンとなる。この時，N原子のまわりにはH原子が4個結合し，これらの結合は完全に等価になるため区別することができない。また，H^+イオンにあった＋1価の電荷は，結合を通じてNH_4^+イオン全体に分散され担われる（図4–21）。

配位結合の重要性は，共有電子対を供与される側をさまざまな金属イオンとすることができることにある。このように形成される配位化合物は，電子対を供与する側は有機分子であることが多いので，有機物と無機物（金属イオン）から形成される複雑（complex）な化合物という意味で，錯体（complex）あるいは金属錯体（metal complex）とよばれる。また，電子対を供与する側を配位子（ligand）といい，NH_3分子は代表的な配位子の一つである。

遷移金属イオンを含む金属錯体の特筆すべき特徴として，さまざまな色をもつということが挙げられる。例えば，ヘキサチオシアナト-*S*-鉄(Ⅲ)酸イオン$[Fe(SCN)_6]^{3-}$は赤色を示し，テトラクロリドニッケル(Ⅱ)酸イオン$[NiCl_4]^{2-}$は青色を示す。これらのことは，定性的に次のように説明される。遷移金属イオンはd軌道に電子を有するが，錯体を形成する前の遷移金属イオンは球対称であり，電子が存在する五つのd軌道は，縮重してすべて同じエネルギーをもつ。遷移金属イオンに配位子が結合して電子対が供与されると，供与された側の遷移金属イオンは形が変化し，その影響を受けてd軌道も一部縮重が解け，二つあるいはそれ以上のエネルギー状態をとるようになる。このd軌道のエネルギー差が可視光のエ

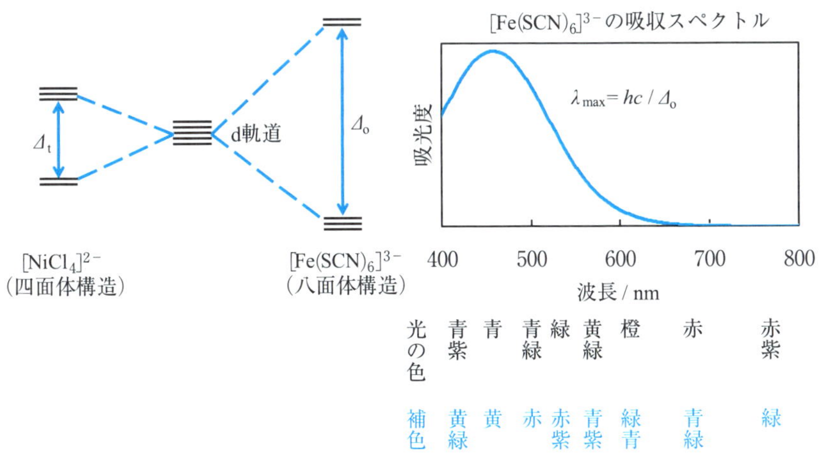

図 4-22　金属錯体の色

ネルギーに等しく，d 軌道にある電子が遷移して光のエネルギーを吸収すると，その補色にあたる色として，その遷移金属錯体の色を感じることができる（図 4-22）。この d 軌道のエネルギー差（Δ_t や Δ_o）は，遷移金属イオンと配位子との結合の強さにより影響されることが知られており，結合が強い錯体ほどこのエネルギー差は大きく，より波長の短い光を吸収する。

章末問題

1 次の分子あるいはイオンの電子式を描き，これらの極性を理由とともに答えなさい。

(a) BrF (b) N_2 (c) HCN (d) O_3 (e) BBr_3
(f) H_2O_2（過酸化水素）

2 次の化合物およびイオンの形を VSEPR 則から考え，下線部の原子がとる混成を答えなさい。

(a) $\underline{Al}Cl_3$（単量体） (b) $\underline{C}_6H_6$（ベンゼン） (c) $\underline{P}Cl_3$
(d) $S\underline{C}N^-$ (e) $\underline{S}O_2$ (f) $\underline{S}O_4^{2-}$

3 次の2原子分子の双極子モーメントから，それぞれの原子のもつ部分電荷の大きさを求めなさい。なお，かっこ内の数値は結合距離である。

(a) NO（1.15×10^{-10} m） (b) O_2（1.21×10^{-10} m）
(c) HI（1.61×10^{-10} m） (d) BaO（1.94×10^{-10} m）
(e) KCl（2.67×10^{-10} m） (f) LiH（1.59×10^{-10} m）

4 (a) He_2^+が安定に存在できる理由を分子軌道法から説明しなさい。
(b) O_2分子とそのイオンO_2^+，O_2^-，O_2^{2-}の分子軌道から，それぞれの結合次数を決定し，O原子間距離の長いものから並べなさい。

5 (a) $BeCl_2$をアルコールなどの非共有電子対をもつ溶媒に溶解させると，溶媒と結合した化合物を生成する。エタノールに溶解したときに，形成される化合物の化学式とその形を答えなさい。
(b) エタノール中で$CoCl_2$と塩化トリエチルアンモニウムを混合すると，$[CoCl_4]^{2-}$イオンが生成し，その吸収波長は600 nmであった。また，別に$CoCl_2$を窒素気流下でNH_3と反応させると，$[Co(NH_3)_6]^{2+}$イオンが生成し，その吸収波長は500 nmであった。これら錯体の色を答え，d軌道のエネルギー差（Δ_tもしくはΔ_o）を求めなさい。

第 5 章　分子間の結合

液体，固体あるいは溶液中における分子は，単独で存在するのではなく必ず他分子と影響を及ぼしあいながら存在し，その影響しあう力が物性の大部分を決めている。この章では，種々の分子間にはたらく力について学ぶ。

5.1　分子間の結合とは

分子は，全体としては電荷がないので，イオン結合にみられる静電気力のような粒子間に強い力がはたらくことはない。しかし，第 4 章で述べたように，共有結合には極性が生じ，部分的に小さな電荷が生じている場合がある。このような微小電荷の間にもクーロン力ははたらくので，分子が接近し動きが制限されている固体中あるいは液体中においては，微小電荷間の相互作用は分子の物性に大きな影響を与える。このような分子間の結合を，共有結合と区別するために，分子間相互作用（intermolecular interaction）とよぶ（表 5-1）。

表 5-1　分子間の結合の例（引用・参考文献 9）

相互作用	エネルギー（$kJ\ mol^{-1}$）	距離依存性
静電的（イオン－イオン）	40 ～ 380	r^{-1}
水素結合	2 ～ 160	Y…X ＝ 0.2 ～ 0.4（nm）
双極子－双極子	4 ～ 40	r^{-3}
ファンデルワールス力	4 ～ 20	r^{-6}

5.2　静電的相互作用

本来，分子とは粒子全体に電荷がないものを指し，電気素量と同程度の電荷をもつ粒子の挙動は，その対イオンとの「塩」としての挙動である。5.1 節で述べた「分子間」の相互作用とはいえない部分もあるが，有機分子でもそれが塩になった時の挙動を考える場合がある。あるいは分子全体で電荷がなくても，分子内に正電荷と負電荷が独立して存在する状態の双性イオン（twitter ion）として，固体中あるいは液体中に存在するものがある。

アミノ酸は分子中にアミノ基と酸素酸（多くの場合はカルボン酸）の 2 種類の官能基をもつ有機化合物の総称である。多くのアミノ酸は，中性水溶液中でカルボン酸（－COOH）から水素イオン H^+ が脱離してカルボン酸イオン（カルボキシレート，$-COO^-$）となり，一方でアミノ基（$-NH_2$）には，H^+が配位結合した有機アンモニウムイオン（$-NH_3^+$）となった双性イオンとして存在することが知られている（図5-1）。これら二つの電荷間にはクーロン力がはたらき，同符号の場合には斥力が，異符号の場合には引力が生じる。これを静電的相互作用（electrostatic interaction）という。固体中においては，特に異符号どうしの引力が分子間相互作用の大きな要因を占めるようになる。異符号に電荷を帯びた原子どおしが，イオン半径の和の距離まで接近することになるので，非常に大きな安定化をすることになる。ただし，有機分子に生じる陽イオンは通常H^+イオンの付加によって生じることが多いため，後述する水素結合の要素も含むことに注意が必要である。

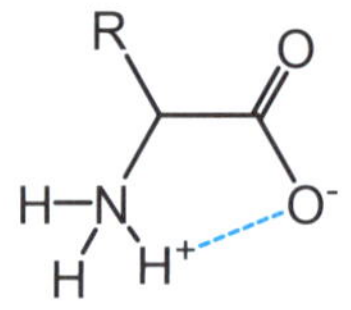

図5-1 α-アミノ酸における分子内静電的相互作用

5.3 双極子－双極子相互作用

5.1節で述べたとおり，極性がある共有結合では結合している2原子間で分極しており，それぞれの原子に微小な電荷が生じている。これらは双極子をなしており，生じた微小電荷間のクーロン力で分子間に引力（あるいは斥力）がはたらく。これを双極子－双極子相互作用（dipole-dipole interaction）といい，無電荷の分子間にはたらく代表的な相互作用である（図5-2）。後述する水素結合は，この双極子－双極子相互作用の一例である。

$$^-C\equiv O^+ \cdots\cdots {}^-C\equiv O^+$$

図5-2 双極子－双極子相互作用

5.4 水素結合

水素原子Hよりも大きな電気陰性度をもつ原子YとHとの間の共有結合（Y－H）は分極し，Hは正にYは負に帯電する（$Y^{\delta-}-H^{\delta+}$）。この双極子に，負に帯電した原子$X^{\delta-}$が接近すると，$H^{\delta+}$との間に引力が生じる（Y－H…X）。この相互作用が水素結合（hydrogen bond）である（図5-3）。結晶中で観測される水素結合Y－H…Xの位置関係は，Y…X距離は0.2～0.4 nm，∠YHXの角度は90～180°であるが，典型的には180°

に近い値を示す。H 原子は水素結合によって $X^{\delta-}$ に引かれるため，Y－H 距離は水素結合がない場合に比べて結合距離がのびるが，これは X 原子にある非共有電子対が，Y－H 結合の反結合性軌道と相互作用するためと説明される（図 5–4）。

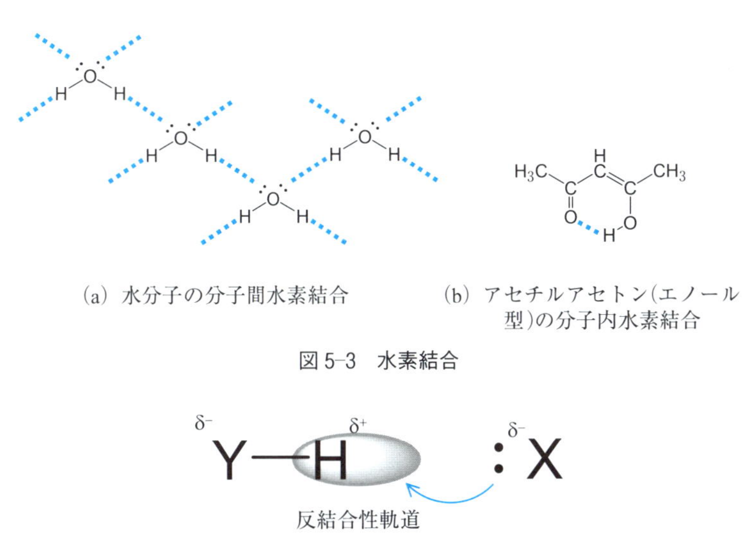

(a) 水分子の分子間水素結合　(b) アセチルアセトン（エノール型）の分子内水素結合

図 5–3　水素結合

図 5–4　水素結合における軌道の相互作用

水素結合は，共有結合に比べて小さな相互作用エネルギーしかないが，その物性に与える影響は大きい。水素結合の強さは，Y－H 結合の分極の大きさ，つまり Y－H 結合の原子間距離と Y と H の電気陰性度の差の大きさに依存する。Y－H 結合をもつ分子の中でも，大きな分極を示す HF，H_2O，NH_3 などは，液体および固体において分子間で強い水素結合を示す。液体から気体になるときには，このような水素結合を切断する必要があるので，分子量から予想されるよりもかなり高い沸点を示すことになる。また，これらの固体および液体では，単分子が単独で存在しているのではなく，近隣の分子と水素結合することにより，巨大な水素結合のネットワークを形成している。水素結合を形成している液体への溶解性は，これらの分子と水素結合を形成できるかに依ることが多い。

特に，H_2O に対する溶解性は，我々の生活を考えるうえで重要な物性である。一般に，H_2O 分子と水素結合を形成しやすい物質は H_2O に対して親和性が高く（親水性），水素結合を形成しない物質は H_2O に溶解しにくい（疎水性）性質をもつ。したがって，H_2O 中に大きな疎水性基を持つ物質を溶解させると，水素結合のネットワーク形成が阻害され，溶解させない時に比べて水素結合による安定化が得にくくなる。この時，疎水性基が集まれば，疎水性基が水溶液中に分散しているよりも多くの水素結合ネットワークを形成することができ，溶液全体として安定となることができる（図 5–5）。この現象は，一見疎水性基の間に引力がはたらいて疎水性基が集まっているようにみえるので，疎水性相互作用（hydrophobic interaction）といわれるが，そのエネルギーの源泉は水分子間の強い水素結合のネットワークによるものである。

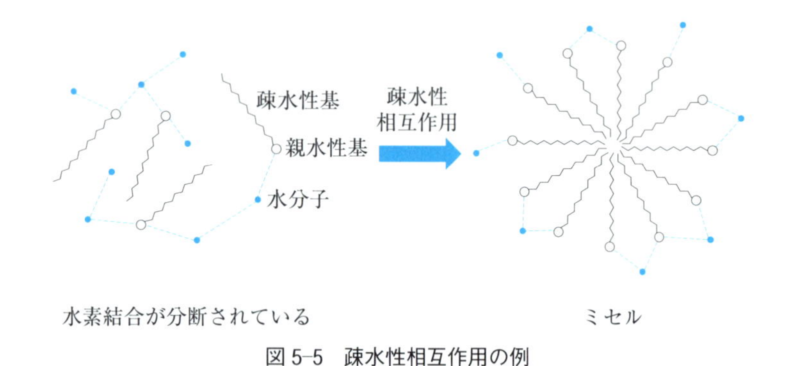

図 5–5　疎水性相互作用の例

5.5　ファンデルワールス力

N_2 分子や O_2 分子などの等核 2 原子分子や He などの単原子分子には極性はない。したがって，その振る舞いは理想気体に近く，分子間にはたらく力はないように思われる。しかしこれらの気体も，圧力を加えながら冷却するといつかは液体となり，理想気体でないことがわかる。つまり，分子間にはたらく力がないようにみえながら，実は分子間に引力があると考えられる。このように，無極性分子間にはたらく引力を，実在気体の状態方程式を提案したファンデルワールス（J. D. van der Waals）にちなんで，ファンデルワールス力（van der Waals force）という。無極性分子が相互作用する様式には 2 通りある（図 5–6）。一つは，相互作用する相手が

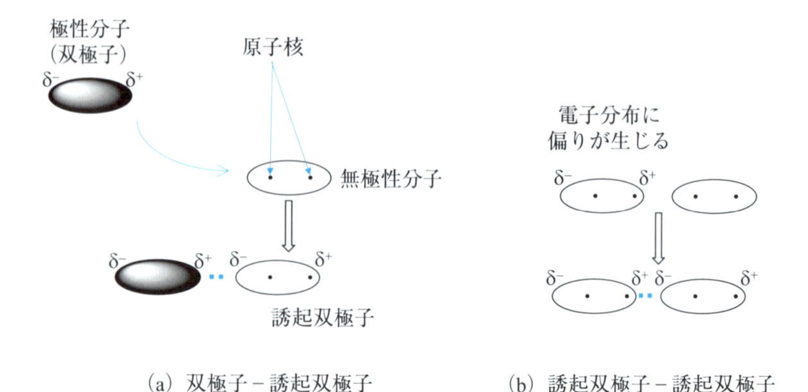

図 5–6　誘起双極子の相互作用

極性分子の場合である。この時は，極性分子のほうに双極子があり，分子

の電荷に偏りがある。この極性分子に無極性分子が接近すると，この極性分子と引力がはたらくように，無極性分子の電子分布が変化して一時的に双極子を生じさせる。この双極子を誘起双極子（induced dipole）といい，双極子－誘起双極子間の相互作用が分子間の引力となる。もう一つは，無極性分子どうしが相互作用する場合である。無極性分子であっても，ある瞬間では電子の分布は一様に均一ではなく，かたよりが生じていることがある（これを「誘起双極子」ととらえることもある）。そうすると，この誘起双極子に影響され相手の無極性分子にも誘起双極子が生じるので，この誘起双極子どうしが相互作用して，無極性分子が引き合うことになる（引用・参考文献 14）。このような無極性分子間にはたらく力を，ロンドン分散力（London dispersion force）あるいは誘起双極子 — 誘起双極子相互作用という。誘起双極子で生じる双極子モーメントは非常に小さく，また時間により変化するので，分子どうしが非常に近くないと影響力を及ぼさない。

有機分子における炭素鎖は，C－C 結合と C－H 結合からなり，無極性ではないが極性が小さいことから，炭素鎖間の相互作用はファンデルワールス力で説明されることがある。例えば，メチル基どうしの相互作用のエネルギーは非常に小さいが，炭素鎖の長さが長くなり多くの C 原子および H 原子が含まれるようになると，炭素鎖どうしの相互作用は，それぞれの原子間にはたらくファンデルワールス力の総和となり，他の分子間相互作用のエネルギーに匹敵するくらいの安定化を伴うことがある。

分子間の結合の重要性

さまざまな分子間の結合は，共有結合に比べるとその安定化エネルギーが小さ

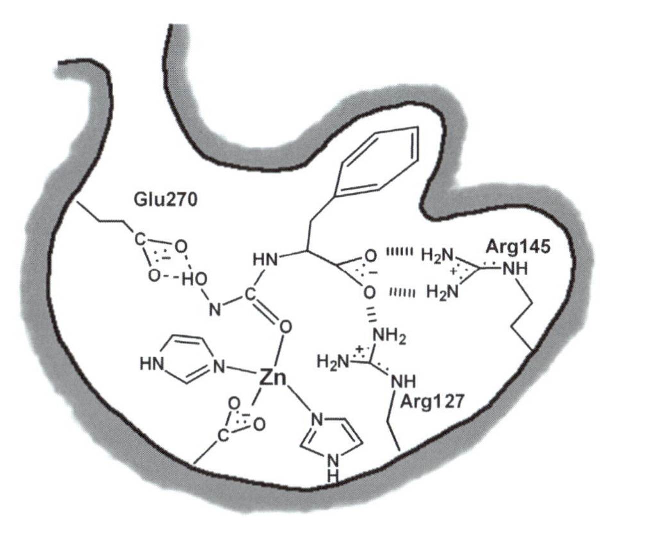

図 5-7　酵素における分子間相互作用（引用・参考文献 15, 16）

いが，我々に与える恩恵は非常に大きい。例えば，生物における化学反応の多くには，特定の物質を触媒的に変換するタンパク質（酵素；enzyme）が関与しており，類似の化合物から酵素によって変換されるべき化合物（基質；substrate）を選別して触媒反応を行っている。この特定の化合物を選択することを分子認識（molecular recognition）という（図 5-7）。多くの酵素反応の場合，この分子認識は酵素と基質との分子間の結合を用いて行われている。

また，生物の遺伝情報をつかさどるデオキシリボ核酸（deoxyribonucleic acid；DNA）の四つの核酸塩基はアデニン（adenine；A）とチミン（thymine；T），グアニン（guanine, G）とシトシン（cytosine, C）がそれぞれ対になることで遺伝情報の複製（duplication）を行うが，これらの対になる二つの核酸塩基間には水素結合が介在し，適合した水素結合ができるかどうかで対になる核酸塩基を選んでいる（図 5-8）。また，となりの塩基対とは分子間相互作用の一種である芳香環スタッキング相互作用により整列され，規則正しい構造をしていることが知られている。

近年においては，有機合成においても，同様な分子認識機構を用いて立体を制御し，精密な有機合成を行う試みも広く行われている。

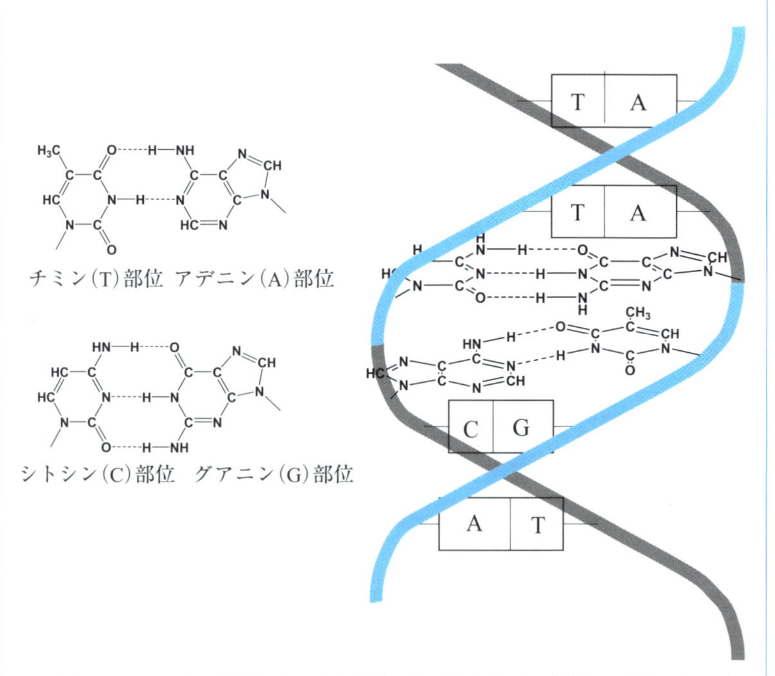

図 5-8　デオキシリボ核酸における塩基間の分子間結合（引用・参考文献 17）

章末問題

1　次の3種の化合物は分子量がほぼ等しいが，大気圧下での沸点が大きく異なる。各々の分子間の結合を比較し，その理由を述べなさい。なお，かっこ内は大気圧下での沸点である。

(a) CH_3COOCH_3（57 ℃）　(b) CH_3CH_2COOH（141 ℃）

(c) $HOCH_2CH_2OH$（197 ℃）

2　水の中に少量のエタノールを加えた時の分子間相互作用の様子を描きなさい。

3　カルボン酸イオンのO^-と有機アンモニウムイオンのH^+の間にはたらく静電的相互作用のエネルギーを計算しなさい。ただし，O^-とH^+にはそれぞれ $-e$と$+e$の電荷があり，二つのイオン間距離は1.7×10^{-10} mとする。

4　DNAは，エチジウムイオンなどの芳香環をもつ化合物と強く相互作用することが知られている。その時の相互作用の様子を説明しなさい。

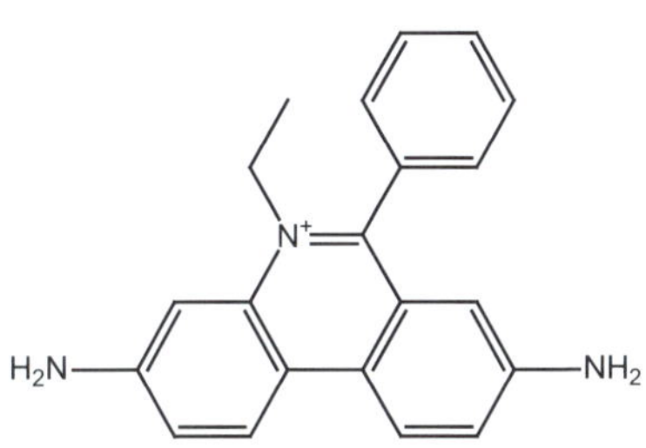

エチジウムイオン

5　タンパク質は，アミノ酸が重合して生成することからポリペプチドの一種であり，分子内に規則的にペプチド結合（－CO－NH－）がある。生体内では，タンパク質はそれぞれに特有の形をしているが，その部分的な構造は，ペプチド結合間の相互作用によってαヘリックスやβシートなどといった特有の構造をもつことがあることが知られている。以下に示すαヘリックス（a）とβシート（b）のペプチド鎖の図にペプチド結合間の相互作用の様子を書き入れなさい。

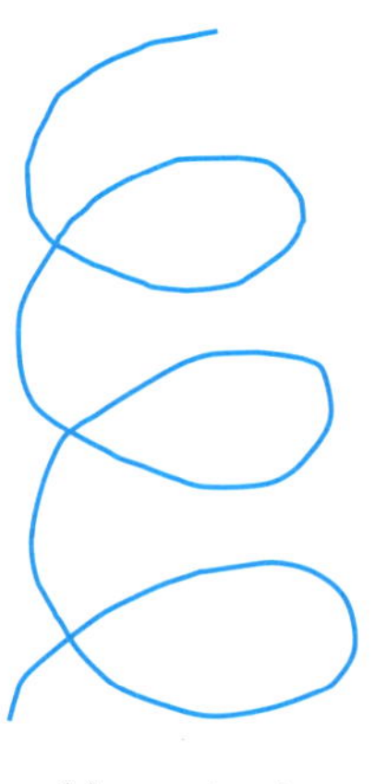

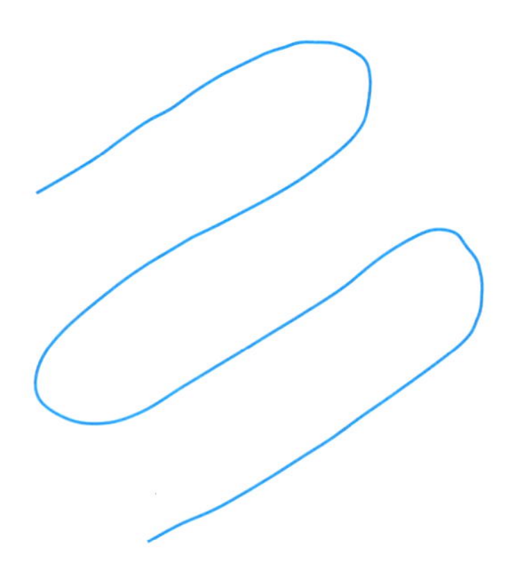

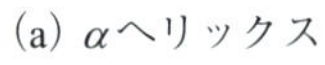

(a) αヘリックス　　(b) βシート

第6章　固体における電子の軌道

電子の振る舞いは，古典力学（ニュートン力学）ではなく量子力学で記述される。第2章で学んだように，原子における電子の軌道のエネルギーは不連続で離散的である。また，第4章で学んだように，分子における電子の軌道のエネルギーも不連続で離散的である。それでは，膨大な数の原子が，共有結合や金属結合によって結びついてできた共有結合結晶や金属結晶においても，電子の軌道のエネルギーは不連続で離散的であるのだろうか。

本章ではこれら固体における電子の軌道について学習する。この学習によって，金属に電流が流れ，絶縁体に電流が流れない理由が説明できるようになる。さらに，半導体に電流が流れる仕組みを学ぶとともに，金属と半導体の違いが，単に電流の流れやすさの程度の違いにあるのではないこと，また，電子の軌道のタイプの上では半導体が絶縁体と同質のものであり，金属が異質なものであることを学ぶ。

6.1　原子と分子における電子の軌道

1個の原子における電子の軌道（原子軌道）のエネルギーが不連続で離散的であることを第2章で学んだ。例えば，Li原子の電子は図6-1(a) で1s，2sと記された準位のエネルギーしかもつことができず，これらの準位の間のエネルギーをもつことができない。

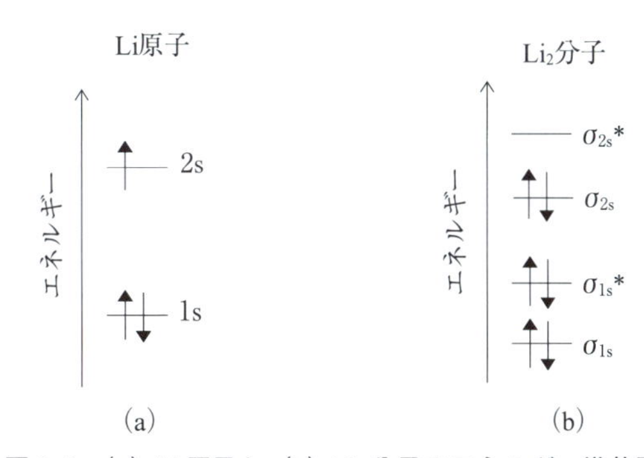

図6-1　(a) Li原子と (b) Li_2 分子のエネルギー準位図

特殊な条件のもとでは，Li_2 分子が気相中に存在しうる。Li_2 分子の分子軌道は，第4章で学んだ H_2 分子の分子軌道と同じ原理によって形成され，そのエネルギー準位図は図6-1(b) に示すとおりである。Li_2 分子の電子は図中で σ_{1s}，$\sigma_{1s}{}^*$，σ_{2s} と記された準位のエネルギーしかもつことができず，これらの準位の間のエネルギーをもつことはできない。このように，1 個の分子における電子の軌道のエネルギーも，また不連続で離散的である。

ところで，上記で振り返った原子や分子は孤立したもの（孤立原子，孤立分子）であった。すなわち，原子や分子の周辺には何も存在せず，いわば真空中に浮かんだ 1 個の原子，1 個の分子であった。一方，膨大な数の原子が共有結合や金属結合によって結びついて巨大な分子を形成すると，電子の軌道のエネルギーの状況は一変する。これについて次節で説明する。

6.2 巨大分子における電子の軌道

ダイヤモンドは，C 原子が共有結合によって結びついてできた共有結合結晶，ケイ素は Si 原子が共有結合によって結びついてできた共有結合結晶，リチウムは Li 原子が金属結合によって結びついてできた金属結晶である。C，Si，Li の原子量は，それぞれ 12.01，28.09，6.941 であるから，1 g のダイヤモンド，ケイ素，リチウムは，それぞれ $(1/12.01) \times 6.02 \times 10^{23} = 5.01 \times 10^{22}$ 個，$(1/28.09) \times 6.02 \times 10^{23} = 2.14 \times 10^{22}$ 個，$(1/6.941) \times 6.02 \times 10^{23} = 8.67 \times 10^{22}$ 個という膨大な数の原子が結合してできたものであることがわかる。したがって，ひとかたまりのダイヤモンド，ケイ素，リチウムは，膨大な数の原子から構成される 1 個の巨大な分子とみなすことができる。以下では共有結合結晶や金属結晶における電子の軌道，すなわち，巨大分子における分子軌道のエネルギーについて説明する。

2 個の Li 原子からなる分子を Li_2 と記載するのと同じように，1 g のリチウムを巨大分子とみなして $Li_{8.67 \times 10^{22}}$ と書くことにしよう。Li_2 分子の分子軌道のエネルギー準位は図 6–1(b) に示すものであった。ここで，2 個の 1s 軌道から σ_{1s}，$\sigma_{1s}{}^*$ という合計 2 個の分子軌道が形成され，2 個の 2s 軌道から σ_{2s}，$\sigma_{2s}{}^*$ という合計 2 個の分子軌道が形成される。このように，分子軌道が形成される前後で軌道の数は保存される。

さて，巨大分子である $Li_{8.67 \times 10^{22}}$ の分子軌道のエネルギー準位は図 6–2(a) に示すものになる。エネルギー準位は，もはや 1 本の横線では描くことができず，帯のような形状で描かれる。このように帯状で描かれたエネルギー準位は，エネルギーバンドあるいはエネルギー帯（たい）(energy band) とよばれる。図 6–2(a) に「1s 軌道から形成されたエネルギーバンド」と記載されたものは，図 6–2(b) で説明されるように，8.67×10^{22} 個の分子軌道のエネルギー準位を描いたものである。ここで，Li_2 分子において 2 個の 1s 軌道から合計 2 個の分子軌道 σ_{1s}，$\sigma_{1s}{}^*$ が形成されるのと同じように，$Li_{8.67 \times 10^{22}}$ 分子においては 8.67×10^{22} 個の 1s 軌道から，合計 8.67×10^{22} 個の分子軌道が形成される点に注意してほしい。このように，巨大分子が形成される前後でも軌道の数は保存される。

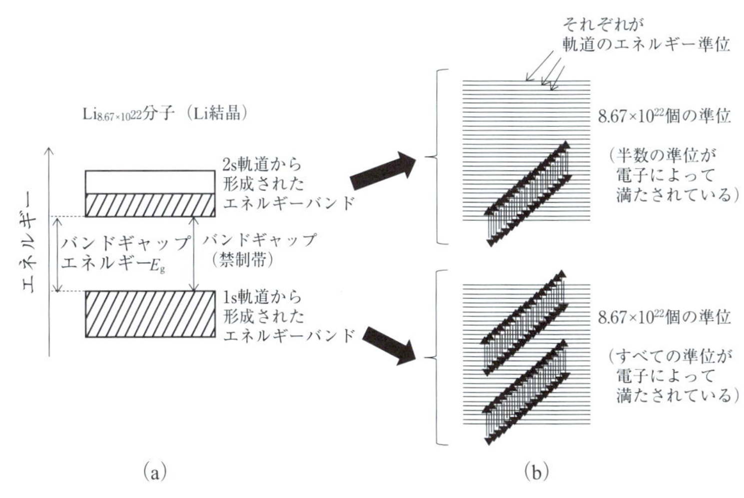

図 6–2　(a) $Li_{8.67\times10^{22}}$ 分子（Li 結晶）のエネルギー準位図と (b) 解説のための図

ところで，Li_2 分子の σ_{1s} 軌道と $\sigma_{1s}{}^*$ 軌道のエネルギーには明らかな差がある（図 6–1(b)）。すなわち，分子軌道のエネルギーに不連続性が見られる。これに対し，$Li_{8.67\times10^{22}}$ 分子において，1s 軌道から形成される 8.67×10^{22} 個の分子軌道のエネルギーは互いに近接していて，事実上連続している。この点が，通常の分子と巨大分子の分子軌道の大きい違いである。しかしながら，図 6–2(a) に見られるように，$Li_{8.67\times10^{22}}$ 分子において，「1s 軌道から形成されるエネルギーバンド」と「2s 軌道から形成されるエネルギーバンド」の間にはエネルギーの差があり，両エネルギーバンドのエネルギーには不連続性が見られる。

$Li_{8.67\times10^{22}}$ 分子中の電子は，「1s 軌道から形成されるエネルギーバンド」と「2s 軌道から形成されるエネルギーバンド」の間のエネルギーをもつことはできない。そのため，図 6–2(a) に示すように，エネルギーバンド間のこのエネルギー領域は禁制帯（forbidden band（バンドギャップ，band gap））とよばれる。バンドギャップのエネルギー幅をバンドギャップエネルギー（band gap energy）といい，バンドギャップエネルギーはエネルギーの単位をもつ。

以上のように，巨大分子，すなわち共有結合結晶や金属結晶の分子軌道のエネルギーには，連続性と不連続性の両方が見られ，この点で原子軌道や通常の分子の分子軌道と大きく異なる。

第 2 章と第 4 章で学んだように，一つの原子軌道や分子軌道に入ることのできる電子の最大数は 2 個であり，2 個の電子が入る場合，それらのスピンは逆向きである。また，電子はエネルギーの低い軌道から順に入っていく。共有結合結晶や金属結晶の分子軌道にもこれらの構成原理が成り立つ。図 6–2(a) に描かれた「1s 軌道から形成されたエネルギーバンド」には斜線が施され，「2s 軌道から形成されたエネルギーバンド」の下半分に斜線が施されている。図 6–2(b) で説明されるように，斜線はそのエネルギーの軌道が電子によって満たされていることを意味している。$Li_{8.67\times10^{22}}$ 分子は合計 $3\times8.67\times10^{22}$ 個の電子をもつ。「1s 軌道から形成されたエネルギーバンド」を構成する 8.67×10^{22} 個の分子軌道のそれぞれは，2 個の電子によって占有され，このエネルギーバンドは合計 $2\times8.67\times10^{22}$ 個の電子によって満たされる。また，「2s 軌道から形成されたエネルギーバンド」を構成する 8.67×10^{22} 個の分子軌道のうち，エネルギーの低い半数の軌道のそれぞれが 2 個の電子によって占有され，このエネルギーバンドは，合計 $2\times(8.67\times10^{22}\times1/2)=8.67\times10^{22}$ 個の電子によって満たされる。その様子が斜線によって図 6–2(a) に描かれているのである [1)]。

1)　イオン結晶や分子結晶を構成するイオンや分子が完全に孤立していて，周囲のイオンや分子と全く相互作用しなければ，これらの結晶における電子の軌道はエネルギーバンドを形成せず，孤立イオンや孤立分子における電子の軌道と同じエネルギー準位をもつであろう。しかしながら，実際にはイオン結晶や分子結晶において，イオン・分子は周囲のイオン・分子と相互作用し，その相互作用によって電子の軌道はエネルギーバンドを形成する。このように，共有結合結晶や金属結晶と同様に，イオン結晶や分子結晶においても，電子の軌道はエネルギーバンドを形成する。

6.3　絶縁体と金属

6.3.1　絶縁体と金属のバンド構造と電子伝導性の違い

一般に，金属結晶には電流が流れ，6.2 節で扱ったリチウムの結晶にも電流が流れる。一方，電流がほとんど流れない物質は絶縁体 (insulator) とよばれ，その代表的なものに，ダイヤモンド，酸化アルミニウム，ポリエチレンがある。

エネルギーバンドのエネルギー準位図上での特徴は，バンド構造 (band structure) とよばれる。絶縁体と金属のバンド構造には明確な違いある。図 6–3(a) に絶縁体のバンド構造を示す。絶縁体は，電子によって完全に満たされたエネルギーバンドと電子の存在しないエネルギーバンドだけをもつ。電子によって完全に満たされたエネルギーバンドのうち，最もエネルギーの高いエネルギーバンドを価電子帯 (valence band) といい，電子の存在しないエネルギーバンドのうち，最もエネルギーの低いエネルギーバンドを伝導帯 (conduction band) という (図 6–3(a))。

絶縁体に電圧を印加したときの様子を図 6–3(b) に示す。図 6–3(b) の

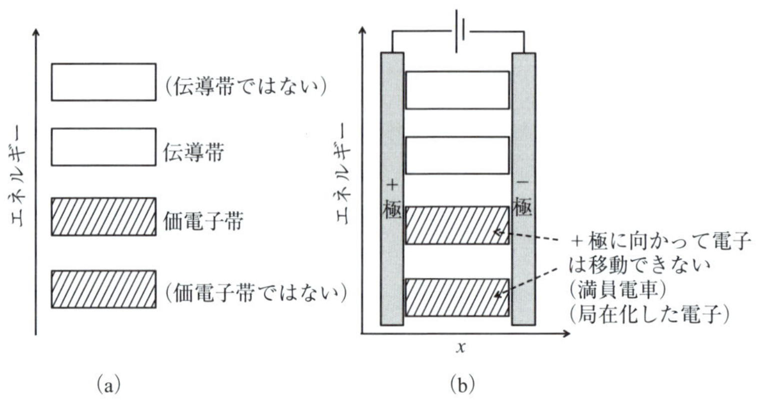

図 6–3　絶縁体のバンド構造

x 軸方向に電圧を加えても，完全に満たされたエネルギーバンドにある電子は＋極に向かって動くことができない。これは，満員電車の中で身動きできないのと似ている。このような事情があるため，図 6–3(a) に示すようなバンド構造をもつ物質，すなわち絶縁体には電流が流れない。

図 6–4(a) に金属のバンド構造を示す。リチウム結晶について，すでに見たように（図 6–2(a)），電子による占有が不完全なエネルギーバンドをもつのが金属の特徴である。図 6–4(b) に示すように，金属においても完全に満たされたエネルギーバンド中の電子は，＋極に向かって動くことができない。しかし，不完全に満たされたエネルギーバンド中の電子は，＋極に向かって動くことができる。これは，乗車率の低い車両中で人が自由に移動できるのと似ている。

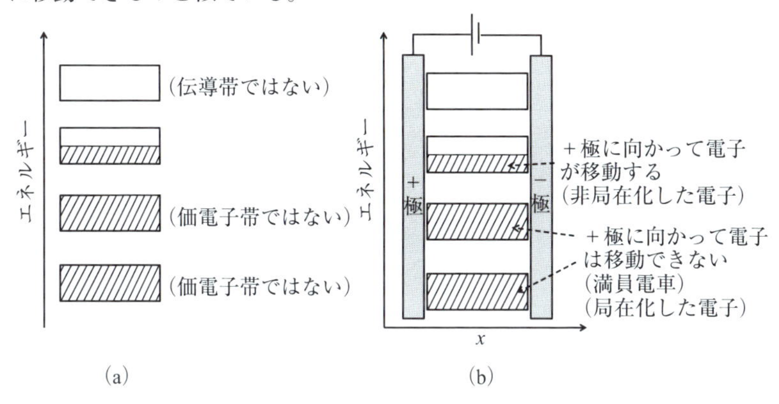

図 6–4　金属のバンド構造

以上のように，絶縁体は電子によって完全に満たされたエネルギーバンドと空（から）のエネルギーバンドしかもたないために，電流が流れないのであり，金属は電子によって不完全に満たされたエネルギーバンドをもつために，電流が流れるのである。

6.3.2　共有結合結晶と金属結晶

3.6.2 項で，共有結合結晶と金属結晶は，原子どうしがそれぞれ共有結合，金属結合で結びついてできた結晶であると説明した。共有結合，金属結合のいずれにおいても，原子どうしが電子を共有することによって結合が形成される。それでは，共有結合と金属結合の違いは何であろうか。

共有結合においては，2 個の原子によって共有される電子対は，その 2 個の原子の近傍にとどまっており，電圧を加えても電子はその場所から移動することはない。このように，電子が特定の原子の近傍にとどまっているとき，その電子は局在化（localization）しているという。一方，金属結合においては，原子によって共有される電子はその原子の近傍にとどまっておらず，結晶中を自由に動くことができる。このように，電子が特定の原子の近傍にとどまっておらず自由に動けるとき，その電子は非局在化（delocalization）しているという。金属結晶は自由電子（free electron）をもつといわれるが，自由電子とは原子によって共有され非局在化した電子のことである。また，非局在化した電子は，金属結晶のバンド構造中でエネルギーバンドを不完全に満たしている電子のことである（図 6–4(b)）。なお，図 6–4(b) に示すように，金属結晶においてもエネルギーバンドを完全に満たす電子は局在化している。

原子によって共有される電子は，共有結合においては局在化しており，金属結合においては非局在化している。これが共有結合と金属結合の相違点である。そして，共有結合結晶は図 6–3(a) で示す絶縁体のバンド構造をもち，金属結晶は図 6–4(a) で示す金属のバンド構造をもつ。

ただし，共有結合結晶がすべて絶縁体であるかというとそうではなく，次節で説明するように，共有結合結晶には半導体として振る舞うものが多数存在する。そして，半導体は，空(から)のエネルギーバンドと電子によって完全に満たされたエネルギーバンドしかもたず，電子は局在化している。それにもかかわらず，どのようにして半導体に電流が流れるかが次節の主題である[2)]。

2) グラファイトは共有結合によって結合した炭素原子からなる炭素原子層からできており，炭素原子層と炭素原子層は共有結合ではなくファンデルワールス力で結合している。したがって，グラファイトを共有結合結晶といい切ることはできず，分子結晶的であるといえる。さらに，グラファイトの炭素原子層の上下には非局在化した π 電子が存在する。したがって，グラファイトは金属結晶的でもある。このように，グラファイトは共有結合結晶，分子結晶，金属結晶の特徴を兼ね備えている。

6.4 半 導 体

6.4.1 価電子帯から伝導帯への電子の励起

半導体（semiconductor）とは何であるか，また，どのようにして半導体に電流が流れるかを説明する前に，絶縁体における電子の励起について説明する必要がある。

図 6–5 に示すように，原子においても分子においても，軌道のエネルギー差に等しいエネルギーを外部から与えると，電子はより高いエネルギーをもつエネルギー準位に飛び移る。すなわち，電子のエネルギーが増す。これを電子の励起（excitation）という。例えば，水素原子において，1s 軌道と 2s 軌道のエネルギー差に等しいエネルギーを外部から与えると，1s 軌道にある電子は 2s 軌道に励起される（図 6–5(a)）。また，水素分子において，σ_{1s} 軌道と $\sigma_{1s}{}^*$ 軌道のエネルギー差に等しいエネルギーを外部から与えると，σ_{1s} 軌道にある電子は $\sigma_{1s}{}^*$ 軌道に励起される（図 6–5(b)）。

これと同様に，絶縁体においても電子の励起が起こる。絶縁体において，価電子帯の上端と伝導帯の下端のエネルギー差に相当するバンドギャップエネルギーを E_g〔eV〕とする（図 6–6(a)）。図に示すように，絶縁体に E_g に等しいかやや大きいエネルギーを与えると，価電子帯から伝導帯に電子が励起される。この励起によって空(から)であった伝導帯には電子が生じ，価電子帯には電子の抜け穴が生じる。この電子の抜け穴は正孔（hole）と

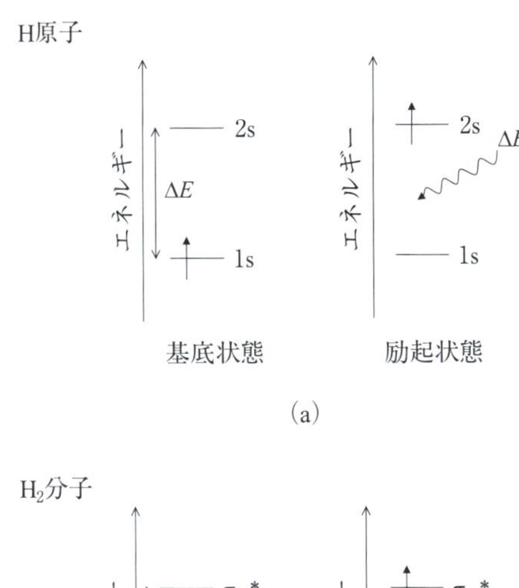

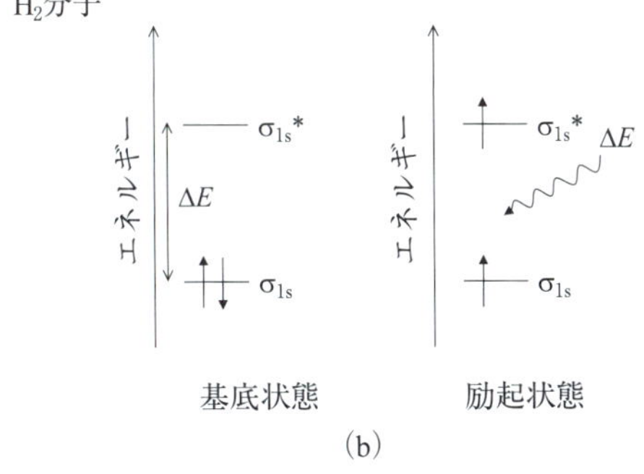

図6-5　(a) H原子と (b) H_2 分子における電子の励起

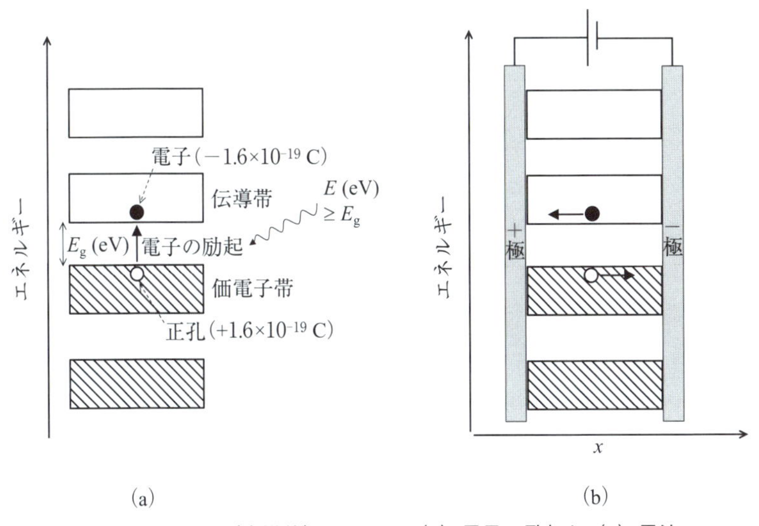

図6-6　絶縁体（半導体）における (a) 電子の励起と (b) 電流

よばれ，$+1.6 \times 10^{-19}$ Cの正電荷をもつ粒子として振る舞う[3]。

3) 電子の世界では，エネルギーの単位としてSI単位であるJ（ジュール）ではなく，非SI単位であるeV（エレクトロンボルト）を使うことが多い。1 eVは 1.6×10^{-19} Jに等しい。

6.4.2　絶縁体にも電流が流れる

絶縁体において，伝導帯に励起された電子はもはや満員の車両にいる人の状態にはなく，自由に動くことができ，電圧を加えれば＋極に向かって移動する。また，価電子帯中に生じた正孔は－極に向かって移動する（図

6–6(b))。電流は，正の電荷の流れとして定義されているため，電子が左向きに移動したときには電流は右向きに流れたといわれる。図 6–6(b) では，電子が左向きに移動し正孔が右向きに移動しているので，電流は右向きに流れたことになる[4)]。

ここで，「電子の励起」と「電流」が同じ現象であると誤解しないよう注意する必要がある。図 6–6(b) の縦軸はエネルギー座標であって，長さの次元をもつ位置座標ではない。すなわち，電子が励起されるとき，電子は位置を変えるわけではなく，そのエネルギーが増えるだけである。したがって，電子が励起されるだけでは電流は流れない。電圧を印加して電子と正孔が図 6–6(b) の x 軸の方向に移動したときに初めて，電流が流れたことになる。

以上のように，絶縁体においても，外部からエネルギーが与えられて価電子帯から伝導帯に電子が励起されれば，電流が流れる。それでは半導体とは何であるか。

6.4.3 半導体とは何か

半導体には電流が流れるが，半導体のバンド構造の特徴は絶縁体のそれと同じである。すなわち，半導体は，空(から)のエネルギーバンドと，電子によって完全に満たされたエネルギーバンドだけをもつ。

前節で，絶縁体においても，価電子帯から伝導帯に電子が励起されれば電流が流れると説明した。また，電子を励起させるためには，バンドギャップエネルギー E_g と等しいか，これよりもやや大きいエネルギーを外部から与える必要があることも説明した。ところで，バンドギャップエネルギー E_g が小さければ，小さいエネルギーを与えるだけで電子は励起される。常温で外界から与えられる熱エネルギーが電子を励起させるのに十分であれば，常温でも価電子帯から伝導帯に電子が励起される。

半導体とは，空(から)のエネルギーバンドと電子によって完全に満たされたエネルギーバンドだけをもつが，バンドギャップエネルギー E_g が小さく，常温で価電子帯から伝導帯に電子が励起されうる物質のことである。半導体は，バンドギャップエネルギーの小さい絶縁体であるともいえる。

ダイヤモンドとケイ素はいずれも共有結合結晶であり，しかも同じ結晶構造（ダイヤモンド構造）をもつ。それにもかかわらず，ダイヤモンドは絶縁体であり，ケイ素は半導体である。ダイヤモンドもケイ素も絶縁体に特徴的なバンド構造をもつ。しかし，ダイヤモンドのバンドギャップエネルギー E_g は 5.5 eV であるのに対し，ケイ素の E_g は 1.1 eV と小さい。この E_g の違いによって，価電子帯から伝導帯への電子の励起が，ダイヤモンドでは起こらずケイ素では起こる。これが，ダイヤモンドが絶縁体として振る舞い，ケイ素が半導体として振る舞う理由である[5, 6)]。

4) 電子の流れの向きとは逆の向きに電流の向きが定義されている点に，読者は複雑さを感じるかもしれない。電流が発見されたときに，電流の向きが正の電荷の流れの向きと定義され，このときにはまだ電子が発見されていなかった。後の時代になって電子が発見されたが，電子が発見されてから電流の向きを逆に定義し直すと混乱が生じるため，今日に至るまで当初のままの定義が使われている。

5) 半導体は，真性半導体と不純物半導体に分類され，不純物半導体は n 型半導体と p 型半導体に分類される。本章で学ぶ半導体は，真性半導体である。不純物半導体のバンド構造は，絶縁体に特徴的なバンド構造に局在化したエネルギー準位が加わったものであるが，その説明については他書を参照されたい。実用的には不純物半導体の方が真性半導体よりも重要であり，太陽電池，液晶ディスプレイの透明電極，温度センサなどに実用化されている半導体は，いずれも不純物半導体である。

6) ZnO，TiO_2，SnO_2 ように，イオン結晶にも半導体として振る舞うものが多数存在する。SnO_2 に In_2O_3 を添加して作製される物質は ITO とよばれ，これは金属に近い電気伝導率をもつ半導体であり，液晶ディスプレイの透明電極として使われている。ただし，これらはいずれも真性半導体ではなく不純物半導体である。また，1986 年に日本とアメリカ合衆国で同時に発見された $YBa_2Cu_3O_{7-\delta}$ は，95 K 以上の温度では金属として振る舞い，95 K 以下の温度では超伝導体（電気抵抗をもたない物質）として振る舞う。

分子結晶にもペンタセン，ピセン，フラーレンのように半導体として振る舞うものがある。また，ピセンにアルカリ金属を少量加えた物質の例に見られるように，超伝導体として振る舞う分子結晶もある。

章末問題

1　6.94 g のリチウム結晶のバンド構造に関する以下の問いに答えなさい。

(a) バンド構造を描きなさい。

(b) 描いたエネルギーバンドのそれぞれが何個の軌道でできているかを答えなさい。

(c) 描いたエネルギーバンドの，それぞれが何個の電子によって占有されるかを答えなさい。

(d) 描いたエネルギーバンドの，それぞれにおいて電子によって占有される軌道の個数を答えなさい。

2　ダイヤモンドは炭素原子からなる共有結合結晶である。ダイヤモンドと孤立した炭素原子とで，電子の軌道のエネルギーにどのような違いがあるかを説明しなさい。

3　価電子帯，伝導帯，禁制帯（バンドギャップ）とは何であるかを説明しなさい。

4　金属と絶縁体のバンド構造を描き，金属に電流が流れる仕組みならびに絶縁体に電流が流れない理由を説明しなさい。

5　半導体と絶縁体のバンド構造を描き，半導体に電流が流れる仕組みならびに絶縁体に電流が流れない理由を説明しなさい。

引用・参考文献

第Ⅰ編　物質の構成

1）J. E. Huheey　著，小玉剛二，中沢　浩　訳:『ヒューイ無機化学（上）』東京化学同人（1984）
2）P. Atkins, T. Overton, J. Rourke, M. Weller, F. Armstrong　著，田中勝久，平尾一之，北川　進　訳：『シュライバー・アトキンス無機化学（上）第 4 版』東京化学同人（2008）
3）長倉三郎他　編：『理化学事典　第 5 版』岩波書店（1998）
4）日本化学会　編：『化学便覧　基礎編　改訂 5 版』丸善出版（2004）
5）小林常利：『基礎化学結合論』培風館（1995）
6）三吉克彦：『はじめて学ぶ　大学の無機化学』化学同人（1998）
7）浅野　努，荒川　剛，菊川　清：『化学　物質・エネルギー・環境　第 4 版』学術図書出版社（2002）
8）多賀光彦，中村　博，吉田　登：『物質化学の基礎』三共出版（1995）
9）山内　脩，鈴木晋一郎，櫻井　武：『朝倉化学大系 12　生物無機化学』朝倉書店（2012）
10）G. N. Lewis, "The Atom and the Molecule," *J. Am. Chem. Soc.*, **38**, 762–785（1916）
11）W. Heitler and F. London, "Wechselwirkung neutraler Atome und homöopolare Bindung nach der Quantenmechanik," *Z. Physik.*, **44**, 455–472（1927）
12）L. Pauling, "The nature of the chemical bond. Application of results obtained from the quantum mechanics and from a theory of paramagnetic susceptibility to the structure of molecules," *J. Am Chem. Soc.*, **53**, 1367–1400（1931）
13）J. E. Lennard-Johns, "The electronic structure of some diatomic molecules," *Trans. Faraday Soc.*, **25**, 668（1929）
14）F. London, "The general theory of molecular forces," *Trans. Faraday Soc.*, **33**, 8–26（1937）
15）F. A. Quiocho, W. N. Lipscomb, *Adv. Protein Chem.*, **25**, 1（1971）
16）J. H. Cho *et al.*, *Bioorg. Med. Chem.*, **10**, 2015（2002）
17）例えば，D. Voet and J. G. Voet, "Biochemistry" 4th Ed., John Wiley & Sons（2011）

第Ⅱ編　物質の反応

第7章　化学反応と化学量論

身のまわりにはいろいろな物質が存在し，あるものは燃えたり，またあるものはさびたりして，物質は変化する。このような物質の相互変換を表すのが化学反応であり，それを定量的に扱うことは重要なことである。化学反応の特徴は，反応する物質の量が必ず一定比になることである。それぞれの化学反応における固有の量的関係を決めているのが，原子や分子の存在とその構成，さらには反応の形式である。そのような物質の組成や化学反応を定量的に取り扱うことを化学量論といい，化学計算の基礎になる。この章では化学反応と化学量論について学習するが，これらを理解するのに必要な物質量，濃度，化学式についても考える。

7.1　物 質 量

原子や分子の粒子は非常に小さいため，それらの数を数えることは困難である。また，金や白金などはきれいな光沢を示す単体であり，このような光沢を放つ特性は原子1個だけでは現れることはなく，多数の原子の集合体となってはじめて物質としての性質が現れる。そこで，これらの集団を一つの単位として考えるとわかりやすくなるので，SI基本単位である物質量（amount of substance）（SI基本単位：モル（mole），単位記号：mol）が定義されている。1 molは正確に$6.02214076 \times 10^{23}$の要素粒子（原子，分子，イオン，電子等）を含む。この数値は単位mol^{-1}による表現でアボガドロ定数$N_A = 6.02214076 \times 10^{23}\ mol^{-1}$の固定された数値であり，アボガドロ数と呼ばれる。すなわち，$1\ mol = 6.02214076 \times 10^{23}/N_A$となる。物質量は指定された要素粒子の数を表す尺度であり，例えば，数値的に「0.012 kgの^{12}Cの物質量は1 mol」と考えてよい。また，物質1 molあたりの質量をモル質量（molar mass）といい，原子量・分子量・式量に単位$g\ mol^{-1}$をつけたものである。例えば，水H_2Oのモル質量は18.02 g mol^{-1}であり，これはH_2O分子が1 mol（アボガドロ数個，6.022×10^{23}個）集まれば18.02 gになることを意味している。ここで，分子量と式量の違いを示しておこう。分子量は，分子式に含まれるすべての原子の原子量の和である。一方，式量は原子量や分子量も含んだより広い意味の用語である。イオンの場合，原子量ではなく式量である。例えば，「Na^+の原子量は22.99である」とはいわず，「Na^+の式量は22.99である」という。また，イオン結晶のように分子を形成しない物質については，組成式中の原子量の和を式量という。「NaClの分子量は58.44である」とはいわず，「NaCl

の式量は 58.44 である」という。また，共有結合性物質に対しては，分子量と式量のどちらを使ってもよい。例えば,「H_2O の分子量は 18.01 である」でも，「H_2O の式量は 18.01 である」のどちらでもよいことになる。

例題 7-1　白金 Pt 3.000 g 中の Pt 原子の個数を求めなさい。

解　答

Pt のモル質量：195.1 g mol^{-1}

Pt 3.000 g の物質量は

$$\frac{3.000\ \mathrm{g}}{195.1\ \mathrm{g\ mol^{-1}}} = 1.538 \times 10^{-2}\ \mathrm{mol}$$

したがって，Pt 原子の個数は

$$1.538 \times 10^{-2}\ \mathrm{mol} \times 6.022 \times 10^{23}\ \mathrm{mol^{-1}} = 9.262 \times 10^{21}$$

7.2　溶液の濃度

液体状態にある均一な混合物を溶液（solution）という。このとき，溶かしている液体を溶媒（solvent），溶けている物質を溶質（solute）といい，溶液は溶媒と溶質の両方をあわせたものである。溶液の組成は，いろいろな濃度で表される。よく用いられている濃度表示として，モル濃度（容量モル濃度）（molarity），質量モル濃度（molality）および質量パーセント濃度があり，次のように定義されている。

モル濃度（c）：溶液 1 dm^3（L）に含まれる溶質の物質量〔mol〕

単位：mol dm^{-3}（mol L^{-1}, M）

$$c = \frac{溶質の物質量}{溶液の体積}\ 〔\mathrm{mol\ dm^{-3}}〕$$

質量モル濃度（m）：溶媒 1 kg に含まれる溶質の物質量〔mol〕

単位：mol kg^{-1}

$$m = \frac{溶質の物質量}{溶媒の質量}\ 〔\mathrm{mol\ kg^{-1}}〕$$

質量パーセント濃度[1)]：溶液 100 g に含まれる溶質の質量〔g〕

単位：%

$$\frac{溶質の質量}{溶液の質量} \times 100\ 〔\%〕$$

ここで注意すべきことは，モル濃度は溶液の体積 1 dm^3（L）に溶けている溶質の物質量であるのに対して，質量モル濃度は溶媒の質量 1 kg に溶けている溶質の物質量である点である。溶液を扱う場合，モル濃度はよく用いられるが，溶液の体積は温度によって変化するのでモル濃度は温度によって変化してしまう。そこで，沸点上昇や凝固点降下など温度が変化す

1)　溶質が微量なときには，ppm（parts per million），ppb（parts per billion），ppt（parts per trillion）が用いられる。

$$\mathrm{ppm} = \frac{溶質の質量〔\mathrm{mg}〕}{溶液の質量〔\mathrm{kg}〕}$$

$$\mathrm{ppb} = \frac{溶質の質量〔\mu\mathrm{g}〕}{溶液の質量〔\mathrm{kg}〕}$$

$$\mathrm{ppt} = \frac{溶質の質量〔\mathrm{ng}〕}{溶液の質量〔\mathrm{kg}〕}$$

る現象を取り扱う場合は，モル濃度の代わりに質量モル濃度が用いられる。

例題 7-2 濃塩酸は密度が 1.18 g cm^{-3} で，HCl（モル質量 36.46 g mol^{-1}）の質量パーセント濃度が 36.0% である。この濃塩酸の（a）モル濃度と（b）質量モル濃度を求めなさい。

解 答

（a）モル濃度

濃塩酸 1000 cm^3（1 dm^3 = 1 L）の質量は

$$1000\ \mathrm{cm^3} \times 1.18\ \mathrm{g\ cm^{-3}} = 1180\ \mathrm{g}$$

この 1180 g のうち 36.0% が HCl であるので，HCl の質量は

$$1180\ \mathrm{g} \times 0.360 = 425\ \mathrm{g}$$

HCl の物質量は

$$\frac{425\ \mathrm{g}}{36.46\ \mathrm{g\ mol^{-1}}} = 11.7\ \mathrm{mol}$$

11.7 mol の HCl が溶液 1000 cm^3（1 dm^3 = 1 L）に含まれているので，濃塩酸のモル濃度は 11.7 mol dm^{-3}（M）となる。

（b）質量モル濃度

濃塩酸 1180 g 中には HCl が 425 g 含まれているので，水の質量は

$$1180\ \mathrm{g} - 425\ \mathrm{g} = 755\ \mathrm{g}$$

したがって，濃塩酸の質量モル濃度は

$$\frac{11.7\ \mathrm{mol}}{0.755\ \mathrm{kg}} = 15.5\ \mathrm{mol\ kg^{-1}}$$

7.3 化 学 式

元素記号を用いて物質を表したものが化学式（chemical formula）である。化学式には，元素の比率を示す組成式（実験式）（compositional formula），含まれる元素の数を表す分子式（molecular formula），化合物の特性を示す原子団を表す示性式（rational formula），さらには化合物の構造がわかる構造式（structural formula）がある。化合物の中には組成式と分子式が同じものもある。酢酸を例に挙げると，次のようになる。

組成式（実験式） CH_2O

分子式 $C_2H_4O_2$

示性式 CH_3COOH

構造式 $H_3C-C(=O)-OH$

化合物を表すには主に示性式が用いられる。例えば，エタノールとジメチルエーテルは分子式（組成式でもある）がともに C_2H_6O と同じであるが，示性式はそれぞれ C_2H_5OH と CH_3OCH_3 となり，二つを区別することがで

きる。

例題 7-3　炭素，水素，酸素からなる有機化合物 71 mg を完全燃焼したところ，二酸化炭素 CO_2 176 mg と水 H_2O 63 mg が生成した。また，この化合物の分子量は 142 であった。組成式と分子式を求めなさい。

解　答

原子量：H = 1.008，C = 12.01，O = 16.00

分子量：CO_2 = 44.01，H_2O = 18.02

生成した CO_2 176 mg 中の C の質量は

$$176\ \text{mg} \times \frac{\text{C}}{\text{CO}_2} = 176\ \text{mg} \times \frac{12.01}{44.01} = 48.0\ \text{mg}$$

同様に，生成した H_2O 63 mg 中の H の質量は

$$63\ \text{mg} \times \frac{2\text{H}}{\text{H}_2\text{O}} = 63\ \text{mg} \times \frac{2.016}{18.02} = 7.0\ \text{mg}$$

酸素 O の質量は

$$71\ \text{mg} - 48.0\ \text{mg} - 7.0\ \text{mg} = 16\ \text{mg}$$

これより，元素の組成比（物質量比）を求めると

$$\text{C} : \text{H} : \text{O} = \frac{48.0}{12.01} : \frac{7.0}{1.008} : \frac{16}{16.00} = 4 : 7 : 1$$

したがって，組成式（実験式）は，C_4H_7O となる。また，この化合物の分子量は 142 であるので，$(C_4H_7O)_n = 142$ より $n = 2$ となり，分子式は $C_8H_{14}O_2$ である。

7.4　化学反応式

化学反応が起こるのは，物質がなるべくエネルギーの低い状態（安定な物質）になろうとするためである[2]。温度や圧力などの外的条件が整えば，反応する物質の原子間の結合が切れ，新しい結合が生じる。当然のことであるが，反応前後で原子は消滅も生成もしない（質量保存の法則）。このような物質の変化を分子式あるいは示性式で表したのが**化学反応式**（chemical equation）である。反応する物質を**反応物**（reactant），反応後に生成する物質を**生成物**（product）という。化学反応式は次の規則に基づいて記述される。

（i）反応物を左辺，生成物を右辺に書き，両方を区切るために矢印を用いる。

（ii）左辺と右辺の原子の数が等しくなるように整数で係数を合わせる。この係数を**化学量論係数**（stoichiometric coefficient）といい，反応に関与する物質の量的関係を示している。

一例として，プロパン C_3H_8 の燃焼，銅 Cu と希硝酸 HNO_3 の反応は次の

2）光合成では，エネルギーの低い二酸化炭素と水からエネルギーの高いグルコースと酸素が生成する。これは，化学反応が起こる理由に矛盾しているように思えるかもしれないが，太陽光エネルギーの吸収が関与していることを考慮すれば妥当である。

ようになる。

$$C_3H_8 + 5\ O_2 \longrightarrow 3\ CO_2 + 4\ H_2O$$

$$3\ Cu + 8\ HNO_3 \longrightarrow 3\ Cu(NO_3)_2 + 4\ H_2O + 2\ NO$$

ここで，C_3H_8 の燃焼の反応式をつくってみよう。

ステップ1：反応物と生成物を ⟶ で結ぶ。

$$C_3H_8 + O_2 \longrightarrow CO_2 + H_2O$$

ステップ2：最も複雑な C_3H_8 の係数を仮に1にして，炭素原子Cと水素原子Hの数が左辺と右辺で等しくなるように係数をつける。

$$C_3H_8 + O_2 \longrightarrow 3\ CO_2 + 4\ H_2O$$

ステップ3：酸素原子Oの数が左辺と右辺で等しくなるように係数をつける。

$$C_3H_8 + 5\ O_2 \longrightarrow 3\ CO_2 + 4\ H_2O$$

ステップ4：C_3H_8 の係数が1でよいか確認する。

$$C_3H_8 + 5\ O_2 \longrightarrow 3\ CO_2 + 4\ H_2O$$

このような手順で化学反応式をつくることができる。

例題 7-4 次の化学反応式の（　）に係数を入れて反応式を完成させなさい。

(a) $(\quad)\ Al + (\quad)\ O_2 \longrightarrow (\quad)\ Al_2O_3$

(b) $(\quad)\ C_3H_6 + (\quad)\ O_2 \longrightarrow (\quad)\ CO_2 + (\quad)\ H_2O$

(c) $(\quad)\ NH_3 + (\quad)\ O_2 \longrightarrow (\quad)\ N_2O_4 + (\quad)\ H_2O$

(d) $(\quad)\ KMnO_4 + (\quad)\ H_2O_2 + (\quad)\ H_2SO_4$
$\longrightarrow (\quad)\ MnSO_4 + (\quad)\ K_2SO_4 + (\quad)\ O_2 + (\quad)\ H_2O$

解　答

(a) $(\ 4\ )\ Al + (\ 3\ )\ O_2 \longrightarrow (\ 2\ )\ Al_2O_3$

(b) $(\ 2\ )\ C_3H_6 + (\ 9\ )\ O_2 \longrightarrow (\ 6\ )\ CO_2 + (\ 6\ )\ H_2O$

(c) $(\ 4\ )\ NH_3 + (\ 7\ )\ O_2 \longrightarrow (\ 2\ )\ N_2O_4 + (\ 6\ )\ H_2O$

(d) $(\ 2\ )\ KMnO_4 + (\ 5\ )\ H_2O_2 + (\ 3\ )\ H_2SO_4$
$\longrightarrow (\ 2\ )\ MnSO_4 + (\ 1\ )\ K_2SO_4 + (\ 5\ )\ O_2 + (\ 8\ )\ H_2O$

7.5 化学量論

化合物や化学反応における物質間の数量的関係を化学量論（stoichiometry）とよび，化学の計算における基本概念である。化学量論は，物質の組成式や分子式を求めること，化学反応式の係数（化学量論係数）を正確に決めその化学反応式に含まれている量的関係を求めることなどである。ここで，量的関係を求める場合に原子量，式量（分子量），物質量，濃度などが用いられる。化学反応を理解するためには，このような反応物と生成物の間の量的関係を明らかにし，化学反応式を決定することから始まる。

気体反応として，水素 H_2 と酸素 O_2 から水蒸気 H_2O が生成する反応について考えてみよう。その化学反応式は次式で示される。

$$2\,H_2 + O_2 \longrightarrow 2\,H_2O$$

この化学反応式は，H_2 2 mol と O_2 1 mol から H_2O 2 mol が生成することを示している。また，理想気体 1 mol の体積は，0℃，1.013×10^5 Pa で 22.4 dm^3 であるので，この状態で H_2 44.8 dm^3 と O_2 22.4 dm^3 から H_2O 44.8 dm^3 が生成することも示している。このように，化学反応式に含まれる反応物あるいは生成物のうちの一つの物質量がわかっていると，その他の物質量は化学反応式の係数の比から求められることになる。

溶液反応についても同様に扱うことができる。ここで，少し複雑な反応系を考えてみよう。硫酸酸性水溶液中での過マンガン酸イオン MnO_4^- とシュウ酸イオン $C_2O_4^{2-}$ の化学反応式は次式で示される。

$$2\,MnO_4^- + 5\,C_2O_4^{2-} + 16\,H^+ \longrightarrow 2\,Mn^{2+} + 10\,CO_2 + 8\,H_2O$$

これは $KMnO_4$ 水溶液を用いて $H_2C_2O_4$ を酸化還元滴定するときの反応である。この反応において，$KMnO_4$ と $H_2C_2O_4$ が過不足なく反応するときの物質量比は 2 : 5 であることを示している。また，$KMnO_4$ と $H_2C_2O_4$ をモル濃度を用いて表すと，お互いが過不足なく反応するためのモル濃度比もやはり 2 : 5 となる。いま，1.00×10^{-2} M $H_2C_2O_4$ 10.0 cm^3 をすべて酸化するのに必要な 2.00×10^{-3} M $KMnO_4$ の体積 V〔cm^3〕は，次のように計算される。

$$2.00 \times 10^{-3}\ \mathrm{M} \times V\,〔\mathrm{cm}^3〕 \times 5 = 1.00 \times 10^{-2}\ \mathrm{M} \times 10.0\ \mathrm{cm}^3 \times 2 \quad V = 20.0\ \mathrm{cm}^3$$

このように，化学量論に関する問題を解くためには，まず正確な化学反応式を完成させなければいけない。ある物質の質量から別の物質の質量や体積を求める場合でも，まずは正確な化学反応式を考えていけば解決できるはずである。

化学反応式のそれぞれの化学式の係数は，反応に関与する物質の粒子数を表すものであって，それぞれの物質の質量や体積のような物理量とは異なる。このような化学反応式の係数とこれらの物理量を関係づけるためには，物質量（モル）を考えることにより解決できる（図 7–1）。

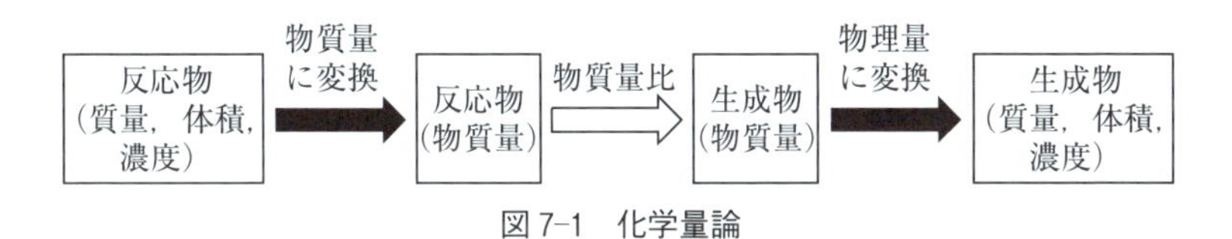

図 7–1　化学量論

反応物の与えられた物理量（質量，体積，濃度など）を物質量（モル）に変換し，そこから化学反応式に基づく物質量比（化学反応式の係数の比）を用いて，生成物の物質量（モル）を求め，最後に知りたい生成物の物理量（質量，体積，濃度など）に変換すればよい。

例題 7-5 エタノール C_2H_5OH 23.0 g を完全燃焼させたとき，標準状態で発生する二酸化炭素 CO_2 の体積を求めなさい。なお，CO_2 は理想気体とする。

解 答

C_2H_5OH のモル質量：46.07 g mol^{-1}

C_2H_5OH の物質量：23.0 g/46.07 g mol^{-1} = 0.499 mol

$$C_2H_5OH + 3\ O_2 \longrightarrow 2\ CO_2 + 3\ H_2O$$

発生する CO_2 の物質量は，2 × 0.499 mol = 0.998 mol であるので，標準状態[3] での体積は

$$24.8\ dm^3\ mol^{-1} \times 0.998\ mol = 24.8\ dm^3$$

3) 標準状態は 25℃（298 K），10^5 Pa（p. 119 参照）であるので，標準状態のモル体積 V〔L mol^{-1}〕は
V = 8.314 $JK^{-1}\ mol^{-1}$ × 298 K/10^5 Pa
= 2.48 × 10^{-2} $m^3\ mol^{-1}$ = 24.8 L mol^{-1}
なお，高等学校では標準状態は 0℃（273 K），1.013 × 10^5 Pa（1 atm）と学んだので，V = 22.4 $dm^3\ mol^{-1}$ も正解

7.6 限定（制限）反応物と収率

化学反応式から得られる反応物の物質量比と異なり，一方の反応物が過剰に存在すると，他方の反応物はすべて消費されて反応は停止する。しかし，過剰に存在していた反応物は，まだ残っている。例えば，H_2 3 mol と O_2 1 mol が反応すると，次式の反応により H_2O 2 mol が生成するが，H_2 が 1 mol 残って反応は停止する。

$$2\ H_2 + O_2 \longrightarrow 2\ H_2O$$

この反応の O_2 のように，初めになくなる反応物を**限定（制限）反応物**（limiting reactant）とよぶ。したがって，生成物の量は限定反応物によって決まることになる。

ある化学反応式で，過不足なく反応する場合でも限定反応物がある場合でも，ある一つの反応物の存在量から生成物の理論的な量（理論収量）は求められる。一方，実際に反応させて得られる生成物の量（実験収量）は，副反応やろ過などの操作の際に生成物が消失してしまうことによって，理論収量よりも少なくなることがほとんどである。このような理論収量に対する実験収量の割合を百分率で表したものを**収率**（yield）といい，次式で示される。

$$収率 = \frac{実験収量〔g〕}{理論収量〔g〕} \times 100〔\%〕$$

章末問題

1　次の水溶液の濃度を求めなさい。

(a) 硝酸銀 $AgNO_3$ の 1.23 g を含む水溶液 50.0 cm^3 のモル濃度

(b) $AgNO_3$ の 1.23 g を水 50.0 g に溶かした水溶液の質量モル濃度

(c) $AgNO_3$ の 1.23 g を水 50.0 g に溶かした水溶液の質量パーセント濃度

2　1.50×10^{-3} M 塩化ナトリウム NaCl 水溶液を 0.250 dm^3 調製するために必要な NaCl の質量を求めなさい。

3　0.10 M Cd^{2+} 水溶液 0.10 dm^3 を調製するのに必要な $Cd(NO_3)_2 \cdot 4H_2O$ の質量を求めなさい。

4　硝酸アルミニウム $Al(NO_3)_3$ 0.20 mol と塩化コバルト(Ⅱ) $CoCl_2$ 0.40 mol を含む水溶液 0.50 dm^3 がある。この水溶液に含まれるすべてのイオン種のモル濃度 $[Al^{3+}]$，$[Co^{2+}]$，$[NO_3^-]$，$[Cl^-]$ を求めなさい。

5　濃硫酸は密度が 1.83 g cm^{-3} で，H_2SO_4 の質量パーセント濃度が 96.0%である。

(a) この濃硫酸のモル濃度を求めなさい。

(b) この濃硫酸を希釈して 2.00 M の希硫酸を 50.0 cm^3 調製したい。濃硫酸は何 cm^3 必要かを答えなさい。

6　ヘモグロビンは，1 分子中に 4 個の鉄(Ⅱ)イオンを含む生体分子である。ヘモグロビン中の鉄(Ⅱ)イオンの質量パーセントは 0.335%である。ヘモグロビンの分子量（式量）を求めなさい。

7　質量パーセントで C = 40.0%，H = 6.67%，O = 53.3%の有機化合物の組成式を求めなさい。また，他の実験から，この化合物の分子量を求めたところ 60.0 であった。この化合物の分子式を示しなさい。

8　メタン，エタン，プロパンのいずれかの気体がある。この気体 1.00 g を過剰の O_2 と反応させたところ 1.80 g の水が生成した。気体を完全燃焼させたとすると，この気体は何かを答えなさい。

9　ある石炭には 2.40%の水分を含んでいる。これを乾燥し，完全に水分を取り除いたところ，71.0%の炭素が含まれていた。乾燥前の石炭中の炭素の質量パーセントを求めなさい。

10　食酢には酸として酢酸 CH_3COOH のみを含んでいるとする。食酢の密度は 1.055 g cm^{-3} であり，この食酢 15.00 cm^3 を 0.5019 M NaOH 水溶液で中和滴定したところ，18.50 cm^3 を要した。この食酢中の酢酸の，(a) モル濃度と (b) 質量パーセント濃度を求めなさい。

11　アンモニア NH_3 は次の反応でつくることができる。

$$CaO(s) + 2\,NH_4Cl(s) \longrightarrow 2\,NH_3(g) + H_2O(g) + CaCl_2(s)$$

いま，224 g の CaO と 448 g の NH_4Cl を反応させたときの各生成物の物質量を求めなさい。また，限定反応物を答えなさい。

12　硝酸の製造段階には，次式のアンモニア NH_3 の酸化が含まれる。

$$NH_3(g) + O_2(g) \longrightarrow NO(g) + H_2O(g)$$

(a) この反応式の化学量論係数を求めなさい。

(b) 86.0 kg の NH_3 が 70.8 kg の O_2 と反応すると，何 kg の NO が生成するかを答えなさい。

13　鉄 Fe と水蒸気 H_2O は高温で次のように反応する。

$$Fe(s) + H_2O(g) \longrightarrow Fe_3O_4(s) + H_2(g)$$

(a) この反応式の化学量論係数を求めなさい。

(b) 過剰の H_2O との反応で，448 g の Fe_3O_4 が収率 68.0%で得られた。用いた Fe は何 g かを答えなさい。

14　水素 H_2 の工業的製造では，次の反応を利用する。

$$C_3H_8(g) + H_2O(l) \longrightarrow CO(g) + H_2(g)$$

(a) この反応式の化学量論係数を求めなさい。

(b) 過剰の H_2O との反応で，5.0 t (5.0×10^3 kg) のプロパン C_3H_8 から 1.3 t の H_2 が生成した。収率を求めなさい。

第 8 章　反応速度

物質の相互変換を表すのが化学反応であり，何が生成するのかは重要なことである。同時に，物質が燃焼するような速い反応や，物質がさびるような非常に遅い反応を定量的にとらえることも重要である。次章で学ぶ化学平衡において，平衡に達するまでの時間は正逆反応方向の反応の速さで決まる。この章では化学反応の反応速度について学習するが，加えてこの反応速度に影響を及ぼす因子についても考える。

8.1　反応速度の定義

化学反応の速度は速いものもあれば遅いものもあるが，反応の完結には一定の時間を要する。反応速度（reaction rate）は，ある一定時間の反応物の濃度の減少量，あるいはある一定時間の生成物の濃度の増加量で表す。いま，簡単な反応である A ⟶ B について考えてみよう（図 8–1）。

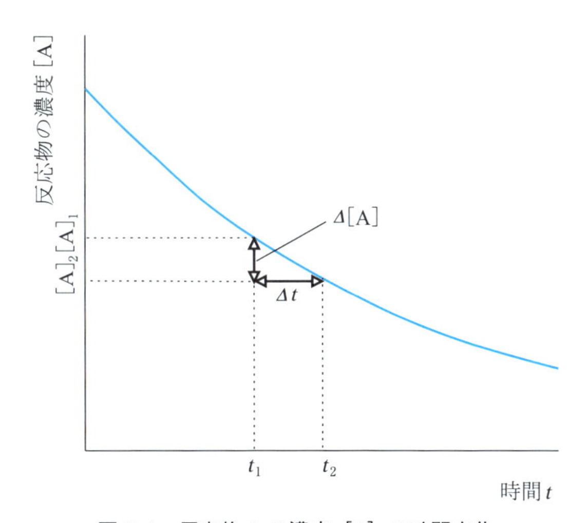

図 8–1　反応物 A の濃度［A］の時間変化

時間 t_1 から t_2 の間に A のモル濃度が ［A］$_1$ から ［A］$_2$ に減少し，B のモル濃度が ［B］$_1$ から ［B］$_2$ に増加したとすると，平均反応速度は次のように表すことができる。

$$\text{平均反応速度} = -\frac{[\mathrm{A}]_2 - [\mathrm{A}]_1}{t_2 - t_1} = -\frac{\Delta[\mathrm{A}]}{\Delta t} = \frac{[\mathrm{B}]_2 - [\mathrm{B}]_1}{t_2 - t_1} = \frac{\Delta[\mathrm{B}]}{\Delta t} \tag{8-1}$$

反応速度は，その値が常に正になるように計算することになっているので，

反応物で表すと $t_2 - t_1 > 0$，$[A]_2 - [A]_1 < 0$ であるのでマイナスの符号をつける。一方，生成物で表すと $t_2 - t_1 > 0$，$[B]_2 - [B]_1 > 0$ であるのでマイナスの符号はつけない。

反応速度は時間とともに変化している。(8–1) 式は，あくまでもある時間の幅での平均反応速度であり，真の反応速度を表していない。平均反応速度を真の反応速度に近づけるためには，時間の幅を限りなく小さくする，すなわち，時間で微分すればよい。

$$\text{反応速度} = -\frac{\mathrm{d}[A]}{\mathrm{d}t} = \frac{\mathrm{d}[B]}{\mathrm{d}t} \tag{8–2}$$

8.2 反応速度式

反応速度は，一般に反応物の濃度が大きいほど速くなる。これは，濃度が大きいと，反応物どうしが衝突する確率が高くなるからである。ただし，反応物どうしの衝突によって反応が起こるためには，反応物の結合を切るのに十分なエネルギーが供給され，さらに粒子どうしが適切な配向で衝突する必要がある。

いま，次のような簡単な化学反応を考えてみよう。

$$A \longrightarrow X \tag{8–3}$$

$$A + B \longrightarrow Y \tag{8–4}$$

この反応が一段階で進むとすると，(8–3) 式と (8–4) 式の反応速度 v_A は次式で示される。

$$v_A = -\frac{\mathrm{d}[A]}{\mathrm{d}t} = k[A] \tag{8–5}$$

$$v_A = -\frac{\mathrm{d}[A]}{\mathrm{d}t} = k[A][B] \tag{8–6}$$

ここで，比例定数の k を反応速度定数 (reaction rate constant) といい，反応速度を k と反応物質の濃度の関数として表したものを反応速度式 (reaction rate law) とよぶ。また，反応速度式における濃度の指数の和は反応次数 (reaction order) といい，(8–5) 式の場合は一次であり，(8–6) 式の場合は [A]，[B] それぞれについて一次であり，反応全体の次数は二次である。そして，(8–5) 式のような反応を一次反応 (first order reaction)，(8–6) 式のような反応を二次反応 (second order reaction) とよぶ。

反応速度式の次数は，化学反応式の化学量論係数に必ずしも一致しないことに注意しよう。(8–3) 式や (8–4) 式のように一段階で起こる反応の場合は成り立つが，あくまでも反応速度式は実験から決められるものである。いくつかの反応段階を経て進行する多段階反応の場合は，化学反応式を見ただけでは反応速度式を誘導できない。この理由を次の水溶液中の反応で考えてみよう。

$$2\,I^- + H_2O_2 + 2\,H^+ \longrightarrow I_2 + 2\,H_2O \qquad (8\text{–}7)$$

この反応速度式は，実験的に求めると次式で表されることがわかっている。

$$v = k[I^-][H_2O_2] \qquad (8\text{–}8)$$

これが反応式のとおりであれば，$v = k[I^-]^2[H_2O_2][H^+]^2$ となるはずである。なぜこのようにならないのであろうか。これは，前述したようにいくつかの反応段階を経て進行する多段階反応だからである。実際，(8–8) 式は次のように三段階で反応が進行する。

$$I^- + H_2O_2 \longrightarrow HOI + OH^- \qquad (8\text{–}9)$$

$$HOI + I^- \longrightarrow OH^- + I_2 \qquad (8\text{–}10)$$

$$2\,OH^- + 2\,H^+ \longrightarrow 2\,H_2O \qquad (8\text{–}11)$$

ここで，それぞれの段階の反応を素反応（elementary reaction）とよぶ。なお，HOI と OH^- は (8–7) 式には出てこない化合物であり，反応中間体（reaction intermediate）という。(8–9)～(8–11) 式の素反応において，(8–7) 式の反応速度を決めているのは最も遅い素反応（律速段階 rate-determining step という）の (8–9) 式である。確かに，(8–9) 式の反応速度式の次数は，化学反応式の化学量論係数に一致している。

このように，多くの化学反応はいくつかの素反応の集まりであり，どの素反応が律速段階であるかによって反応速度式が決まる。その他の例として

$$2\,N_2O_5(g) \longrightarrow 4\,NO_2(g) + O_2(g) \qquad (8\text{–}12)$$

この反応速度式は

$$v = k[N_2O_5] \qquad (8\text{–}13)$$

また，

$$NO_2(g) + CO(g) \longrightarrow NO(g) + CO_2(g) \qquad (8\text{–}14)$$

この反応速度式は

$$v = k[NO_2]^2 \qquad (8\text{–}15)$$

となる。(8–13) 式と (8–15) 式からわかるように，反応速度式の反応物の濃度のべき乗の指数は，化学反応式の化学量論係数には一致していない。

例題 8–1　アンモニア NH_3 と酸素 O_2 は次式のように反応する。

$$4NH_3\ (g) + 5O_2\ (g) \longrightarrow 4NO\ (g) + 6H_2O\ (g)$$

NH_3 の消費速度が 4.23×10^{-4} M s^{-1} のとき，O_2 の消費速度を求めなさい。また，NO と H_2O の生成速度を求めなさい。

解　答

O_2 の消費速度：4.23×10^{-4} M $s^{-1} \times (5/4) = 5.29 \times 10^{-4}$ M s^{-1}

NO の生成速度：4.23×10^{-4} M $s^{-1} \times (4/4) = 4.23 \times 10^{-4}$ M s^{-1}

H_2O の生成速度：4.23×10^{-4} M $s^{-1} \times (6/4) = 6.35 \times 10^{-4}$ M s^{-1}

例題 8-2 反応速度式が $v_A = k[A]^2$ で表される反応がある。A の濃度を，(a) 4 倍，(b) 半分にすると反応速度はどう変わるかを答えなさい。

解 答

(a) 4 倍にすると，反応速度は 16 倍になる。

(b) 半分にすると，反応速度は 1/4 になる。

8.3 一次反応と二次反応

一般的な反応速度である一次反応と二次反応について，それぞれの反応速度定数がどのように求められるかを考えてみよう。

反応が反応物 A に対して一次反応であれば，その反応速度式は（8–5）式で表される。

$$v_A = -\frac{d[A]}{dt} = k[A] \tag{8–5}$$

この式を変形し，積分すると次式が得られる。

$$\int\frac{d[A]}{[A]} = -\int k dt$$

$$\ln[A] = -kt + C \quad C：定数 \tag{8–16}$$

A の初濃度を $[A]_0$ とすると，（8–16）式は次のようになる。

$$\ln[A] = -kt + \ln[A]_0 \tag{8–17}$$

$\ln[A]$ を t に対してプロットしたとき（図 8–2），直線になればその反応は一次反応であり，その直線の傾きから反応速度定数 k が求められる。ここで，k の単位は（時間）$^{-1}$ である。

一次反応であるかどうかを確かめるもう一つの方法は，半減期（half-life）$t_{1/2}$ を用いる方法である。$t_{1/2}$ は，反応物の濃度が最初の濃度の半分になるまでの時間である。（8–17）式は（8–18）式のように表すこともで

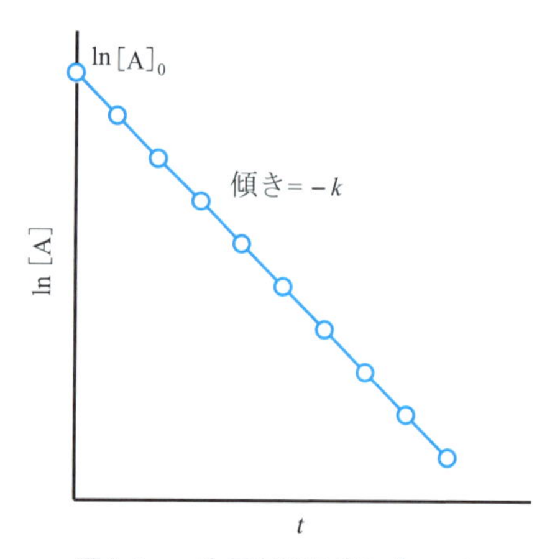

図 8–2 一次反応速度式のプロット

きるので，$t_{1/2}$ は（8–19）式で示される。

$$[\mathrm{A}] = [\mathrm{A}]_0 \exp(-kt) \tag{8–18}$$

$$t_{1/2} = \frac{\ln 2}{k} = \frac{0.693}{k} \tag{8–19}$$

（8–19）式から明らかなように，一次反応の $t_{1/2}$ は反応速度定数 k のみで決まり，反応物の初濃度には無関係であるので，ある一次反応に固有な値である（図 8–3）。

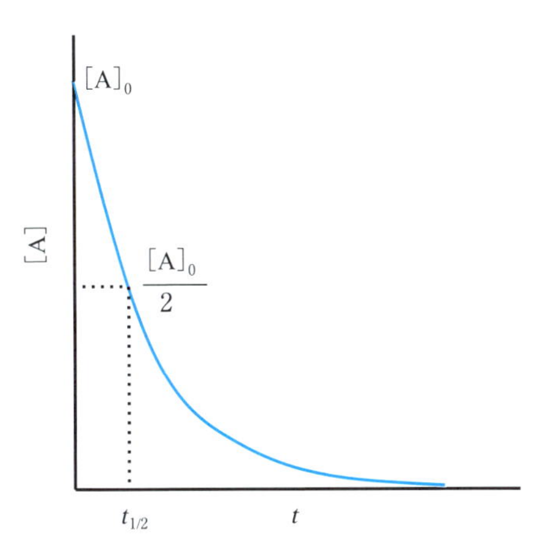

図 8–3　一次反応の半減期

二次反応には二つの反応速度式がある。一つは，反応物 A の濃度の 2 乗に比例する場合で，他方は（8–6）式に示したように，反応物 A と B の濃度の積に比例する場合である。

$$v_\mathrm{A} = -\frac{\mathrm{d}[\mathrm{A}]}{\mathrm{d}t} = k[\mathrm{A}]^2 \tag{8–20}$$

$$v_\mathrm{A} = -\frac{\mathrm{d}[\mathrm{A}]}{\mathrm{d}t} = k[\mathrm{A}][\mathrm{B}] \tag{8–6}$$

（8–20）式の場合，A の初濃度を $[\mathrm{A}]_0$ として一次反応の場合と同様に積分すると，次式が得られる。

$$\frac{1}{[\mathrm{A}]} - \frac{1}{[\mathrm{A}]_0} = kt \tag{8–21}$$

1/[A] を t に対してプロットしたとき（図 8–4），直線になればその反応は二次反応（反応物 A の濃度の 2 乗に比例する）であり，その直線の傾きから反応速度定数 k が求められる。ここで，k の単位は（濃度×時間）$^{-1}$ である。また，半減期は $t_{1/2} = 1/(k[\mathrm{A}]_0)$ となり，A の初濃度が変われば $t_{1/2}$ も変化するので，二次反応において半減期はあまり重要な値ではない。

（8–6）式の場合は，非常に複雑な反応速度式となるので専門書に譲り，省略する。しかしながら，反応物の一方が大過剰に存在する場合，反応速

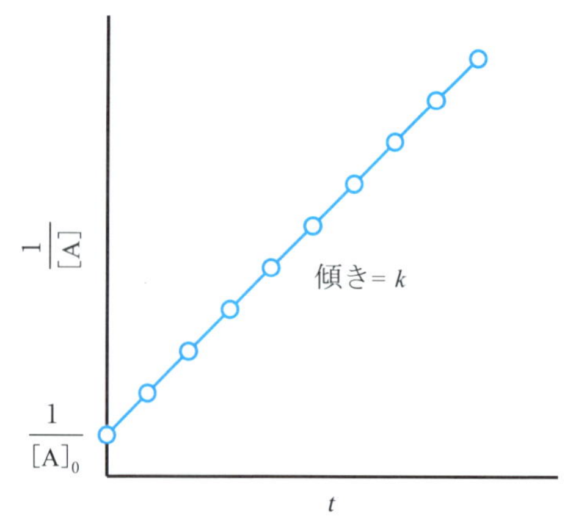

図 8-4　二次反応速度式のプロット

度式は簡単な式になる。いま，反応物 B が大過剰に存在しているとすると，反応が進行しても B の減少量はわずかであり，実質上変化しないとみなせる。この場合，B の初濃度を $[B]_0$ とすると，反応速度式は次式のようにみかけ上一次反応式で示される。

$$v_A = -\frac{d[A]}{dt} = k[B]_0[A] = k'[A] \qquad (8\text{–}22)$$

このような反応を擬一次反応（pseudo-first order reaction）という。

例題 8-3　四塩化炭素中における N_2O_5 の分解は一次反応であり，ある温度での反応速度定数は $k = 5.25 \times 10^{-4}\ s^{-1}$ であった。

$$2\ N_2O_5 \longrightarrow 4\ NO_2 + O_2$$

(a) N_2O_5 の初濃度が 0.200 M のとき，10 分後の濃度を求めなさい。

(b) 半減期を求めなさい。

解　答

(a) (8–18) 式より

$$[N_2O_5]_{10\ min} = [N_2O_5]_0 \exp(-kt)$$
$$= 0.200\ M \times \exp(-5.25 \times 10^{-4}\ s^{-1} \times 600\ s)$$
$$= 0.146\ M$$

(b) (8–19) 式より

$$t_{1/2} = 0.693/k = 1.32 \times 10^3\ s$$

例題 8-4　ヨウ化水素 HI の分解反応 $2\ HI(g) \rightleftarrows H_2(g) + I_2(g)$ は二次反応であり，その反応速度定数を測定したところ，630 K で $3.10 \times 10^{-5}\ M^{-1}\ s^{-1}$ であった。HI の初濃度が 0.200 M のとき，10 時間後の HI の濃度を求めなさい。

解　答

（8–21）式より

$$\frac{1}{[HI]_{10\,h}} - \frac{1}{0.200} = 3.10 \times 10^{-5}\ M^{-1}\ s^{-1} \times 36000\ s$$

$[HI]_{10\,h} = 0.163\ M$

8.4　反応速度定数の温度依存性

反応速度定数は温度の影響を受け，一般には温度が高くなるにつれ反応速度定数は大きくなる。反応分子の中で，あるエネルギー以上のエネルギーをもつ分子だけが反応する。反応温度を高くすると反応できる分子が増加するので，反応速度定数は大きくなるのである。その関係は，アレニウス（Arrhenius）によって経験的に見いだされた（アレニウスの式）。

$$k = A \exp\left(-\frac{E_a}{RT}\right) \qquad (8\text{–}23)$$

ここで，A を頻度因子（pre-exponential factor），E_a を活性化エネルギー（activation energy）とよぶ。頻度因子は反応に有効な衝突数（衝突した粒子が反応する頻度）で，活性化エネルギーは反応物を活性化状態（activation state）（反応が起こりうる状態，遷移状態（transition state）ともいう）にするのに必要な最小のエネルギーである（図 8–5）。（8–23）式の両辺の

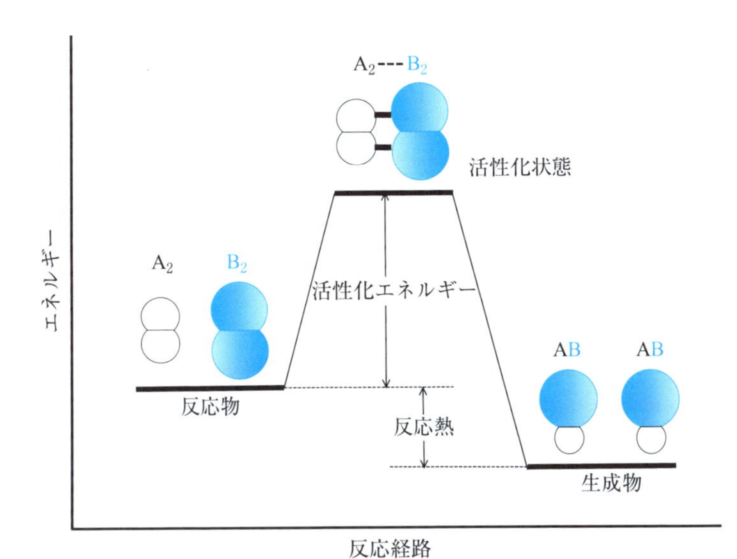

図 8–5　反応 $A_2 + B_2 \longrightarrow 2AB$ における反応経路と活性化エネルギー

対数をとると，次式のようになる。

$$\ln k = -\frac{E_a}{RT} + \ln A \qquad (8\text{–}24)$$

温度を変化させて反応速度を求める実験を行い，各温度における反応速度定数 k を計算する。（8–24）式を用いて，k の対数を絶対温度 T の逆数に対してプロットすれば直線になり（アレニウスプロットという），その直線の傾きと切片から，それぞれ E_a と A が求められる（図 8–6）。また，二つの温度 T_1，T_2 における反応速度定数をそれぞれ k_1，k_2 とすると，(8–24) 式から次式が得られる。

$$\ln\left(\frac{k_2}{k_1}\right) = -\frac{E_a}{R}\left(\frac{1}{T_2} - \frac{1}{T_1}\right) \qquad (8\text{–}25)$$

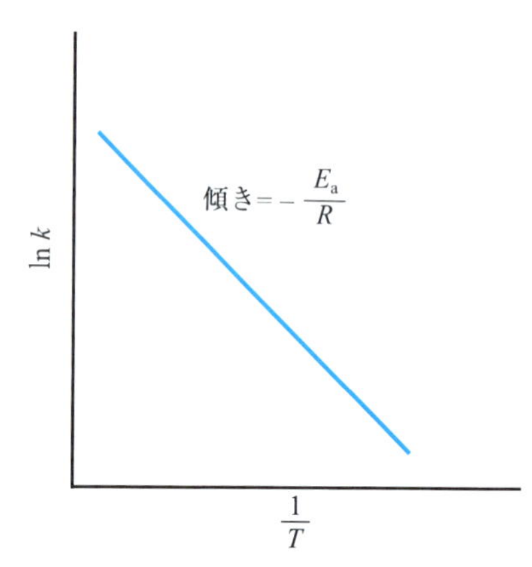

図 8–6　アレニウスプロット

例題 8–5　気相中におけるヨウ化水素 HI の分解反応 $2\ HI(g) \rightleftarrows H_2(g) + I_2(g)$ の反応速度定数を測定したところ，650 K で 9.67×10^{-5} M^{-1} s^{-1}，700 K で 1.16×10^{-3} M^{-1} s^{-1} であった。この反応の活性化エネルギーを求めなさい。

解　答

（8-25）式に，$k_1 = 9.67 \times 10^{-5}$ M^{-1} s^{-1}，$k_2 = 1.16 \times 10^{-3}$ M^{-1} s^{-1}，$T_1 = 650$ K，$T_2 = 700$ K，$R = 8.314$ J mol^{-1} K^{-1} を代入すると，E_a = 188 kJ mol^{-1} となる。

8.5　触媒のはたらき

反応速度が非常に遅い反応に対して，ある物質 C を少量加えると速やかに反応が進行する場合がある。このとき，C は反応の前後で変化していない。この C のような物質を触媒（catalyst）という[1]。触媒は，反応の始まる前から反応系に存在しているが，反応物でも生成物でもないので化

1）触媒は，一般的には反応速度を速くする（正触媒）ことが役割であるが，逆に反応速度を遅くする（負触媒）役割もある。

学反応式には出てこない。これは，ある素反応で消費されるが，その後の素反応で再生されて元に戻るからである。代表的な反応における触媒を表 8-1 に示す。

表 8-1　化学工業における代表的な触媒

反　応	触　媒
$N_2 + 3\,H_2 \longrightarrow 2\,NH_3$	$Fe_3O_4 + Al_2O_3 + K_2O$
$2\,SO_2 + O_2 \longrightarrow 2\,SO_3$	V_2O_5
$CH_3OH + CO \longrightarrow CH_3COOH$	$Rh + I_2$
$n\,CH_2 = CH_2 \longrightarrow -(CH_2CH_2)_n-$	$TiCl_4 + Al(C_2H_5)_3$

なぜ，触媒の存在で反応速度が速くなるのであろうか。いま，一段階で起こる次の反応について考えてみよう。

$$A + B \longrightarrow A\cdots B \longrightarrow X + Y \qquad (8\text{–}26)$$
（活性化状態）

$$v_A = k[A][B]$$

この反応に触媒 C が存在すると，次のような反応が考えられる。

$$A + B + C \longrightarrow A\cdots C + B \longrightarrow (A\cdots B)\cdots C \longrightarrow X + Y + C$$
（中間体）　（活性化状態）　(8–27)

$$v_A = k'[A][B] \quad (k' > k)$$

A と C から中間体 A…C が生成し，そこに B が近づいて活性化状態 (A…B)…C になり，その後生成物 X と Y が得られると共に触媒 C が再生される。(8–26) 式の活性化状態と (8–27) 式の活性化状態は異なっているので，反応経路は別になり活性化エネルギーも異なっている。触媒によって反応速度定数が大きくなると，(8–24) 式からわかるように，活性

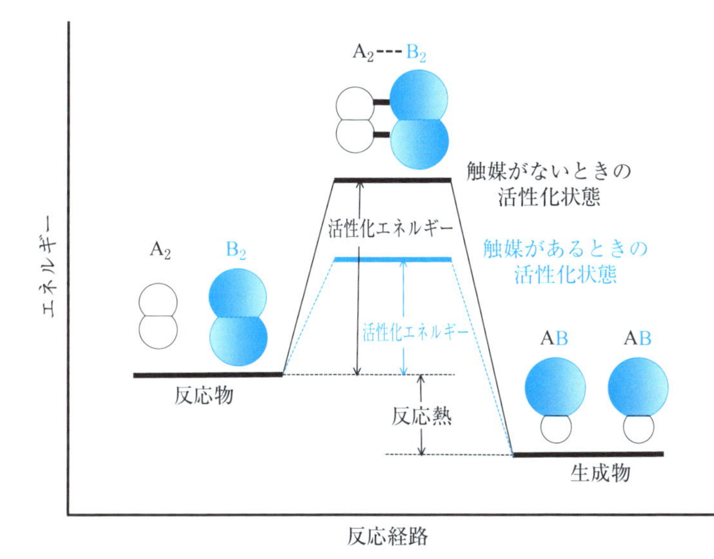

図 8-7　触媒による活性化エネルギーの変化

化エネルギーは小さくなる（図 8-7）。また，反応速度定数が同じになる温度は，触媒がある場合には低くなるので，穏やかな条件で反応を起こさせることができる。

触媒のはたらきは，反応の活性化エネルギーを低下させる新しい反応経路を作り出す点にある。したがって，触媒の存在によって反応時間の短縮あるいは反応温度の低下が可能になるので，化学工業にとって触媒は非常に重要な役割を果たしている。

酵素触媒反応

生体関連化学における反応として，酵素触媒反応は典型的な例である。その中で，酵素反応の機構を解明するうえで，最も基本的で重要な式がミカエリス－メンテン（Michaelis-Menten）式である。いま，反応物（基質という）をS，酵素（触媒）をE，生成物をPとすると，最も簡単な酵素触媒反応式は次式で表される。

$$\mathrm{S} + \mathrm{E} \underset{k_{-1}}{\overset{k_1}{\rightleftarrows}} \mathrm{ES} \xrightarrow{k_2} \mathrm{P} + \mathrm{E}$$

通常，酵素－基質複合体 ES の分解反応が律速段階であるので，この反応の速度は次の反応速度式で表される。

$$v = \frac{\mathrm{d[P]}}{\mathrm{d}t} = -\frac{\mathrm{d[ES]}}{\mathrm{d}t} = k_2\mathrm{[ES]}$$

また，ES は非常に小さい濃度でしか存在せず，その変化もわずかであるので，次式が適用できる。

$$\frac{\mathrm{d[ES]}}{\mathrm{d}t} = k_1\mathrm{[S][E]} - k_{-1}\mathrm{[ES]} - k_2\mathrm{[ES]} = 0$$

この式を変形すると

$$\mathrm{[ES]} = \frac{k_1\mathrm{[S][E]}}{k_{-1} + k_2} = \frac{\mathrm{[S][E]}}{K_\mathrm{M}} = \frac{\mathrm{[S][E]_0}}{K_\mathrm{M} + \mathrm{[S]}}$$

K_M：ミカエリス（Michaelis）定数

$\mathrm{[E]_0}$：酵素の初濃度 $\mathrm{[E]_0} = \mathrm{[E]} + \mathrm{[ES]}$

これを，ES の分解反応速度式に代入すると

$$v = k_2\mathrm{[ES]} = \frac{k_2\mathrm{[S][E]_0}}{K_\mathrm{M} + \mathrm{[S]}} = \frac{V_\mathrm{max}\mathrm{[S]}}{K_\mathrm{M} + \mathrm{[S]}}$$

この式がミカエリス－メンテン（Michaelis-Menten）式である。ここで，$V_\mathrm{max} = k_2\mathrm{[E]_0}$ であり最大速度である。

基質濃度 [S] が小さい場合，酵素は結合していない遊離型 E と酵素－基質複合体 ES の平衡状態にある。[S] を大きくすると，[E] が減少し [ES] が増大するので，平衡は右に傾く。このとき，反応速度は [ES] によって決まるので，[S] のわずかな変化でも反応速度が大きく変わり，[S] に比例することになる。

一方，［S］が大きくなると，酵素はすべてESになる。こうなると，反応速度は［S］が少し変化してもほとんど変わらなくなる。その様子を下図に示す。

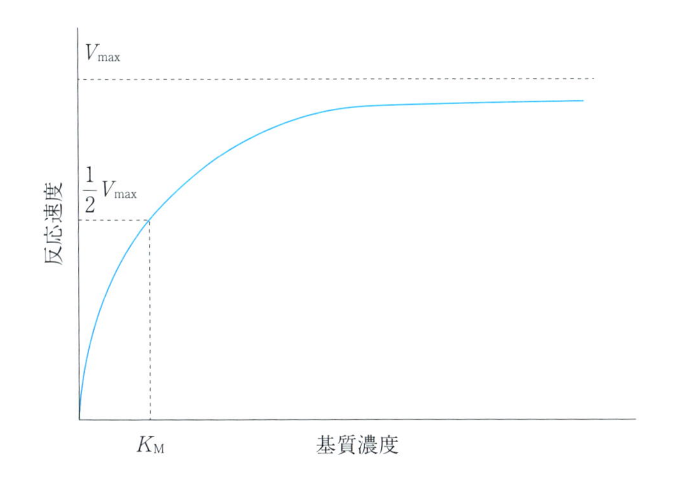

章末問題

1　A + B ⟶ P の反応速度式が，$v = k[A]^x[B]^y$ で示される。いま，［A］を一定にして［B］を2倍にすると反応速度は4倍になった。また，［B］を一定にして［A］を2倍にすると反応速度は2倍になった。x と y を求めなさい。

2　A ⟶ P の反応は一次反応であり，A の初濃度は 0.64 M，半減期は $t_{1/2} = 25$ s である。次の値を求めなさい。

(a) 50 秒後の A の濃度

(b) A の濃度が 0.10 M になるまでの時間

(c) 反応が 99.9%（ほぼ完結）まで進行するのに要する時間

3　ショ糖は，水溶液中では加水分解によってブドウ糖と果糖になる。27℃における各時間でのショ糖の濃度を測定したところ，次の結果を得た。

t/min	0	60	130	180
ショ糖の濃度 /M	1.000	0.807	0.630	0.531

この反応が一次反応であることを示し，反応速度定数と半減期を求めなさい。

4　一般に，反応が 99.9%進行した時点でその反応は完結したとみなすことができる。一次反応において，反応が 99.9%進行するのに要する時間は，半減期 $t_{1/2}$ の何倍になるかを答えなさい。

5　温度一定のもとで五酸化二窒素 N_2O_5 の分解反応を行った。各時間における N_2O_5 の分圧を測定したところ，次の結果を得た。

$2\,N_2O_5 \longrightarrow 4\,NO_2 + O_2$

t/s	600	1200	1800	2400	3000
N_2O_5 の分圧 /hPa	321	240	182	138	103

(a) この反応の反応次数と反応速度定数を求めなさい。

(b) N_2O_5 の分解反応は次の三段階の反応で進行する。

$N_2O_5 \longrightarrow N_2O_3 + O_2$

$N_2O_3 \longrightarrow NO_2 + NO$

$N_2O_5 + NO \longrightarrow 3\,NO_2$

反応次数が (a) の結果になった理由を説明しなさい。

6　温度が 25℃から 35℃に上昇すると，反応速度が 3.0 倍になるときの活性化エネルギーを求めなさい。

7　アセトアルデヒドの熱分解反応において，温度を変化させて反応速度定数 k を求めたところ，下表のようになった。

T/K	700	730	760	790	810	840	910	1000
k/M^{-1} s^{-1}	0.0110	0.0350	0.105	0.343	0.789	2.17	20.0	145

この反応における活性化エネルギー E_a と衝突因子 A を求めなさい。

8　次の反応において，反応速度は何によって変化したと考えられるかを答えなさい。

(a)　過酸化水素に二酸化マンガンを入れると，激しく反応して酸素が発生した。

(b)　過酸化水素を冷所に保存すると分解しにくい。

第9章　化学平衡

物質（反応物）を反応させると別の物質（生成物）ができる。このときの反応式は，「反応物 ⟶ 生成物」のように表される。この反応式は，「反応物がすべて生成物に変化する」と理解することができるが，実際には反応物の濃度と生成物の濃度が特定の値で一定になり，反応物がすべて生成物に変化するわけではない。この状態を化学平衡という。この化学平衡は，次章で扱われる酸と塩基の反応，沈殿反応および錯生成反応など，多くの化学反応を考える上で，極めて重要である。

本章では，まず化学平衡とはどんな状態であり，なぜそのようなことが起こるのかを理解し，次に化学平衡状態における各物質の濃度を平衡定数に基づいて算出する方法を理解し，最後に化学平衡状態を強制的に乱した後の化学反応の向きをルシャトリエの原理に基づいて理解する。

9.1　化学反応における濃度と時間の関係

第8章で学習したように，化学反応が起こるときには反応物と生成物の濃度が時々刻々と変化する。ここでは，もう一度化学反応を復習してみよう。

例えば，丈夫な容器にモル濃度 $[\mathrm{A}]_0$ の気体Aとモル濃度 $[\mathrm{B}]_0$ の気体Bを入れると，次の化学反応式に従って自発的に反応して気体Cが生成する場合を考える。

$$a\mathrm{A} + b\mathrm{B} \longrightarrow c\mathrm{C} \tag{9–1}$$

この反応が起こると，図9–1のように，AとBの濃度は減少しCの濃度は増加する。反応中の任意の時間 t におけるA，B，Cのモル濃度をそれぞれ $[\mathrm{A}]_t$，$[\mathrm{B}]_t$，$[\mathrm{C}]_t$ とすると，AとBの濃度減少量（$\varDelta[\mathrm{A}]_t$，$\varDelta[\mathrm{B}]_t$）とCの濃度増加量（$\varDelta[\mathrm{C}]_t$）は

$$\varDelta[\mathrm{A}]_t = [\mathrm{A}]_0 - [\mathrm{A}]_t \tag{9–2}$$

$$\varDelta[\mathrm{B}]_t = [\mathrm{B}]_0 - [\mathrm{B}]_t \tag{9–3}$$

$$\varDelta[\mathrm{C}]_t = [\mathrm{C}]_t \tag{9–4}$$

で表され，これらの値の比はいつでも

$$\varDelta[\mathrm{A}]_t : \varDelta[\mathrm{B}]_t : \varDelta[\mathrm{C}]_t = a : b : c \tag{9–5}$$

となる。

この化学反応によってAとBは最終的にすべて消費されるのではなく，図9–1のように，ある時間以上経過するとAとBのモル濃度が一定値（$[\mathrm{A}]_\infty$，$[\mathrm{B}]_\infty$）を示し，Cのモル濃度もそれに応じて一定値（$[\mathrm{C}]_\infty$）を

示す。この状態を化学平衡（chemical equilibrium）状態という。この状態になると，反応に関わる物質の濃度が変化しないので，化学反応が停止したようにみえるが，実際には化学反応の正反応と逆反応が同時に起こっており，その反応速度が等しい状態である。次の節では，化学平衡状態になると，反応に関わる物質の濃度が特定の値に収束する理由を化学熱力学の点から考える。

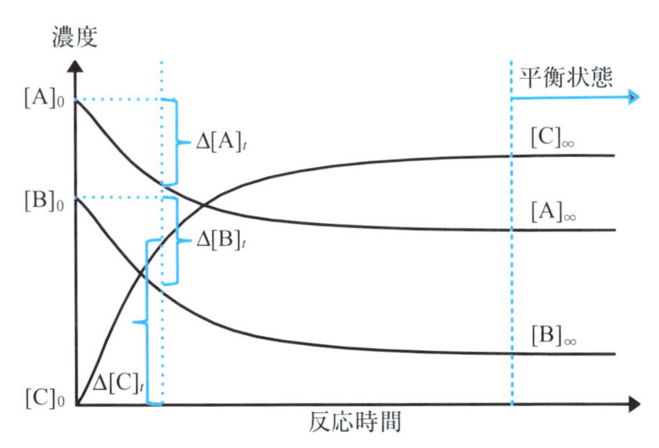

図 9-1　反応中における各物質の濃度の時間変化

例題 9-1　気体 A，B，C，D について，ゆっくり進む次の気体反応を考える。

$$2\,A + B \longrightarrow C + 3\,D$$

0.400 M の A と 0.800 M の B を反応させると，ある時間経過後に 0.090 M の D が得られた。このときの気体 A，B，C の濃度を求めなさい。

解　答

反応式の係数を考えると，2 mol の A と 1 mol の B が反応して消失して 1 mol の C と 3 mol の D が生成することがわかる。反応により生成した D の濃度が 0.090 M なので，その他の気体の濃度は次のように変化する。

A：(0.090/3) × 2 = 0.060 M の消失

B：(0.090/3) × 1 = 0.030 M の消失

C：(0.090/3) × 1 = 0.030 M の生成

したがって，A，B，C の濃度はそれぞれ以下のようになる。

A：0.400 − 0.060 = 0.340 M

B：0.800 − 0.030 = 0.770 M

C：0 + 0.030 = 0.030 M

9.2　化学平衡と化学熱力学

9.2.1　ギブズ自由エネルギー

質量 m の物体を，重力 mg（g：重力加速度）に逆らって h_0 から h の高さ（$h > h_0$）までつり上げると，重力の方向に自発的に移動（落下）しようとする。この現象をエネルギー論でとらえると,「物体の位置エネルギーは高さ h_0 のときに mgh_0，高さ h のときに mgh と表され，大きな位置エネルギー mgh を蓄えた物体は小さな位置エネルギー mgh_0 になるように移動する」と説明される。

化学反応も同じようにエネルギー論でとらえることができる。いま，反応容器に気体 A と B を入れると，次式の化学反応式に従って，気体 C と D が自発的に生成する反応を考える。

$$aA + bB \longrightarrow cC + dD \tag{9–6}$$

この反応が起こると，反応物 A，B の濃度は減少し，生成物 C，D の濃度は増加する。言い換えると，反応容器内の物質の組成（物質の種類とその濃度）が変化する。エネルギー論では，大きなエネルギーを小さなエネルギーにするように状態が自発的に変化すると考える。この反応の場合には，反応直前の反応容器に入れた A，B が持つ全エネルギーより反応直後の反応容器に存在する A，B，C，D が持つ全エネルギーの方が小さくなったと考えることができる。この全エネルギーのことを化学の分野ではギブズ自由エネルギー（Gibbs free energy）という。そこで，図 9–2 に反応容器内の物質のギブズ自由エネルギー G と物質の組成の関係を概略的に示した。横軸は反応時間の経過に伴う反応容器内の物質の組成の変化を示し，左端は反応直前の反応物のみの組成を，右端はすべての反応物が完全に反応したときの生成物のみの組成を表している。図 9–2（a）のようにギブズ自由エネルギーが反応の進行に対して単調に減少する反応の場合には，任意の反応時間の直前よりも直後のギブズ自由エネルギーの方が常に小さいので，反応は反応物が消失するまで進行する。また，図 9–2（b）のよ

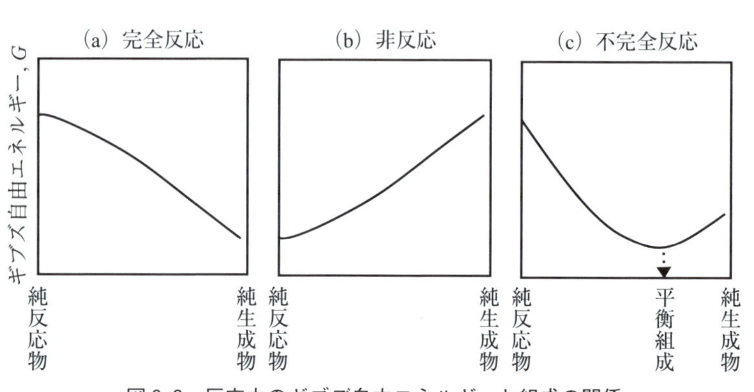

図 9–2　反応中のギブズ自由エネルギーと組成の関係

うに，ギブズ自由エネルギーが反応の進行に対して単調に増加する場合には，自発的な反応は起こらない。化学反応の中には，図 9–2（c）のように，反応直前のギブズ自由エネルギーより反応後のギブズ自由エネルギーの方が低く，自発的に反応が起こるが，ある組成に到達するとギブズ自由エネルギーが最小値を示し，反応がみかけ上停止して，その組成から変化しなくなるときがある。この状態を化学平衡状態と考えることができる。

9.2.2　化学ポテンシャル

任意の時間における反応容器内の物質の種類と濃度で決まるギブズ自由エネルギー G は，各物質の寄与の和として考えることができる。このとき，1 mol の物質 i が受けもつギブズ自由エネルギーを部分モルギブズ自由エネルギー G_i といい，化学ポテンシャル μ_i ともいう。したがって，各物質の化学ポテンシャルは，各物質に蓄えられているエネルギーを表し，その値が大きいほど反応を起こす能力が高いことを示す。物質 i の任意の状態の化学ポテンシャル μ_i は，標準状態の化学ポテンシャル μ_i° に反応容器内の全物質に対する物質 i の有効濃度である活量 a_i（単位なし）に関する補正項を加えて，次式で表される。

$$\mu_i = \mu_i^\circ + RT \ln a_i \tag{9–7}$$

ここで，R は気体定数，T は絶対温度である。標準状態は，0℃（273 K），1.013×10^5 Pa（1 atm）と高等学校で学んだが，実際には各学問分野で通常経験される状態が定義され，化学の分野では 25℃（298 K），1 bar（10^5 Pa），$a_i = 1$（1 M に相当：詳しくは後述参照）にすることが多い。

例題 9–2　標準状態にある物質 A の活量が元の 0.10 倍になったとき，化学ポテンシャルの変化量を求めなさい。

解　答

初期状態は標準状態なので，25℃（298 K），1 bar，$a = 1$ である。したがって，（9–7）式より

$$\mu（変化前）= \mu^\circ +（8.314 \times 298）\ln 1 = \mu^\circ$$

$$\mu（変化後）= \mu^\circ +（8.314 \times 298）\ln 0.10 = \mu^\circ - 5.70 \times 10^3$$

となるので，化学ポテンシャルの変化量は -5.70 kJ mol^{-1}

化学ポテンシャル

様々な物質の標準状態の化学ポテンシャル μ° の値は化学熱力学の教科書にリストアップされているので，是非参照してほしい。また，自然界で通常認められる状態の純物質の μ° は 0 J mol^{-1} と定義されている。例えば，炭素 C でもグラファイトの μ° は 0 J mol^{-1} であるが，ダイヤモンドの μ° は 2.9 kJ mol^{-1} であり，酸素 O_2 の μ° は 0 J mol^{-1} であるが，オゾン O_3 の μ° は 163.2 kJ mol^{-1} である。

元素X，Yから構成される化合物XYの生成反応を考えよう。

$$X + Y \longrightarrow XY$$

反応物X，Yが標準状態で混合されただけの場合のギブズ自由エネルギーは，後述するように

$$G^\circ\ (\text{反応系}) = \mu^\circ(X) + \mu^\circ(Y) = 0\ \mathrm{J\ mol^{-1}}$$

となる。一方，生成物XYだけが標準状態で存在する場合のギブズ自由エネルギーは化合物XYの標準状態におけるμ°になる。

$$G^\circ\ (\text{生成系}) = \mu^\circ(XY)$$

したがって，純物質から化合物を生成する反応の標準状態におけるギブズ自由エネルギー差（標準生成ギブズ自由エネルギー$\Delta_f G^\circ$という）は

$$\Delta_f G^\circ = G^\circ(\text{生成系}) - G^\circ(\text{反応系}) = \mu^\circ(XY)$$

となるので，化合物の化学ポテンシャル$\mu^\circ(XY)$は化合物の生成ギブズ自由エネルギー$\Delta_f G^\circ(XY)$ともよばれる。

9.2.3 熱力学値と平衡定数の関係

反応中の任意の時間における各物質の化学ポテンシャルの和は，そのときのギブズ自由エネルギーGであり，反応によるギブズ自由エネルギーの差$\Delta_r G$は，反応による生成物の増加に起因する化学ポテンシャルの増加分と反応物の減少に起因する化学ポテンシャルの減少分の和である次式で表される。

$$\begin{aligned}\Delta_r G &= (\Sigma \mu_i(\text{増加した生成物}) - (\Sigma \mu_j(\text{減少した反応物})) \\ &= (c\mu_C + d\mu_D) - (a\mu_A + b\mu_B) \qquad (9\text{–}8)\end{aligned}$$

(9–8) 式に (9–7) 式を代入して整理すると，次式を導くことができる。

$$\begin{aligned}\Delta_r G &= \{(c\mu_C{}^\circ + d\mu_D{}^\circ) - (a\mu_A{}^\circ + b\mu_B{}^\circ)\} + RT \ln \frac{a_C{}^c\, a_D{}^d}{a_A{}^a\, a_B{}^b} \\ &= \Delta_r G^\circ + RT \ln Q \qquad (9\text{–}9)\end{aligned}$$

この式の$\Delta_r G^\circ$は標準状態における反応によるギブズ自由エネルギー差であり，Qは反応商もしくは反応指数（reaction quotient）とよばれる。$\Delta_r G$が負の値を示すときには，反応物が生成物に変化した方がギブズ自由エネルギーを小さくできるので，正方向に反応が進むことがわかる。この状態は図9–2の曲線の接線の傾きが負になる組成に対応する。

図9–2 (c) を見ると，曲線の接線の傾きがゼロになる組成がある。この組成以上に反応物が生成物に変化すると，曲線の接線の傾きが正になり，逆方向に反応することになるので，この組成で反応はみかけ上停止し，化学平衡状態になる。平衡状態ならG（反応系）とG（生成系）が等しくなり，$\Delta_r G = 0$になるので，(9–9) 式に$\Delta_r G = 0$を代入して，QをKに書き換えると

$$K = \exp\left(\frac{-\Delta_r G^\circ}{RT}\right) \quad (9\text{–}10)$$

と表すことができる。このときのKを平衡定数（equilibrium constant）という。この式から，平衡定数は温度によって変化するが，反応に関わる物質の濃度に依存しないことがわかる。また，平衡定数Kは反応指数Qの平衡状態のときの表現なので，平衡状態のときの各物質の活量を用いて次式のように表すことができる。

$$K = \frac{{a_C}^c {a_D}^d}{{a_A}^a {a_B}^b} \quad (9\text{–}11)$$

また，活量の数値とモル濃度の数値が等しくなる（単位まで等しい訳ではない）条件では

$$a_i = [i] \quad (9\text{–}12)$$

が成立し

$$K = \frac{[C]^c [D]^d}{[A]^a [B]^b} \quad (9\text{–}13)$$

を満足するように，各物質の濃度が平衡状態の濃度になる。高校で学習した化学では，化学反応の種類によって，平衡定数に濃度のべき乗の単位がつくことがあったが，（9–11）式からわかるように，定義として，平衡定数は単位のない活量で表されるので，平衡定数には単位がない。（9–11）式および（9–13）式の関係を質量作用の法則（law of mass action）という。

例題 9–3　水素 H_2 0.200 mol，ヨウ素 I_2 0.200 mol，ヨウ化水素 HI 1.00 mol を 10.0 L の容器に入れ，400℃に保った。このときに起こる反応は可逆反応であり以下の式で表され，この温度での濃度平衡定数は K_c = 63.0 である。

$$H_2(g) + I_2(g) \rightleftharpoons 2\,HI(g)$$

(a) 平衡状態におけるこの反応のギブズ自由エネルギー差 $\Delta_r G$ を答えなさい。

(b) 初期状態における反応指数 Q を求めなさい。

(c) 初期状態から反応式のどちら向きに反応が進むかを，理由を含めて答えなさい。

解　答

(a) 平衡状態なので $\Delta_r G = 0\ \mathrm{J\ mol^{-1}}$

(b) 初期状態の各物質の濃度は以下のとおりである。

$$[H_2] = \frac{0.200}{10.0} = 0.0200\ \mathrm{M}$$

$$[I_2] = \frac{0.200}{10.0} = 0.0200\ \mathrm{M}$$

$$[HI] = \frac{1.00}{10.0} = 0.100\ \mathrm{M}$$

(9–9) 式より$Q = \dfrac{[HI]^2}{[H_2][I_2]} = 25.0$

(c) 初期状態のQの方が平衡状態の$K = 63.0$よりも小さいため，平衡状態に近づくように，Qを増加させる（[HI] を増加させ $[H_2]$ および $[I_2]$ を減少させる）方向である正方向に反応が進む。

活　量

活量とは混合物における反応に関して有効な濃度である。理想気体ではモル分率が活量に対応するので，活量に単位はない。また全圧に対する分圧の比（単位なし）も活量に相当する。水溶液のような物質間の相互作用が大きな混合物の場合には，モル分率と活量が一致しないが，希薄な条件ではある濃度までは濃度と活量が比例関係にある。そのため，基準濃度（通常 1 M）に対する使用濃度の比（単位なし）を活量と定義する。水溶液における水のような溶媒の活量は 1 とし，固体の活量も 1 とする。

9.2.4 平衡定数の熱力学的重要性

(9–10) 式は化学熱力学で重要な関係式の一つとされている。なぜなら，化学平衡時の反応に関わる物質の濃度がわかれば平衡定数Kが算出でき，その値から標準反応ギブズ自由エネルギー差を見積もることができる。逆に，化学反応式と各物質の標準化学ポテンシャルの値がわかれば，平衡定数を見積もることができ，化学平衡状態での各物質の平衡濃度を算出することができるからである。

例題 9–4 密閉容器内で水と水蒸気が標準状態で次に示す反応式のように平衡状態になっているときの平衡定数を求めなさい。ただし，標準状態の水と水蒸気の化学ポテンシャルは，それぞれ $-237.13\ \mathrm{kJ\ mol^{-1}}$ と $-228.57\ \mathrm{kJ\ mol^{-1}}$ である。

$$H_2O(l) \rightleftharpoons H_2O(g)$$

解　答

標準状態の反応ギブズ自由エネルギー差は次のように表される。

$$\Delta_r G^\circ = \mu^\circ(H_2O(g)) - \mu^\circ(H_2O(l)) = 8.56\ \text{kJ}$$

(9–10) 式より

$$K = \exp\left(-\frac{\Delta_r G^\circ}{RT}\right) = \exp\left(-\frac{8.56 \times 10^3}{8.314 \times 298}\right) = 3.16 \times 10^{-2}$$

9.3　平衡定数

9.3.1　平衡定数の重要性

平衡定数がわかると，前述したように，化学平衡状態に到達したときの反応物と生成物の濃度を計算で知ることができるほかに，全反応物のどの程度が反応するかについての定性的な情報を知ることができる。(9–13) 式を見ると，平衡定数が $K = 1.0 \times 10^2$ の場合は，生成物の濃度に関する項（$[C]^c[D]^d$）が反応物の濃度に関する項（$[A]^a[B]^b$）の 100 倍の大きさなので，反応が平衡状態に到達したときは，多くの生成物があることが理解できるであろう。また，$K = 1.0 \times 10^{-5}$ の場合は，反応が平衡状態に到達したときでも，反応物はほとんど反応せず，生成物はほとんど生成していないことがわかる。

平衡定数と反応速度

これまでは，化学熱力学から平衡定数と濃度の関係を解説したが，前述したように，平衡状態とは化学反応の正方向と逆方向の反応速度が等しくなった場合状態であり，決して反応が止まった状態を示しているわけではない。したがって，平衡定数は反応速度と関係があることを理解しよう。例えば，以下のように可逆的に反応する物質 A と物質 B を考えよう。

$$\mathrm{A} \longrightarrow \mathrm{B} \qquad (1)$$

$$\mathrm{A} \longleftarrow \mathrm{B} \qquad (2)$$

(1) 式は A の化学ポテンシャル μ_A より B の化学ポテンシャル μ_B が小さい場合であり，このときの B の生成速度 v_{Bf} が反応物 A の濃度 [A] に対して一次の関係であるときには次式が成立する。

$$v_{Bf} = k_f[A] \qquad (3)$$

ここで，k_f は正方向の反応速度定数である。一方，(2) 式は物質の化学ポテンシャルの大きさが逆の場合であり，このときの B の消費速度 v_{Bb} が反応物 B の濃度 [B] に対して一次の関係であるときには次式が成立する。

$$v_{Bb} = k_b[B] \qquad (4)$$

ここで，k_b は逆方向の反応速度定数である。A が反応を始めてからある時間 t が経過したときの A，B の濃度をそれぞれ $[A]_t$，$[B]_t$ とすると，そのときの B

の生成速度 v_{Bt} は（3）式と（4）式より，次式で表すことができる。

$$v_{Bt} = v_{Bf} - v_{Bb} = k_f[A]_t - k_b[B]_t \quad (5)$$

時間 t が経過してこの反応が進むと［A］$_t$ は減少して［B］$_t$ は増加するので，v_{Bt} はだんだん遅くなることがわかる。やがて到達する平衡状態では，正方向の反応速度と逆方向の反応速度が等しくなるので，いつまで経っても［A］$_t$ も［B］$_t$ も変化しなくなる。そのときの A，B の濃度をそれぞれ［A］$_\infty$，［B］$_\infty$とすると，(5) 式より，次式が成立する。

$$0 = k_f[A]_\infty - k_b[B]_\infty \quad (6)$$

この式から次式を導き出すことができる。

$$\frac{k_f}{k_b} = \frac{[B]_\infty}{[A]_\infty} = K \quad (7)$$

この式は，平衡定数は $K = \frac{k_f}{k_b}$ であることを示しており，K が大きいほど k_f が大きく k_b が小さい，すなわち正方向に反応が進みやすいこと，その結果として［A］$_\infty$よりも［B］$_\infty$が大きくなることを理解することができるであろう。

9.3.2 各種平衡定数

平衡定数は（9-11）式のように原則としては各物質の活量で定義されるが，実際には各物質の濃度に関連する物理量で定義されている。ここでは 3 種類の平衡定数があることを確認しよう。

(1) モル分率平衡定数

混合物中の特定物質 i の濃度を表す一つであるモル分率 x_i は混合物の全物質量 n に対する物質 i の物質量 n_i の比で表す。

$$x_i = \frac{n_i}{n} \quad (9\text{–}14)$$

したがって，(9-6) 式の反応が平衡状態に到達したときの各物質のモル分率で表した平衡定数をモル分率平衡定数 K_x といい，次式で表す。

$$K_x = \frac{{x_C}^c\,{x_D}^d}{{x_A}^a\,{x_B}^b} \quad (9\text{–}15)$$

(2) 濃度平衡定数

混合物中の特定物質 i の濃度を表す一つであるモル濃度［i］は混合物の体積 V に対する物質 i の物質量 n_i の比で表す。

$$[i] = \frac{n_i}{V} \quad (9\text{–}16)$$

したがって，(9-6) 式の反応が平衡状態に到達したときの各物質のモル濃度で表した平衡定数を濃度平衡定数 K_c といい，次式で表す。

$$K_c = \frac{[C]^c\,[D]^d}{[A]^a\,[B]^b} \quad (9\text{–}17)$$

(3)　圧平衡定数

温度 T，容積 V の密閉容器内に m 種類の理想気体が存在するとき，任意の気体物質 i（$i = 1, 2, 3, \cdots m$）には気体の状態方程式（ideal gas equation）が成立する。

$$p_i V = n_i RT \tag{9–18}$$

ここで，p_i と n_i はそれぞれ物質 i の分圧と物質量を，R は気体定数を示す。(9–18) 式と (9–16) 式より次式が導かれる。

$$p_i = \frac{n_i}{V}RT = [i]RT \tag{9–19}$$

この式より，混合物中の特定物質 i の分圧は混合物のモル濃度に関連する値なので，(9–6) 式の反応が平衡状態に到達したときの各物質の分圧で表した平衡定数を圧平衡定数 K_p といい，次式で示される。

$$K_p = \frac{{p_C}^c {p_D}^d}{{p_A}^a {p_B}^b} \tag{9–20}$$

例題 9–5　例題 9–4 で求めた平衡定数は圧平衡定数 K_p（= 0.0316）である。この値から，25℃で水と水蒸気が平衡状態になっているときの水蒸気の分圧を求めなさい。

解　答

反応式は次のとおりである。

$$H_2O(l) \rightleftarrows H_2O(g)$$

したがって，$K_p = 0.0316$ より

$$K_p = \frac{a_{H_2O(g)}}{a_{H_2O(l)}} = a_{H_2O(g)} = p_{H_2O(g)} = 0.0316\ \text{bar} = 3.16\ \text{kPa}$$

注意：$a_{H_2O(l)} = 1$，$a_{H_2O(g)} = \dfrac{p_{H_2O(g)}}{1\ \text{bar}}$，$1\ \text{bar} = 10^5\ \text{Pa}$

(4)　各平衡定数間の関係

温度 T，容積 V の密閉容器内に m 種類の理想気体が存在するとき，全圧 P と容器内の全物質量 n（$n = n_1 + n_2 + n_3 + \cdots + n_m$）との間に気体の状態方程式が成立する。

$$PV = nRT \tag{9–21}$$

さらに，全圧 P と各気体物質の分圧 p_i との間にはドルトンの分圧の法則（Dalton's law of partial pressure）が成立する。

$$P = p_1 + p_2 + p_3 + \cdots + p_m \tag{9–22}$$

以上のことから，モル分率 x_i に関して次の関係を導くことができる。

$$\frac{p_i}{P} = \frac{n_i}{n} = x_i \tag{9–23}$$

（9–23）式を（9–20）式に代入して，整理すると次式が得られる。

$$K_p = \frac{{x_C}^c {x_D}^d}{{x_A}^a {x_B}^b} \cdot P^{(c+d)-(a+b)}$$

$$= K_x P^{\Delta n} \qquad (9\text{–}24)$$

ここで，Δn は化学反応式における生成物と反応物の係数の差である。また，（9–19）式を（9–20）式に代入して，整理すると次式が得られる。

$$K_p = \frac{[C]^c [D]^d}{[A]^a [B]^b} \cdot (RT)^{(c+d)-(a+b)}$$

$$= K_c (RT)^{\Delta n} \qquad (9\text{–}25)$$

このように，理想気体の反応が平衡に到達しているのであれば，一つの平衡定数から別の平衡定数を算出することが可能である。逆に，平衡定数を使用するときに注意することは，平衡定数には3種類あるので，使用する平衡定数に関連する濃度の種類を知ることである。

9.4 ルシャトリエの原理

反応容器内で化学反応を起こし，平衡状態にある化学物質の混合物に対して，濃度，圧力，温度などを強制的に変化させると，その変化の影響を小さくするように反応が進む現象が起こる。この現象をルシャトリエ（Le Chatelier）の原理という。濃度，圧力，温度をそれぞれ変化させた場合の反応のようすを考えよう。

9.4.1 濃度の効果

（9–6）式に示した化学反応が平衡状態に到達しているときの各物質のモル濃度と濃度平衡定数との関係は，（9–17）式で表される。

$$aA + bB \rightleftarrows cC + dD \qquad (9\text{–}6)$$

$$K_c = \frac{[C]^c [D]^d}{[A]^a [B]^b} \qquad (9\text{–}17)$$

また，（9–10）式に示したように，温度が一定であればいずれの平衡定数も変化しない。したがって，平衡状態にある各物質から生成物Cをいくらか除去した場合，[C] が減少するが濃度平衡定数は変化しないので，（9–17）式を満足するように反応物の濃度 [A] もしくは [B] が減少し反応が正方向に進む。言い換えると，平衡状態にある物質から生成物Cを除去して平衡状態を乱すと，Cを減らさない（Cを増やす）ように反応が正方向に進み，新しい平衡状態に向かう。

9.4.2 圧力（全圧）の効果

（9–6）式に示した化学反応について，反応式の係数が

$$\Delta n = (c + d) - (a + b) > 0 \qquad (9\text{–}26)$$

の場合，反応が正方向に進むと物質 A，B がそれぞれ a〔mol〕，b〔mol〕減少し，物質 C，D がそれぞれ c〔mol〕，d〔mol〕増加するので，反応容器内の全物質の物質量は $\Delta n = (c + d) - (a + b)$〔mol〕増加する。このとき，反応容器の容積 V と温度 T が一定であれば，気体の状態方程式より，全圧 P が増加することになる。

そこで，(9–6) 式に示した化学反応が平衡状態に到達しているときに反応容器の全圧を上昇させて平衡状態を乱すと，全圧を低下させる（生成物の物質量を減少させる）ように反応が逆方向に進み，新しい平衡状態に向かう。

(9–6) 式に示した化学反応について，反応式の係数が

$$\Delta n = (c + d) - (a + b) = 0 \tag{9–27}$$

の場合，反応が正方向に進んでも逆方向に進んでも，反応容器内の全物質量は変化しない。その結果，平衡状態にある混合物の全圧を上昇させても，反応は正方向にも逆方向にも進まず，同じ平衡状態を維持する。

9.4.3　温度の効果

反応温度を変化させると，その反応の平衡定数が変化する。いま，平衡状態にある混合物の温度を変化させたときの反応の方向について考える。(9–6) 式が正方向に進むと発熱する反応であるとき，この反応が平衡状態に到達した後反応温度を上昇させると，温度を低下させるように反応は逆方向に進む。

平衡定数と温度の関係はすでに (9–10) 式に示したが，このときの標準反応ギブズ自由エネルギー差 $\Delta_r G^\circ$ は標準反応エンタルピー項 $\Delta_r H^\circ$ と標準反応エントロピー項 $-T\Delta_r S^\circ$ の和として表されるので，次式が導かれる。

$$K = \exp\left(-\frac{\Delta_r H^\circ - T\Delta_r S^\circ}{RT}\right)$$

$$\ln K = -\frac{\Delta_r H^\circ}{RT} + \frac{\Delta_r S^\circ}{R} \tag{9–28}$$

この式の両辺を微分すると，ファントホッフ（van't Hoff）の式が導かれる。

$$\mathrm{d}(\ln K) = \left(-\frac{\Delta_r H^\circ}{R}\right)\mathrm{d}\left(\frac{1}{T}\right) \tag{9–29}$$

この式から，反応が発熱反応（$\Delta_r H^\circ < 0$）の場合，平衡状態にある混合物の温度 T を上昇させると平衡定数 K が減少するために，(9–11) 式における右辺の分子（生成物の濃度の項）より分母（反応物の濃度の項）が大きくなるように反応が逆方向に進むことになる。

例題 9-6　水素 H_2，ヨウ素 I_2，ヨウ化水素 HI の間に起こる反応は，以下の式で表される可逆反応であり，発熱反応である。この反応が平衡状態に到達しているときに，以下の操作を行うと反応がどちらの向きに進むかを答えなさい。

$$H_2(g) + I_2(g) \rightleftarrows 2\ HI(g)$$

(a) $[I_2]$ を減少させる。
(b) 全圧を増加させる。
(c) 温度を上昇させる。

解　答

(a) 濃度平衡定数 $K_c = [HI]^2/[H_2][I_2]$ であり，$[I_2]$ を減少させると K_c が変化しないように，反応は [HI] が減少し $[H_2]$ が増加する方向である ⟵ 方向に進む。
(b) HI が 2 mol 生成すると，H_2 と I_2 が 1 mol ずつ消失するために，すべての物質の物質量の総和は変化しないので，反応が進行しても全圧が変化しない。したがって，全圧を変化させても反応はどちらにも進まない。
(c) 温度を上昇させると，温度上昇をさせない，すなわち吸熱反応が起こるように，反応は ⟵ 方向に進む。

章末問題

1　気体反応 A $\rightleftarrows$ B において，$\Delta_r G^\circ > 0$ であるとする。この反応が25℃で平衡状態に到達したとき，各気体の分圧 p_A と p_B のどちらが大きいかを，その理由と共に答えなさい。

2　気体 A，B，C，D に関する次の反応について考える。

$$A + 3\,B \rightleftarrows 2\,C + D$$

0.20 mol の A と 0.60 mol の B を混合して 25℃で平衡状態にさせると，全圧が 1 bar（bar = 10^5 Pa）で 0.15 mol の D を検出した。この状態における以下の値を求めなさい。

(a) C の物質量 n_C

(b) 各物質の分圧 p_A，p_B，p_C，p_D

(c) 圧平衡定数 K_p

(d) この反応の標準ギブズ自由エネルギー $\Delta_r G^\circ$

3　25℃において，1 mol の二酸化硫黄 SO_2 と 1 mol の酸素 O_2 を混合させると反応して三酸化硫黄 SO_3 を生成し，やがて平衡状態に到達する。ここで，各物質は気体であり，SO_2 および SO_3 の標準生成ギブズ自由エネルギーは以下のとおりである。

$$\Delta_f G^\circ(SO_2) = -300.19\ \mathrm{kJ\ mol^{-1}}$$

$$\Delta_f G^\circ(SO_3) = -371.06\ \mathrm{kJ\ mol^{-1}}$$

(a) この物質間の平衡反応式を書きなさい。

(b) この反応式の圧平衡定数 K_p を求めなさい。

(c) 平衡状態でより多く存在する硫黄化合物を答えなさい。

4　440℃において，ヨウ素 I_2，水素 H_2，ヨウ化水素 HI は気体であり，それらを混合させると次式の反応が起こり，平衡状態に到達する。

$$I_2 + H_2 \rightleftarrows 2\,HI$$

また，この反応の 440℃における圧平衡定数 K_p は 49.5 である。いま，0.500 dm^3 の容器の中に 0.0100 mol の HI を入れて 440℃で保持すると，上記反応が起こりやがて平衡状態に到達した。

(a) 濃度平衡定数 K_c を求めなさい。

(b) 平衡状態における各物質の濃度を求めなさい。

(c) この反応の 400℃における K_c は 63.0 であることから，この反応が発熱反応であるか，吸熱反応であるかを答えなさい。

5 五塩化リン PCl_5 は次のような分解反応をする。

$$PCl_5(g) \rightleftarrows PCl_3(g) + Cl_2(g)$$

最初，容積 V〔dm^3〕の容器の中に a〔mol〕の PCl_5 のみを入れると，上記反応が起こり，やがて平衡状態に到達した。そのとき検出された PCl_5 は（$a - x$）〔mol〕であった。

(a) この反応の濃度平衡定数 K_c を a，x，V で表しなさい。

(b) この反応の圧平衡定数 K_p を a，x，P（全圧）で表しなさい。ただし，すべて理想気体とする。

(c) この反応が平衡状態にあるとき，P（全圧）を大きくすると，反応がどちらに進むかを答えなさい。

第10章　酸と塩基の反応

酸と塩基については，小学校からすでにいろいろと学んできている。酸はリトマス紙を赤く変色させ，鉄や亜鉛などの金属を溶かして水素を発生させる。一方，塩基はリトマス紙を青く変色させ，酸と反応すると塩を生成して酸の性質を失わせるなど，酸とは相反する性質を示す。この酸と塩基は，化学を学ぶ上でも大切な基礎であり，身のまわりにおける日常生活から地球環境にまで関わっている。また，生体内反応や有機合成反応など広範囲の化学反応にも不可欠である。本章では，酸と塩基の定義，酸塩基の強さ，酸塩基平衡，塩の加水分解，緩衝溶液，中和滴定などについて学習する。

10.1　酸と塩基の定義

酸性や塩基性を示す物質は古くから知られていたが，酸（acid）と塩基（base）の水溶液中での電離について，明確な説明を与えたのはアレニウス（Arrhenius）[1]であり，1887年に「酸は水溶液中で電離して水素イオンH^+（オキソニウムイオンH_3O^+）を生じる物質であり，塩基とは水溶液中で電離して水酸化物イオンOH^-を生じる物質である」（アレニウスの定義）と定義した。一例として，塩酸，水酸化ナトリウム水溶液は次のように表される。

$$\text{酸：} HCl(+ H_2O) \longrightarrow H^+(H_3O^+) + Cl^- \quad (10\text{–}1)$$

$$\text{塩基：} NaOH \longrightarrow Na^+ + OH^- \quad (10\text{–}2)$$

$$\text{中和：} HCl + NaOH \longrightarrow NaCl + H_2O \quad (10\text{–}3)$$

このアレニウスの定義は，酸塩基反応の特徴である（10–3）式の中和反応で水が生成する（$H^+ + OH^- \longrightarrow H_2O$）ことを示すことができる。このように，水溶液中の酸と塩基の性質を説明するのには有用であるが，水溶液以外では適用できないので不十分な点がある。また，気相反応で塩化水素HClとアンモニアNH_3が反応すると，ただちに塩化アンモニウムNH_4Clが生じるのは酸塩基反応と考えられるが，気相反応であるので酸と塩基の区別をつけることができない。

$$HCl + NH_3 \longrightarrow NH_4Cl \quad (10\text{–}4)$$

その後，水以外の溶媒や気相中の反応にも酸と塩基の概念を適用できるように，1923年にブレンステッド（Brønsted）とローリー（Lowry）[2]がそれぞれ独立に次のような新しい酸と塩基を定義した。「酸は他の物質に水素イオンH^+を与えることのできる物質（プロトン供与体）であり，塩

1)

スヴァンテ・アレニウス
（スウェーデン，1859～1927）
物理化学の創始者の一人で，電解質溶液理論で1903年ノーベル化学賞，アレニウスの式，月のクレーターArrheniusなどに名を残している。

2) ヨハンス・ブレンステッド
（デンマーク，1879～1947）
コペンハーゲン大学の無機化学，物理化学の教授

トマス・マーティン・ローリー
（イギリス，1874～1936）
ケンブリッジ大学の物理化学の教授

基は他の物質からH^+を受け取ることのできる物質（プロトン受容体）である」（ブレンステッドの定義）。水溶液中のアンモニアNH_3は，このブレンステッドの定義では

$$NH_3 + H_2O \rightleftarrows NH_4^+ + OH^- \qquad (10\text{–}5)$$

となり，NH_3はH_2OからH^+を受け取ることができるので塩基である。なお，この反応においてH_2OはNH_3にH^+を与えることができるので酸となり，NH_4^+はOH^-にH^+を与えることができるので酸，OH^-はNH_4^+からH^+を受け取ることができるので塩基となる。一般に，酸をHA，塩基をBで表すと，酸と塩基の反応は次式で示される。

$$HA + B \rightleftarrows A^- + BH^+ \qquad (10\text{–}6)$$

このように，酸塩基反応はH^+の授受反応であり，反応に関与する物質の一方が酸としてはたらき，他方は必ず塩基としてはたらくことになる。このとき，HAとA^-，BとBH^+はお互い共役（conjugate）であるという。A^-は酸HAの共役塩基，BH^+は塩基Bの共役酸となる。ここで，H^+は水溶液中において水分子と結合したオキソニウムイオンH_3O^+の形で存在している。したがって，酸HAを水に溶解すると，水溶液中では次のような平衡が生じていることになる。

共役（H_2O – H_3O^+）

$$HA + H_2O \rightleftarrows A^- + H_3O^+ \qquad (10\text{–}7)$$

共役（HA – A^-）

この場合，H_2Oは塩基となる。このとき，A^-はHAの共役塩基，H_3O^+はH_2Oの共役酸である。同様に塩基Bでは次のようになる。

共役（H_2O – OH^-）

$$B + H_2O \rightleftarrows BH^+ + OH^- \qquad (10\text{–}8)$$

共役（B – BH^+）

この反応ではH_2Oは酸である。酢酸CH_3COOHとメチルアミンCH_3NH_2の水溶液は次のようになる。

$$CH_3COOH + H_2O \rightleftarrows CH_3COO^- + H_3O^+ \qquad (10\text{–}9)$$

酸　塩基　塩基　酸

$$CH_3NH_2 + H_2O \rightleftarrows CH_3NH_3^+ + OH^- \qquad (10\text{–}10)$$

塩基　酸　酸　塩基

ブレンステッドの定義では，ある物質は酸や塩基に固定されることはなく，同じ物質でも酸になったり塩基になったりし，酸塩基の概念を化学反応系にまで拡げることになった。この定義は水以外の溶媒に対しても適用できるため，溶液反応に広く適用されている。

ブレンステッドの定義による酸と塩基は，H^+の移動する系に限定しているが，H^+でなくても金属イオンで類似の反応が起こることはよく知られている。例えば，銀イオンAg^+はNH_3と反応して配位結合を形成する。

$$Ag^+ + 2\ {:}NH_3 \longrightarrow [Ag(NH_3)_2]^+ \quad (10\text{–}11)$$

このように，H^+の授受に基づくブレンステッドの定義よりももっと広義の酸と塩基の定義が，1923年にルイス（Lewis）[3]により提案された。「酸は他の物質から電子対を受け取ることができる物質（電子対受容体）であり，塩基は他の物質に電子対を供与することができる物質（電子対供与体）である」（ルイスの定義）。この定義によれば，（10–11）式と（10–12）式の反応で，Ag^+とH^+は酸でNH_3は塩基となる。

$$Ag^+ + 2\ {:}NH_3 \longrightarrow [Ag(NH_3)_2]^+ \quad (10\text{–}11)$$

酸　　塩基

$$H^+ + {:}NH_3 \longrightarrow NH_4^+ \quad (10\text{–}12)$$

酸　　塩基

このように，ルイスの定義は電子対を受け取って配位結合を形成する反応に酸塩基の概念を拡大した点に特徴がある。したがって，金属イオンやH^+のような電子不足の化学種は酸（ルイス酸），NH_3のような非共有電子対をもつ化学種は塩基（ルイス塩基）となる。

3) ギルバート・ニュートン・ルイス（アメリカ，1875～1946）
物理化学者で，共有結合の発見（ルイスの電子式），重水の単離，光子の命名などで知られる。

10.2　水の自己イオン化とpH

酸塩基反応における溶媒は主に水であるので，まず水の性質について考えてみよう。水はわずかに電離して，次のような電離平衡が成り立っている。

$$H_2O \rightleftarrows H^+ + OH^- \quad (10\text{–}13)$$

この電離平衡の平衡定数は（10–14）式で表される。

$$K = \frac{[H^+][OH^-]}{[H_2O]} \quad (10\text{–}14)$$

水の電離度はきわめて小さいため，電離した水の量は無視することができる。すなわち電離していない水のモル濃度［H_2O］は，全体の水のモル濃度に等しいと考えることができる。したがって，水の密度を1.00 g cm^{-3}とすると［H_2O］＝ 55.6 Mとなり，これは一定温度では一定である。このように，水のモル濃度は一定とみなすことができるため，（10–14）式は次のようになる。

$$K_w = K[H_2O] = [H^+][OH^-] \quad (10\text{–}15)$$

このK_wは水のイオン積（ion product of water）とよばれ，一定温度では一定である。また水だけでなく，水溶液中でも同様に一定である。しかしながら，温度が変化すると水のイオン積は変化する。（10–13）式の水の電離平衡は吸熱反応（ΔH = 56.8 kJ mol^{-1}）であるので，表10–1に示すように温度が高いほどK_wは大きくなる（ルシャトリエの原理）。一般的には，25℃の値の1.0×10^{-14}とすることが多い。

水溶液が酸性であるか塩基性であるかを示す尺度として水素イオン指数

pH を用いる。pH は水溶液中の水素イオン濃度 $[H^+]$ を用いて (10–16) 式で表される。

$$pH = -\log[H^+] \tag{10–16}$$

表 10–1 各温度における水のイオン積 K_w および中性の pH

t/℃	K_w	中性の pH
0	1.1×10^{-15}	7.48
15	4.5×10^{-15}	7.17
25	1.0×10^{-14}	7.00
50	5.5×10^{-14}	6.63
60	9.6×10^{-14}	6.51
100	5.0×10^{-13}	6.15

また，水酸化物イオン指数 pOH $(= -\log[OH^-])$ も用いられ，

$$pH + pOH = -\log K_w = pK_w \tag{10–17}$$

となる。したがって

中性の水溶液：$[H^+] = [OH^-] = \sqrt{K_w}$

酸性の水溶液：$[H^+] > [OH^-]$

塩基性の水溶液：$[H^+] < [OH^-]$

である。身のまわりの水溶液の pH を表 10–2 に示す。なお，水および水溶液の中性の pH が 7.00 というのは 25℃ の場合に限ってのことであり，温度が変化すれば pH は変化することに注意しよう（表 10–1）。$t < 25$℃ での中性は $pH > 7.00$ であり，$t > 25$℃ での中性は $pH < 7.00$ となる。

表 10–2 身のまわりの水溶液の pH

水溶液	pH
胃 液	1.8 ～ 2.0
レモン	2.0 ～ 3.0
オレンジジュース	3.1 ～ 3.4
しょう油	4.5 ～ 4.9
水道水	5.6 ～ 8.6
血 液	7.4
涙	8.2
海 水	8.3 ～ 8.4

10.3 酸塩基の強さ

水溶液中で強酸や強塩基はほとんど完全に電離しているので，平衡定数を考慮する必要はない。

$$HCl \longrightarrow H^+ + Cl^- \tag{10–18}$$

$$NaOH \longrightarrow Na^+ + OH^- \tag{10–19}$$

一方，水溶液中の弱酸や弱塩基は一部しか電離していない。ここで，電離する前の弱酸（弱塩基）の物質量に対する電離している弱酸（弱塩基）の

物質量の割合を電離度（degree of ionization）という。ブレンステッドの定義より，水溶液中の酸の強さは，酸 HA と H_2O から共役塩基 A^- と共役酸 H_3O^+ に電離する割合で表すことができる。

$$HA + H_2O \rightleftarrows H_3O^+ + A^- \quad (10\text{–}20)$$

この反応の平衡定数 K が大きいほど強い酸である。

$$K = \frac{[H_3O^+][A^-]}{[HA][H_2O]} \quad (10\text{–}21)$$

$[H_2O]$ は一定とみなせるので，(10–22) 式が成立する。

$$K[H_2O] = K_a = \frac{[H_3O^+][A^-]}{[HA]} \quad (10\text{–}22)$$

ここで，K_a を酸解離定数（acid dissociation constant）という。また，K_a の逆数の常用対数 pK_a（$= -\log K_a$）で表す場合もある。これは $[H^+]$ と pH の関係と同様であり，水中の酸の強さは K_a 値が大きいほど，また pK_a 値が小さいほど強い。

同様に，水溶液中の塩基の強さは，塩基 B と H_2O から共役酸 BH^+ と共役塩基 OH^- に電離する割合で表すことができる。

$$B + H_2O \rightleftarrows BH^+ + OH^- \quad (10\text{–}23)$$

この反応の平衡定数 K が大きいほど強い塩基である。

$$K[H_2O] = K_b = \frac{[BH^+][OH^-]}{[B]} \quad (10\text{–}24)$$

ここで，K_b を塩基解離定数（base dissociation constant）という。また，K_b の逆数の常用対数 pK_b（$= -\log K_b$）で表す場合もある。水中の塩基の強さは K_b 値が大きいほど，また pK_b 値が小さいほど強い。表 10–3 と表 10–4 にいくつかの弱酸の酸解離定数 K_a と弱塩基の塩基解離定数 K_b を示す。

表 10–3　弱酸の酸解離定数 K_a

弱　酸		K_a	pK_a
ギ　酸	HCOOH	2.9×10^{-4}	3.54
酢　酸	CH_3COOH	1.7×10^{-5}	4.77
プロピオン酸	C_2H_5COOH	2.4×10^{-5}	4.62
モノクロロ酢酸	$ClCH_2COOH$	2.2×10^{-3}	2.66
トリクロロ酢酸	CCl_3COOH	3.5×10^{-1}	0.46
フッ化水素酸	HF	2.1×10^{-3}	2.68
シュウ酸	$(COOH)_2$	5.4×10^{-2}	1.27
		5.4×10^{-5}	4.27
硫化水素	H_2S	8.5×10^{-8}	7.07
		6.3×10^{-13}	12.20
リン酸	H_3PO_4	7.1×10^{-3}	2.15
		6.3×10^{-8}	7.20
		4.2×10^{-13}	12.38
フェノール	C_6H_5OH	1.0×10^{-10}	10.00

表 10-4 弱塩基の塩基解離定数 K_b

弱塩基		K_b	pK_b
アンモニア	NH_3	1.8×10^{-5}	4.74
メチルアミン	CH_3NH_2	3.2×10^{-4}	3.49
エチルアミン	$CH_3CH_2NH_2$	4.6×10^{-4}	3.34
ジメチルアミン	$(CH_3)_2NH$	1.0×10^{-3}	3.00
トリメチルアミン	$(CH_3)_3N$	8.1×10^{-5}	4.09
アニリン	$C_6H_5NH_2$	4.6×10^{-10}	9.34

酸や塩基の強さは，その共役塩基や共役酸の強さに関連する。酸 HA とその共役塩基 A^- について考えてみよう。HA の酸解離定数 K_a は（10–22）式で表される。一方，A^-の塩基解離定数 K_b は（10–26）式となる。

$$A^- + H_2O \rightleftharpoons HA + OH^- \tag{10–25}$$

$$K_b = \frac{[HA][OH^-]}{[A^-]} \tag{10–26}$$

（10–22）式と（10–26）式より，

$$K_a K_b = [H_3O^+][OH^-] = K_w \tag{10–27}$$

$$pK_a + pK_b = pK_w = 14.00\ (25℃) \tag{10–28}$$

となる。塩基 B とその共役酸 BH^+の関連性も同様に誘導できる。したがって，酸（塩基）とその共役塩基（共役酸）の関係は，酸の酸性（塩基の塩基性）が強くなれば，その共役塩基の塩基性（共役酸の酸性）は弱くなる。例えば

$CH_3COOH \rightleftharpoons H^+ + CH_3COO^-$　$pK_a = 4.77$

$HCOOH \rightleftharpoons H^+ + HCOO^-$　$pK_a = 3.54$

酸の強さ：$CH_3COOH < HCOOH$

共役塩基の強さ：$CH_3COO^- > HCOO^-$

である。このように，弱酸・弱塩基の強さは酸解離定数 K_a や塩基解離定数 K_b の値から判断できる。では，強酸・強塩基の強さはどうであろうか。水溶液中での強酸 HA は，ほぼ完全に電離している。

$$HA + H_2O \longrightarrow H_3O^+ + A^- \tag{10–29}$$

このように水溶液中では，水の共役酸である H_3O^+よりも強い酸は，すべて H_3O^+に置き換わって存在するので，強酸の強さは同じになってしまう。この現象を水平化効果（leveling effect）という。塩基に関しても同様であり，強塩基の強さはすべて OH^-の塩基性の強さまで水平化されるので，やはり強塩基の強さは同じになってしまう。強酸や強塩基の強さの違いを明らかにするためには水以外の溶媒中で比較する必要がある。例えば，氷酢酸中では強酸の強さの違いが明確になり，過塩素酸 $HClO_4$ ＞塩酸 HCl ＞硝酸 HNO_3 の順に酸性が弱くなる。

10.4 酸の水溶液

10.4.1 強酸の水溶液

水溶液中において強酸HAは完全に電離しているので，HAのモル濃度をc_{HA}とすると，通常扱う濃度では

$$[H^+] = c_{HA} \qquad (10\text{–}30)$$

となる。しかしながら，ごく低濃度のHAの場合には水の電離を考慮する必要があり，(10–30) 式が成り立たなくなる。厳密な取り扱いについて考えてみよう。

$$HA \longrightarrow H^+ + A^- \qquad (10\text{–}31)$$

$$H_2O \rightleftarrows H^+ + OH^- \qquad (10\text{–}13)$$

HAのモル濃度c_{HA}，$K_w = [H^+][OH^-]$を用いると，次式が成り立つ。

$$[A^-] = c_{HA} \qquad (10\text{–}32)$$

$$[H^+] = [A^-] + [OH^-] = c_{HA} + \frac{K_w}{[H^+]} \qquad (10\text{–}33)$$

(10–33) 式を整理すると二次方程式が得られる。

$$[H^+]^2 - c_{HA}[H^+] - K_w = 0 \qquad (10\text{–}34)$$

HAのモル濃度c_{HA}を変化させて (10–34) 式から$[H^+]$を計算したところ，$c_{HA} > 10^{-6}$ Mでは$[H^+] = c_{HA}$となった。すなわち，強酸ではpH < 6において水の電離による$[OH^-]$は無視できることになる。

例題10–1 25℃における1.0×10^{-3} Mおよび1.0×10^{-8} Mの塩酸のpHを求めなさい。

解　答

1.0×10^{-3} Mの場合：$[H^+] = 1.0 \times 10^{-3}$ M，pH = 3.00

1.0×10^{-8} Mの場合：(10–34) 式より，$[H^+] = 1.0 \times 10^{-7}$ M，pH = 7.00

10.4.2 弱酸の水溶液

水溶液中の弱酸の電離は，弱酸のモル濃度と酸解離定数K_aの大きさで決まる。いま，弱酸HAについて厳密に取り扱う場合，強酸と同じように次の (10–35) 式と (10–13) 式を考慮する必要がある。

$$HA \rightleftarrows H^+ + A^- \qquad (10\text{–}35)$$

$$H_2O \rightleftarrows H^+ + OH^- \qquad (10\text{–}13)$$

ここで未知濃度の数が4個（[HA]，$[A^-]$，$[H^+]$，$[OH^-]$）あるために，$[H^+]$に関して三次方程式を解かなければならない。これは非常に複雑になるため，ここでは酸性水溶液 (pH < 6) で$[OH^-]$は無視できる ((10–13) 式は無視) 場合について考えてみよう。HAのモル濃度をc_{HA}，電離度をαとすると

$$[\mathrm{HA}] = c_{\mathrm{HA}} - [\mathrm{H^+}] = c_{\mathrm{HA}}(1 - \alpha) \tag{10–36}$$

$$[\mathrm{H^+}] = [\mathrm{A^-}] = c_{\mathrm{HA}}\,\alpha \tag{10–37}$$

となる。したがって，HA の酸解離定数 K_a は（10–38）式で表される。

$$K_a = \frac{[\mathrm{H^+}][\mathrm{A^-}]}{[\mathrm{HA}]} = \frac{[\mathrm{H^+}]^2}{c_{\mathrm{HA}} - [\mathrm{H^+}]} = \frac{(c_{\mathrm{HA}}\,\alpha)^2}{c_{\mathrm{HA}}(1 - \alpha)} = \frac{c_{\mathrm{HA}}\,\alpha^2}{1 - \alpha} \tag{10–38}$$

これより，次の二次方程式が得られ，その解から［H^+］や α が求められる。

$$[\mathrm{H^+}]^2 + K_a[\mathrm{H^+}] - K_a\,c_{\mathrm{HA}} = 0 \tag{10–39}$$

$$c_{\mathrm{HA}}\,\alpha^2 + K_a\,\alpha - K_a = 0 \tag{10–40}$$

酢酸 CH_3COOH における電離度 α と濃度 c の関係は図 10–1 のようになり，c が大きくなると α は小さくなる。

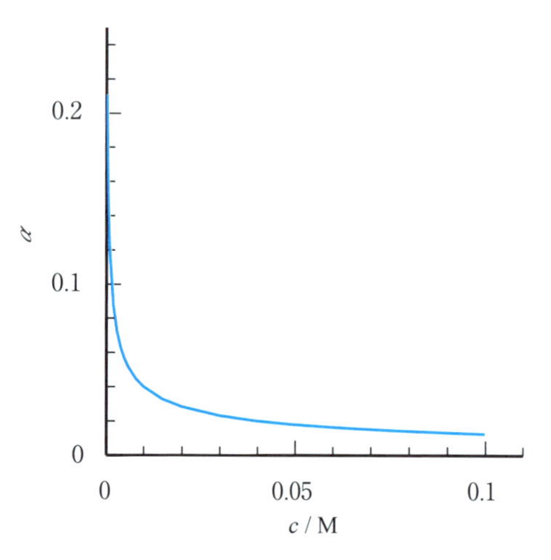

図 10–1　CH_3COOH の電離度

また，［H^+］≪ c_{HA} あるいは $\alpha \ll 1$ の条件では次式で近似できる。

$$[\mathrm{H^+}] = \sqrt{K_a\,c_{\mathrm{HA}}} \tag{10–41}$$

$$\alpha = \sqrt{\frac{K_a}{c_{\mathrm{HA}}}} \tag{10–42}$$

この時の弱酸 HA の pH は（10–43）式で表される。

$$\mathrm{pH} = \frac{1}{2}(\mathrm{p}K_a - \log c_{\mathrm{HA}}) \tag{10–43}$$

例題 10–2　25℃における 1.0×10^{-3} M の酢酸の pH を求めなさい。酢酸の pK_a は 4.77 である。

解　答

（10–43）式より，pH = 3.88

10.5　塩基の水溶液

10.5.1　強塩基の水溶液

水溶液中において強塩基BOHは完全に電離しているので，BOHのモル濃度をc_{BOH}とすると，通常扱う濃度では

$$[OH^-] = c_{BOH} \tag{10–44}$$

となる。しかしながら，ごく低濃度のBOHの場合には水の電離を考慮する必要があり，(10–44) 式が成り立たなくなる。厳密な取り扱いについて考えてみよう。

$$BOH \longrightarrow B^+ + OH^- \tag{10–45}$$

$$H_2O \rightleftarrows H^+ + OH^- \tag{10–13}$$

BOHのモル濃度c_{BOH}，$K_w = [H^+][OH^-]$を用いると，次式が成り立つ。

$$[B^+] = c_{BOH} \tag{10–46}$$

$$[OH^-] = [B^+] + [H^+] = c_{BOH} + \frac{K_w}{[OH^-]} \tag{10–47}$$

(10–47) 式を整理すると二次方程式が得られる。

$$[OH^-]^2 - c_{BOH}[OH^-] - K_w = 0 \tag{10–48}$$

BOHのモル濃度c_{BOH}を変化させて (10–48) 式から$[OH^-]$を計算したところ，$c_{BOH} > 10^{-6}$ Mでは$[OH^-] = c_{BOH}$となった。すなわち，強塩基ではpOH < 6 (pH > 8) において水の電離による$[H^+]$は無視できることになる。

例題 10-3　25℃における1.0×10^{-3} Mおよび1.0×10^{-8} Mの水酸化ナトリウム水溶液のpHを求めなさい。

解　答

1.0×10^{-3} Mの場合：$[OH^-] = 1.0 \times 10^{-3}$ Mであるので，pOH = 3.00

pH + pOH = 14.00より，pH = 11.00

1.0×10^{-8} Mの場合：(10–48) 式より，$[OH^-] = 1.0 \times 10^{-7}$ M，pOH = 7.00

pH + pOH = 14.00より，pH = 7.00

10.5.2　弱塩基の水溶液

水溶液中の弱塩基の電離は，弱塩基のモル濃度と塩基解離定数K_bの大きさで決まる。いま，弱塩基BOHについて厳密に取り扱う場合，強塩基と同じように次の (10–49) 式と (10–50) 式を考慮する必要がある。

$$BOH \rightleftarrows B^+ + OH^- \tag{10–49}$$

$$H_2O \rightleftarrows H^+ + OH^- \tag{10–13}$$

ここで未知濃度の数が4個 ([BOH]，$[B^+]$，$[H^+]$，$[OH^-]$) あるために，

$[OH^-]$ に関して三次方程式を解かなければならない。これは非常に複雑になるため，ここでは塩基性水溶液（pOH < 6）で $[H^+]$ は無視できる（(10–13) 式は無視）場合について考えてみよう。BOH のモル濃度を c_{BOH}，電離度を α とすると

$$[BOH] = c_{BOH} - [OH^-] = c_{BOH}(1 - \alpha) \qquad (10\text{–}50)$$

$$[OH^-] = [B^+] = c_{BOH}\,\alpha \qquad (10\text{–}51)$$

となる。したがって，BOH の塩基解離定数 K_b は（10–52）式で表される。

$$K_b = \frac{[B^+][OH^-]}{[BOH]} = \frac{[OH^-]^2}{c_{BOH} - [OH^-]} = \frac{(c_{BOH}\,\alpha)^2}{c_{BOH}(1-\alpha)} = \frac{c_{BOH}\,\alpha^2}{1-\alpha} \qquad (10\text{–}52)$$

これより，次の二次方程式が得られ，その解から $[OH^-]$ や α が求められる。

$$[OH^-]^2 + K_b[OH^-] - K_b\,c_{BOH} = 0 \qquad (10\text{–}53)$$

$$c_{BOH}\,\alpha^2 + K_b\,\alpha - K_b = 0 \qquad (10\text{–}54)$$

また，$[OH^-] \ll c_{BOH}$ あるいは $\alpha \ll 1$ の条件では次式で近似できる。

$$[OH^-] = \sqrt{K_b\,c_{BOH}} \qquad (10\text{–}55)$$

$$\alpha = \sqrt{\frac{K_b}{c_{BOH}}} \qquad (10\text{–}56)$$

この時の弱塩基 BOH の pH は（10–57）式で表される。

$$pH = pK_w - \frac{1}{2}(pK_b - \log c_{BOH}) \qquad (10\text{–}57)$$

例題 10–4　25℃における 1.0×10^{-3} M のアンモニア水の pH を求めなさい。アンモニアの pK_b は 4.74 である。

解　答

（10–57）式より，pH = 10.13

酸性雨

汚染されていないきれいな雨水の pH はいくらであろうか。pH 7.0 ではなく，およそ pH 5.6 である。これは，地球の大気中にはおよそ 0.036% の二酸化炭素 CO_2 が存在しているためである。CO_2 は，水に溶けると弱酸である炭酸 H_2CO_3 となり，次式の電離平衡を示す。

$$H_2CO_3 \rightleftarrows H^+ + HCO_3^- \qquad K_{a1} = 4.5 \times 10^{-7}$$

$$HCO_3^- \rightleftarrows H^+ + CO_3^{2-} \qquad K_{a2} = 4.6 \times 10^{-11}$$

$K_{a1} \gg K_{a2}$ であるので，共通イオン効果のため HCO_3^- の電離は抑制され，pH は H_2CO_3 の電離のみで決まる。その結果，きれいな雨水の pH は，およそ 5.6 を示すことになる。したがって，酸性雨というのは，一般的に pH 5.6 以下の雨のことをいう。

酸性雨の原因としては，自動車の排ガス中の窒素酸化物 NO_x や，石油に含まれる硫黄分が燃焼によって生成する硫黄酸化物 SO_x が雨水に溶け，最終的には強酸の硝酸 HNO_3 や硫酸 H_2SO_4 になる。

酸性雨が頻繁に降ると，植物や動物に影響を及ぼすことは容易に理解できるであろう。この酸性雨のような地球環境を改善することは，将来の研究者や技術者，特に化学者の重要な役割になるであろう。

10.6　塩の水溶液

強酸と強塩基から生じる塩（salt）の水溶液は中性を示すが，弱酸と強塩基から生じる塩の水溶液は塩基性，強酸と弱塩基から生じる塩の水溶液は酸性を示す。なぜこのような違いが現れるのかを，それぞれの代表的な例として，塩化ナトリウム NaCl，酢酸ナトリウム CH_3COONa，塩化アンモニウム NH_4Cl について考えてみよう。一般的に塩は強電解質であるので，これらの塩を水に溶解すると，三つの塩はすべてが完全に電離する。

$$NaCl \longrightarrow Na^+ + Cl^- \tag{10–58}$$

$$CH_3COONa \longrightarrow Na^+ + CH_3COO^- \tag{10–59}$$

$$NH_4Cl \longrightarrow NH_4^+ + Cl^- \tag{10–60}$$

電離で生じた Na^+ は強塩基 NaOH の共役酸，Cl^- は強酸 HCl の共役塩基であるので，共に非常に弱い酸や塩基となり，NaCl の水溶液は中性を示すことになる。一方，CH_3COO^- は弱酸 CH_3COOH の共役塩基，NH_4^+ は弱塩基 NH_3 の共役酸であるので，比較的塩基性や酸性が強く，溶媒である水と次のような電離平衡が起こる。

$$CH_3COO^- + H_2O \rightleftarrows OH^- + CH_3COOH \tag{10–61}$$

$$NH_4^+ + H_2O \rightleftarrows H_3O^+ + NH_3 \tag{10–62}$$

したがって，CH_3COONa の水溶液は塩基性，NH_4Cl の水溶液は酸性を示すことになる。これを**塩の加水分解**（hydrolysis of salt）とよぶ。(10–61) 式と (10–62) 式の電離平衡について，それぞれ次のような電離定数を考えることができる。

$$K_h = K[H_2O] = \frac{[CH_3COOH][OH^-]}{[CH_3COO^-]} = \frac{K_w}{K_a} \tag{10–63}$$

$$K_h = K[H_2O] = \frac{[H_3O^+][NH_3]}{[NH_4^+]} = \frac{K_w}{K_b} \tag{10–64}$$

ここで，K_h を**加水分解定数**（hydrolysis constant）といい，K_a の小さい弱酸の塩あるいは K_b の小さい弱塩基の塩ほど K_h は大きくなり，加水分解が起こりやすいことがわかる。また，それぞれの式から CH_3COONa および NH_4Cl の水溶液の pH を計算することができる。いま，CH_3COONa のモル濃度を c_A，NH_4Cl のモル濃度を c_B とし，$[OH^-] \ll c_A$，$[H^+] \ll c_B$ の条件では，CH_3COONa の水溶液の pH は（10–65）式，NH_4Cl の水溶液の pH は（10–66）式で表される。

$$\mathrm{pH} = \frac{1}{2}(\mathrm{p}K_\mathrm{w} + \mathrm{p}K_\mathrm{a} + \log c_\mathrm{A}) \tag{10–65}$$

$$\mathrm{pH} = \frac{1}{2}(\mathrm{p}K_\mathrm{w} - \mathrm{p}K_\mathrm{b} - \log c_\mathrm{B}) \tag{10–66}$$

例題 10–5 25℃における 1.0×10^{-2} M CH_3COONa 水溶液および NH_4Cl 水溶液の pH を求めなさい。酢酸の $\mathrm{p}K_\mathrm{a}$ は 4.77，アンモニアの $\mathrm{p}K_\mathrm{b}$ は 4.74 である。

解　答

1.0×10^{-2} M CH_3COONa 水溶液：（10–65）式より，pH = 8.38

1.0×10^{-2} M NH_4Cl 水溶液：（10–66）式より，pH = 5.63

10.7 緩衝溶液

純水に少量の酸や塩基を加えると pH は大きく変化するのに対し，弱酸とその塩の混合水溶液や弱塩基とその塩の混合水溶液に，同様に少量の酸や塩基を加えても pH はわずかしか変化しない。また，純水で希釈しても pH は変化しない。これを緩衝作用（buffer action）といい，この緩衝作用を示す水溶液を緩衝溶液（buffer solution）という。

いま，モル濃度 c_HA の弱酸 HA とモル濃度 c_NaA の塩 NaA の混合水溶液を考えてみよう。NaA は水に溶かすと完全に電離し，HA は一部が電離する。

$$\mathrm{NaA} \longrightarrow \mathrm{Na^+} + \mathrm{A^-} \tag{10–67}$$

$$\mathrm{HA} \rightleftarrows \mathrm{H^+} + \mathrm{A^-} \tag{10–68}$$

このとき，この混合水溶液では（10–67）式で生じた A^- によって，HA のみの水溶液よりも HA の電離は抑制されることになる（ルシャトリエの原理）。この効果を共通イオン効果（common-ion effect）という。したがって，HA と A^- の平衡濃度［HA］と［A^-］は次式で近似できる。

$$[\mathrm{HA}] = c_\mathrm{HA} \tag{10–69}$$

$$[\mathrm{A^-}] = c_\mathrm{NaA} \tag{10–70}$$

これらを HA の酸解離定数に代入すると，次式が得られる。

$$K_\mathrm{a} = \frac{[\mathrm{H^+}][\mathrm{A^-}]}{[\mathrm{HA}]} = \frac{[\mathrm{H^+}]c_\mathrm{NaA}}{c_\mathrm{HA}} \tag{10–71}$$

$$[\mathrm{H^+}] = K_\mathrm{a}\frac{c_\mathrm{HA}}{c_\mathrm{NaA}} \tag{10–72}$$

（10–72）式の両辺の対数をとると

$$\mathrm{pH} = \mathrm{p}K_\mathrm{a} + \log \frac{c_\mathrm{NaA}}{c_\mathrm{HA}} \qquad (10\text{–}73)$$

この式をヘンダーソン式という[4]。(10–73) 式を用いて，弱酸とその塩からなる緩衝溶液の pH を計算することができる。この式からわかるように，緩衝溶液を水で希釈しても ($c_\mathrm{NaA}/c_\mathrm{HA}$) は変化しないので，pH は一定である。また，少量の酸や塩基を加えても pH はわずかしか変化しないことは，例題 10–6 に示す。

4) ヘンダーソン式 ((10–73) 式) で，対数の中は弱酸の塩と弱酸の濃度比であるので，濃度の代わりにそれぞれの物質量を用いてもよい。

例題 10–6　25℃において 0.10 M 酢酸ナトリウムと 0.10 M 酢酸の混合水溶液が 100 cm^3 ある。酢酸の pK_a は 4.77 である。(a) この緩衝溶液の pH を求めなさい。(b) この緩衝溶液に 1.0 M 塩酸を 1.0 cm^3 添加した時の pH を求めなさい。(c) この緩衝溶液に 1.0 M 水酸化ナトリウム水溶液を 1.0 cm^3 添加した時の pH を求めなさい。(d) 純水 100 cm^3 に 1.0 M 塩酸を 1.0 cm^3 あるいは 1.0 M 水酸化ナトリウム水溶液を 1.0 cm^3 添加した時の pH を求め，(b) と (c) の結果と比較しなさい。

解　答

(a) (10–73) 式より，pH = 4.77

(b) 塩酸 HCl を添加すると，次式の反応が起こる。

$$\mathrm{CH_3COONa + HCl \longrightarrow CH_3COOH + NaCl}$$

添加した HCl の物質量だけ CH_3COONa は減少し，CH_3COOH は増加する。

HCl の物質量：1.0×10^{-3} mol

CH_3COONa の物質量：1.0×10^{-2} mol $-$ 1.0×10^{-3} mol $= 9.0 \times 10^{-3}$ mol

CH_3COOH の物質量：1.0×10^{-2} mol $+$ 1.0×10^{-3} mol $= 1.1 \times 10^{-2}$ mol

1.0 M HCl 1.0 cm^3 を添加したので，体積は 101 cm^3 となる。

CH_3COONa の濃度：8.9×10^{-2} M

CH_3COOH の濃度：1.1×10^{-1} M

したがって，(10–73) 式より，pH = 4.68

(c) 水酸化ナトリウム NaOH を添加すると，次式の反応が起こる。

$$\mathrm{CH_3COOH + NaOH \longrightarrow CH_3COONa + H_2O}$$

添加した NaOH の物質量だけ CH_3COONa は増加し，CH_3COOH は減少する。以下，(b) の場合と同様に計算すると，pH = 4.86

(d) 1.0 M HCl 1.0 cm^3 を添加すると，$[H^+] = 9.9 \times 10^{-3}$ M となるので，pH = 2.00

1.0 M NaOH 1.0 cm^3 を添加すると，$[OH^-] = 9.9 \times 10^{-3}$ M となるので，pH = 14.00 − 2.00 = 12.00

このように，純水に同じだけの HCl あるいは NaOH を添加すると，大きく pH が変化する。一方，緩衝溶液では，それぞれの pH の変化は 0.09 だけである。

同様に，弱塩基とその塩からなる緩衝溶液について考えてみよう。いま，モル濃度 c_{BOH} の弱塩基 BOH とモル濃度 c_{BCl} の塩 BCl の混合水溶液がある。BCl は水に溶かすと完全に電離し，BOH は一部が電離する。

$$\mathrm{BCl} \longrightarrow \mathrm{B^+} + \mathrm{Cl^-} \qquad (10\text{–}74)$$

$$\mathrm{BOH} \rightleftarrows \mathrm{B^+} + \mathrm{OH^-} \qquad (10\text{–}75)$$

このとき，この混合水溶液では（10–74）式で生じた B^+ の共通イオン効果で，BOH のみの水溶液よりも BOH の電離は抑制されることになる（ルシャトリエの原理）。したがって，BOH と B^+ の平衡濃度［BOH］と［B^+］は次式で近似できる。

$$[\mathrm{BOH}] = c_{\mathrm{BOH}} \qquad (10\text{–}76)$$

$$[\mathrm{B^+}] = c_{\mathrm{BCl}} \qquad (10\text{–}77)$$

これらを BOH の塩基解離定数に代入すると，次式が得られる。

$$K_{\mathrm{b}} = \frac{[\mathrm{B^+}][\mathrm{OH^-}]}{[\mathrm{BOH}]} = \frac{[\mathrm{OH^-}]c_{\mathrm{BCl}}}{c_{\mathrm{BOH}}} \qquad (10\text{–}78)$$

$$[\mathrm{OH^-}] = K_{\mathrm{b}}\frac{c_{\mathrm{BOH}}}{c_{\mathrm{BCl}}} \qquad (10\text{–}79)$$

（10–79）式の両辺の対数をとり，$\mathrm{pH} + \mathrm{pOH} = \mathrm{p}K_{\mathrm{w}}$ から次式が得られる。

$$\mathrm{pH} = \mathrm{p}K_{\mathrm{w}} - \mathrm{p}K_{\mathrm{b}} - \log\frac{c_{\mathrm{BCl}}}{c_{\mathrm{BOH}}} \qquad (10\text{–}80)$$

（10–80）式を用いて，弱塩基とその塩からなる緩衝溶液の pH を計算することができる。

例題 10–7 25℃において，0.10 M アンモニア水と 0.10 M 塩化アンモニウムの混合水溶液が 100 $\mathrm{cm^3}$ ある。アンモニアの $\mathrm{p}K_{\mathrm{b}}$ は 4.74 である。(a) この緩衝溶液の pH を求めなさい。(b) この緩衝溶液に 1.0 M 塩酸を 1.0 $\mathrm{cm^3}$ 添加した時の pH を求めなさい。(c) この緩衝溶液に 1.0 M 水酸化ナトリウム水溶液を 1.0 $\mathrm{cm^3}$ 添加した時の pH を求めなさい。

解 答

例題 10–6 と同様に考える。

(a)（10–80）式より，$\mathrm{pH} = 14.00 - 4.74 = 9.26$

(b) 塩酸 HCl を添加すると，次式の反応が起こる。

$$\mathrm{NH_3} + \mathrm{HCl} \longrightarrow \mathrm{NH_4Cl}$$

添加した HCl の物質量だけ NH_3 は減少し，NH_4Cl は増加する。

HCl の物質量：1.0×10^{-3} mol

NH_3 の物質量：1.0×10^{-2} mol － 1.0×10^{-3} mol ＝ 9.0×10^{-3} mol

NH_4Cl の物質量：1.0×10^{-2} mol ＋ 1.0×10^{-3} mol ＝ 1.1×10^{-2} mol

1.0 M HCl 1.0 cm^3 を添加したので，体積は 101 cm^3 となる。

NH_3 の濃度：8.9×10^{-2} M

NH_4Cl の濃度：1.1×10^{-1} M

したがって，(10–80) 式より，pH ＝ 9.17

(c) 水酸化ナトリウム NaOH を添加すると，次式の反応が起こる。

$$NH_4Cl + NaOH \longrightarrow NH_3 + NaCl + H_2O$$

添加した NaOH の物質量だけ NH_3 は増加し，NH_4Cl は減少する。

以下，(b) の場合と同様に計算すると，pH ＝ 9.35

10.8 中和滴定（酸塩基滴定）

一定量の濃度のわからない酸（塩基）の水溶液に，塩基（酸）の標準水溶液を徐々に滴下し，中和するまでに要した体積から酸（塩基）の濃度を求める方法を中和滴定（酸塩基滴定）(neutralization titration) という。その時の滴下した標準水溶液と pH の関係を示す図を滴定曲線 (titration curve) という。滴定曲線は実験によって求められるが，これまでに学習した種々の水溶液（例えば，強酸，弱酸，塩，緩衝溶液など）の pH の計算方法によって求めることができる。強酸を強塩基で滴定する場合の pH 変化は，残っている強酸（中和点前）や過剰の強塩基（中和点後）が完全に電離するので，その濃度から容易に計算できる。なお，滴定では標準溶液を滴下するごとに溶液の体積が増加することに注意しよう。

10.8.1 強塩基による弱酸の中和滴定

0.100 M の弱酸 HA（酸解離定数 K_a）20.0 cm^3 を 0.100 M の NaOH 水溶液で中和滴定する場合を考えてみよう（例：0.100 M CH_3COOH を 0.100 M NaOH 水溶液で中和滴定する)。

(1) 中和点前

① 滴定開始前：0.100 M の弱酸 HA の pH を計算する。
$[H^+] \ll 0.100$ M とする。

$$pH = \frac{1}{2}(pK_a - \log c_{HA}) \tag{10–43}$$

② 滴定開始～中和点前：HA とその塩 NaA を含む緩衝溶液の pH を計算する。

$$pH = pK_a + \log \frac{c_{NaA}}{c_{HA}} \tag{10–73}$$

(2) 中和点

塩 NaA の pH を計算する。

$$pH = \frac{1}{2}(pK_w + pK_a + \log c_A) \quad (10\text{–}65)$$

(3) 中和点後

過剰の NaOH 水溶液から pH を計算する。

0.100 M CH_3COOH 20.0 cm^3 を 0.100 M NaOH 水溶液で中和滴定したときの滴定曲線を図 10–2 に示す。この図には強塩基による強酸の中和滴定である，0.100 M HCl 20.0 cm^3 を 0.100 M NaOH 水溶液で中和滴定したときの滴定曲線も示してある。

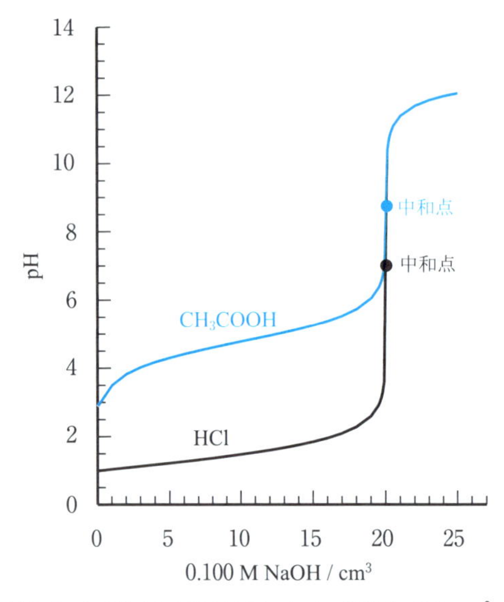

図 10–2 0.100 M CH_3COOH および HCl 20.0 cm^3 の 0.100 M NaOH 水溶液による中和の滴定曲線

10.8.2 強酸による弱塩基の中和滴定

0.100 M の弱塩基 BOH（塩基解離定数 K_b）20.0 cm^3 を 0.100 M の HCl 水溶液で中和滴定する場合を考えてみよう（例：0.100 M NH_3 水溶液を 0.100 M HCl 水溶液で中和滴定する）。

(1) 中和点前

① 滴定開始前：0.100 M の弱塩基 BOH の pH を計算する。

[OH^-] ≪ 0.100 M とする。

$$pH = pK_w - \frac{1}{2}(pK_b - \log c_{BOH}) \quad (10\text{–}57)$$

② 滴定開始～中和点前：BOH とその塩 BCl を含む緩衝溶液の pH を計算する。

$$\mathrm{pH} = \mathrm{p}K_\mathrm{w} - \mathrm{p}K_\mathrm{b} - \log \frac{c_\mathrm{BCl}}{c_\mathrm{BOH}} \tag{10–80}$$

(2) 中和点

塩 BCl の pH を計算する。

$$\mathrm{pH} = \frac{1}{2}(\mathrm{p}K_\mathrm{w} - \mathrm{p}K_\mathrm{b} - \log c_\mathrm{BCl}) \tag{10–66}$$

(3) 中和点後

過剰の HCl 水溶液から pH を計算する。

10.8.3 酸塩基（pH）指示薬

中和滴定の終点を知るためには，中和点付近で色の変化する酸塩基（pH）指示薬（acid-base indicator）が用いられる。このような指示薬はそれ自身が弱酸あるいは弱塩基であり，その共役塩基あるいは共役酸が異なる色を呈するものである（表 10–5）。酸型の指示薬を HQ，その共役塩基を Q^- とし，HQ の酸解離定数を $K_\mathrm{a}(\mathrm{HQ})$ とすると

$$\mathrm{HQ} \rightleftarrows \mathrm{H^+} + \mathrm{Q^-} \qquad K_\mathrm{a}(\mathrm{HQ}) = \frac{[\mathrm{H^+}][\mathrm{Q^-}]}{[\mathrm{HQ}]}$$

指示薬の変色する pH 範囲は変色域（indicator range）といい，およそ $\mathrm{p}K_\mathrm{a}(\mathrm{HQ}) \pm 1$ である。なお，指示薬自身が酸や塩基であるため，多量に加えると誤差を与えることになるので，加える指示薬の量は必要最小限の量にとどめるようにすべきである。

表 10–5　主な酸塩基（pH）指示薬とその変色域

指示薬	変色域（pH）	色調の変化（酸性←→塩基性）
メチルオレンジ	3.1 ～ 4.4	赤←→黄
メチルレッド	4.2 ～ 6.3	赤←→黄
ブロモチモールブルー	6.0 ～ 7.6	黄←→青
フェノールレッド	6.4 ～ 8.2	黄←→赤
フェノールフタレイン	8.3 ～ 10.0	無色←→赤
チモールフタレイン	9.3 ～ 10.5	無色←→青

章末問題

1　次の反応を完成させ，ブレンステッドの酸と塩基を示しなさい。

（例）$HF + H_2O \rightleftarrows H_3O^+ + F^-$
　　　酸　　塩基　　酸　　塩基

（a）$HCOOH + H_2O \rightleftarrows$（　　　）＋（　　　）

（b）$CH_3NH_2 + H_2O \rightleftarrows$（　　　）＋（　　　）

（c）$CH_3COO^- + H_2O \rightleftarrows$（　　　）＋（　　　）

（d）$NH_4^+ + H_2O \rightleftarrows$（　　　）＋（　　　）

2　次の水溶液の pH を求めなさい。ただし，水のイオン積は $K_w = 1.0 \times 10^{-14}$ である。

（a）2.5×10^{-2} M 塩酸

（b）5.5×10^{-3} M 水酸化ナトリウム水溶液

（c）6.6×10^{-2} M ギ酸（$K_a = 2.9 \times 10^{-4}$）

（d）3.5×10^{-3} M アンモニア水（$K_b = 1.8 \times 10^{-5}$）

3　0.10 M の弱酸 HX の電離度は 0.042 である。次の問いに答えなさい。

（a）0.10 M HX の pH を求めなさい。

（b）HX の酸解離定数 K_a を求めなさい。

（c）電離度が 0.025 となる HX のモル濃度を求めなさい。

4　次の各水溶液を混合した時の pH を求めなさい。

（a）pH 1.00 の強酸 0.10 dm^3 と pH 3.00 の強酸 0.10 dm^3

（b）pH 2.00 の強酸 0.40 dm^3 と pH 11.00 の強塩基 0.40 dm^3

（c）pH 1.00 の強酸 0.20 dm^3 と pH 14.00 の強塩基 0.10 dm^3

5　0.500 g の酢酸 CH_3COOH を含む水溶液 60.0 cm^3 の pH を求めなさい。ただし，CH_3COOH の酸解離定数は $K_a = 1.7 \times 10^{-5}$ である。

6　0.25 M NH_4Cl 水溶液の pH を求めなさい。ただし，NH_3 の塩基解離定数は $K_b = 1.8 \times 10^{-5}$ である。

7　次の組み合せのうち緩衝溶液になるものを選びなさい。

（a）$CH_3COONa + CH_3COOH$　　（b）$NH_4Cl + NH_3$

（c）$HCl + NaCl$　　（d）$NaOH + HCl$

（e）$NaOH + CH_3COOH$（物質量比 1：1）

（f）$NH_3 + HCl$（物質量比 2：1）

(g) CH_3COOH + NaOH（物質量比 2：1）

8　緩衝溶液に関する次の問いに答えなさい。ただし，CH_3COOH の酸解離定数は $K_a = 1.7 \times 10^{-5}$ である。

(a) 0.10 M CH_3COOH と 0.20 M CH_3COONa からなる緩衝溶液の pH を求めなさい。

(b) (a) の緩衝溶液 50.0 cm^3 に水 50.0 cm^3 を加えたときの pH を求めなさい。

(c) (a) の緩衝溶液 50.0 cm^3 に 1.0 M HCl 1.0 cm^3 を加えたときの pH を求めなさい。

(d) (a) の緩衝溶液 50.0 cm^3 に 1.0 M NaOH 1.0 cm^3 を加えたときの pH を求めなさい。

9　0.20 M CH_3COOH 50.0 cm^3 を 0.20 M NaOH 標準水溶液で中和滴定する。次の条件における pH を求めなさい。ただし，CH_3COOH の酸解離定数は $K_a = 1.7 \times 10^{-5}$ である。

(a) 滴定前

(b) 0.20 M NaOH 標準水溶液 25.0 cm^3 を滴下したとき

(c) 0.20 M NaOH 標準水溶液 50.0 cm^3 を滴下したとき

(d) 0.20 M NaOH 標準水溶液 60.0 cm^3 を滴下したとき

10　ある指示薬の酸性型 HQ は赤色，塩基性型 Q^- は青色である。この指示薬を使い，ある溶液が赤色（HQ を 75% 含む）から青色（Q^- を 75% 含む）に変えるのに pH をいくら変化させる必要があるか求めなさい。ただし，HQ の酸解離定数は $K_a = 3.0 \times 10^{-5}$ である。

第 11 章　沈殿反応と錯生成反応

酸塩基反応以外の溶液内化学反応として，沈殿反応と錯生成反応がある。沈殿反応は溶解度の小さい生成物（難溶性塩）の生成反応であり，錯生成反応は金属イオンと配位子から生じる錯体の生成反応である。沈殿反応と錯生成反応も酸塩基反応と同様に，溶液内の化学平衡状態を考慮する場合が多いので，本章でそれらの定量的な取り扱いを学習する。

11.1　沈殿反応

11.1.1　溶解度積

溶液中に難溶性塩の沈殿が存在していると，その難溶性塩はわずかに溶けて電離し，その溶液は難溶性塩の構成成分である陽イオンと陰イオンが存在する飽和溶液になっている。塩化銀 AgCl の場合，固体の AgCl(s) とわずかに溶けて電離した Ag^+ と Cl^- が平衡状態にある。

$$AgCl(s) \rightleftarrows Ag^+ + Cl^- \tag{11-1}$$

平衡状態において，溶解反応（⟶）と沈殿反応（⟵）の速度は等しいので，イオンのモル濃度 $[Ag^+]$ と $[Cl^-]$ は一定温度では一定の値をとる。なお，これらのイオンのモル濃度は，存在する AgCl(s) の量には無関係である。この平衡状態は，平衡定数 K を用いて（11-2）式で表される。

$$K = \frac{[Ag^+][Cl^-]}{[AgCl(s)]} \tag{11-2}$$

ここで，$[Ag^+]$ と $[Cl^-]$ は AgCl(s) のモル溶解度（溶解度をモル濃度で表したもの）に依存するが，AgCl(s) の量には依存しないので，[AgCl(s)] を K と一緒にして新しい定数 K_{sp} を定義する。

$$K_{sp} = K[AgCl(s)] = [Ag^+][Cl^-] \tag{11-3}$$

この K_{sp} を AgCl の溶解度積（solubility product）という。イオンのモル濃度の積 $[Ag^+][Cl^-]$ と K_{sp} の関係は次のようになる。

$[Ag^+][Cl^-] < K_{sp}$　　AgCl の沈殿は生成しない

$[Ag^+][Cl^-] = K_{sp}$　　AgCl の沈殿は生成しない（飽和溶液）

$[Ag^+][Cl^-] > K_{sp}$　　AgCl の沈殿が生成する

一般的に難溶性塩 M_mX_n の溶解度積 K_{sp} は次のようになる。

$$M_mX_n(s) \rightleftarrows mM^{n+} + nX^{m-} \tag{11-4}$$

$$K_{sp} = [M^{n+}]^m\ [X^{m-}]^n \tag{11-5}$$

（11-4）式と（11-5）式より，難溶性塩のモル溶解度がわかっていれば，

その K_{sp} を計算することができ，逆に K_{sp} がわかっていれば，難溶性塩のモル溶解度が求められることになる。K_{sp} は，一定温度では難溶性塩に固有の値である。25℃における難溶性塩の溶解度積 K_{sp} の値を表11–1に示す。

表11–1　難溶性塩の溶解度積 K_{sp}

難溶性塩	化学式	K_{sp}	難溶性塩	化学式	K_{sp}
塩化銀	$AgCl$	1.7×10^{-10}	塩化銅（Ⅰ）	$CuCl$	1.7×10^{-7}
臭化銀	$AgBr$	4.3×10^{-13}	ヨウ化銅（Ⅰ）	CuI	1.3×10^{-12}
ヨウ化銀	AgI	8.5×10^{-17}	水酸化銅（Ⅱ）	$Cu(OH)_2$	1.3×10^{-20}
硫化銀	Ag_2S	1.0×10^{-48}	硫化銅（Ⅱ）	CuS	1.3×10^{-36}
炭酸バリウム	$BaCO_3$	2.6×10^{-9}	水酸化鉄（Ⅱ）	$Fe(OH)_2$	4.1×10^{-15}
硫酸バリウム	$BaSO_4$	1.1×10^{-10}	水酸化鉄（Ⅲ）	$Fe(OH)_3$	3.2×10^{-40}
フッ化カルシウム	CaF_2	4.9×10^{-11}	フッ化鉛	PbF_2	7.9×10^{-8}
炭酸カルシウム	$CaCO_3$	5.0×10^{-9}	水酸化鉛	$Pb(OH)_2$	1.4×10^{-20}
硫酸カルシウム	$CaSO_4$	3.7×10^{-5}	硫酸鉛	$PbSO_4$	3.5×10^{-8}
シュウ酸カルシウム	CaC_2O_4	2.6×10^{-9}	硫化鉛	PbS	7.1×10^{-28}
水酸化カルシウム	$Ca(OH)_2$	7.9×10^{-6}	硫化亜鉛	ZnS	4.0×10^{-22}

例題11–1　塩化銀 $AgCl$ は純水 $1\ dm^3$ に 1.9×10^{-3} g溶解する。$AgCl$ の溶解度積 K_{sp} を求めなさい。なお，溶解する $AgCl$ の質量はわずかであるので，体積変化はないものとする。

解　答

$AgCl$ のモル質量：$143.4\ g\ mol^{-1}$　　$AgCl$ の溶解度：$1.9 \times 10^{-3}\ g\ dm^{-3}$

$$AgCl(s) \rightleftarrows Ag^+ + Cl^-$$

$$[Ag^+] = [Cl^-] = \frac{1.9 \times 10^{-3}\ g\ dm^{-3}}{143.4\ g\ mol^{-1}} = 1.3 \times 10^{-5}\ M$$

$$K_{sp} = [Ag^+][Cl^-] = 1.7 \times 10^{-10}$$

例題11–2　フッ化カルシウム CaF_2 の溶解度積は $K_{sp} = 4.9 \times 10^{-11}$ である。CaF_2 のモル溶解度を求めなさい。

解　答

$$CaF_2(s) \rightleftarrows Ca^{2+} + 2\,F^-$$

CaF_2 のモル溶解度を s〔M〕とすると，$[Ca^{2+}] = s$，$[F^-] = 2\,s$

$$K_{sp} = [Ca^{2+}][F^-]^2 = 4\,s^3 = 4.9 \times 10^{-11}$$

$$s = (1.2 \times 10^{-11}\ M^3)^{1/3} = 2.3 \times 10^{-4}\ M$$

11.1.2　難溶性塩の溶解度に影響を及ぼす因子

難溶性塩のモル溶解度は，温度や溶液の条件（共通イオンの存在，pHなど）によって影響を受ける。ここでは，共通イオン効果とpHの影響によってモル溶解度がどのように変化するのかを考えてみよう。

(1) 共通イオン効果

難溶性塩のモル溶解度に対する他のイオンの影響は重要である。溶解度積は一定値であるので，一方のイオンの濃度が増加すると他方のイオンの濃度は減少することになる。例えば，塩化銀 AgCl の飽和溶液に塩化ナトリウム NaCl を加えると，沈殿が生じて溶解度積に基づいて銀イオン濃度が減少する。これは，塩化物イオン Cl^- の添加による共通イオン効果で，AgCl のモル溶解度が純水中よりも減少するためである。もう少し定量的な取り扱いを考えてみよう。

AgCl が溶解平衡にある。

$$AgCl(s) \rightleftharpoons Ag^+ + Cl^- \qquad (11\text{–}1)$$

ここに NaCl を加えると，Cl^- の濃度が大きくなるのでルシャトリエの原理より平衡は←―に移動する。いま，純水中の AgCl のモル溶解度を s〔M〕とすると

$$K_{sp} = [Ag^+][Cl^-] = s^2 \qquad (11\text{–}6)$$

x〔M〕の NaCl 水溶液中の AgCl のモル溶解度を s'〔M〕とすると

$$K_{sp} = [Ag^+][Cl^-] = s'(s' + x) \qquad (11\text{–}7)$$

$x \gg s'$ では，s'〔M〕は次式で近似できる。

$$s' = \frac{K_{sp}}{x} \qquad (11\text{–}8)$$

ここで，$s' < s$ となるので，NaCl 存在下では効果的に Ag^+ を沈殿させることができる[1)]。

(2) pH の効果

難溶性塩から電離した陰イオンが弱酸の陰イオンである場合，水溶液の pH によって沈殿した難溶性塩のモル溶解度が変化する。一方，強酸の陰イオンであれば pH の影響を受けずモル溶解度は一定である。

難溶性塩 MA_n のモル溶解度と弱酸である一塩基酸 HA について考えてみよう。MA_n の沈殿平衡および HA の酸塩基平衡は次式で表される。

$$MA_n(s) \rightleftharpoons M^{n+} + nA^- \qquad (11\text{–}9)$$

$$HA \rightleftharpoons H^+ + A^- \qquad (11\text{–}10)$$

ここで，$[A^-]$ と $[HA]$ の和を c_A とする。

$$c_A = [A^-] + [HA] \qquad (11\text{–}11)$$

このうち，電離している A^- の濃度の割合を r とすると

$$r = \frac{[A^-]}{c_A} = \frac{[A^-]}{[A^-] + [HA]} = \frac{K_a}{K_a + [H^+]} \qquad (11\text{–}12)$$

K_a：HA の酸解離定数

(11–12) 式より，$[H^+]$ が大きい（pH が小さい）ほど r は小さくなる。また，MA_n の K_{sp} は次のように表される。

$$K_{sp} = [M^{n+}][A^-]^n = [M^{n+}](r\,c_A)^n \qquad (11\text{–}13)$$

1) 沈殿によっては，その沈殿の陽イオンが過剰に存在する相手の陰イオンと反応し，水溶性の化合物（錯イオンという）を生成することに注意しなければならない。AgCl の場合，塩化物イオン濃度が 10^{-3} M 以下ではほとんど影響を受けないが，0.3 M になると純水中のモル溶解度とほとんど同じになる（共通イオン効果を考慮すると，(11–8) 式から AgCl のモル溶解度は 5.7×10^{-10} M と計算される。純水中では 1.3×10^{-5} M である）。これは，塩化物イオン濃度が 0.3 M では AgCl 以外に水溶性の錯イオン $[AgCl_2]^-$，$[AgCl_3]^{2-}$ などが生成するためである。

K_{sp} は一定であるので，(11–12) 式と (11–13) 式より，pH が小さくなると［M^{n+}］が大きくなるので MA_n のモル溶解度は大きくなる。

例題 11-3　硫酸鉛 $PbSO_4$ の (a) 純水中および (b) 2.0×10^{-2} M Na_2SO_4 水溶液中でのモル溶解度を求めなさい。なお，$PbSO_4$ の溶解度積は $K_{sp} = 3.5 \times 10^{-8}$ である。

解　答

(a) $PbSO_4(s) \rightleftarrows Pb^{2+} + SO_4^{2-}$

$PbSO_4$ のモル溶解度を s〔M〕とすると，$[Pb^{2+}] = [SO_4^{2-}] = s$

$K_{sp} = [Pb^{2+}][SO_4^{2-}] = s^2 = 3.5 \times 10^{-8}$

$s = (3.5 \times 10^{-8})^{1/2} = 1.9 \times 10^{-4}$ M

(b) 2.0×10^{-2} M Na_2SO_4 水溶液中での $PbSO_4$ のモル溶解度 s'〔M〕は，(11–7) 式より

$K_{sp} = [Pb^{2+}][SO_4^{2-}] = s'(s' + 2.0 \times 10^{-2}\ \mathrm{M}) = 3.5 \times 10^{-8}$

$s' \ll 2.0 \times 10^{-2}$ M より

$s' = 1.8 \times 10^{-6}$ M

例題 11-4　フッ化カルシウム CaF_2 の (a) pH 7.00 および (b) pH 2.00 の水溶液中におけるモル溶解度を求めなさい。なお，CaF_2 の溶解度積は $K_{sp} = 4.9 \times 10^{-11}$，フッ化水素酸 HF の酸解離定数は $K_a = 2.1 \times 10^{-3}$ である。

解　答

(a) $CaF_2(s) \rightleftarrows Ca^{2+} + 2\,F^-$

(11–12) 式より，pH 7.00 では $r = 1$ となる。

CaF_2 のモル溶解度を s〔M〕とすると，$[Ca^{2+}] = s$，$[F^-] = 2\,s$

$K_{sp} = [Ca^{2+}][F^-]^2 = 4\,s^3 = 4.9 \times 10^{-11}$

$s = (1.2 \times 10^{-11})^{1/3} = 2.3 \times 10^{-4}$ M

(b) (11–12) 式より，pH 2.00 では $r = 0.17$ となる。

CaF_2 のモル溶解度を s'〔M〕とすると，(11–13) 式より

$K_{sp} = [Ca^{2+}][F^-]^2 = s'(2s'r)^2 = 4\,s'^3 r^2 = 4.9 \times 10^{-11}$

$s' = 7.5 \times 10^{-4}$ M

このように，pH が小さくなると CaF_2 のモル溶解度は大きくなる。

11.1.3　イオンの分別沈殿

2 種類の金属イオンを含む水溶液に沈殿試薬を加えると異なるモル溶解度の沈殿が生成するとき，モル溶解度の小さい方の沈殿がより小さい沈殿試薬濃度で生成するはずである。もし，それらのモル溶解度が十分に異なっていると，一方の金属イオンを沈殿させることなく他方の金属イオンを定

量的に沈殿させることができる。これを分別沈殿（fractional precipitation）といい，多くの金属イオンの分離はこの方法に基づいている。

金属イオンは難溶性の水酸化物沈殿を生じるものが多いので，水酸化物沈殿の生成とpHとの関係を考えてみよう。2価の金属イオンの水酸化物沈殿の溶解平衡は次のようになる。

$$M(OH)_2 \rightleftarrows M^{2+} + 2\,OH^- \qquad (11\text{–}14)$$

このときの溶解度積は次式で与えられる。

$$K_{sp} = [M^{2+}][OH^-]^2 \qquad (11\text{–}15)$$

水のイオン積 $K_w = [H^+][OH^-]$ を用いて，(11–15) 式を変形する。

$$K_{sp} = [M^{2+}][OH^-]^2 = \frac{[M^{2+}]K_w^{\,2}}{[H^+]^2} \qquad (11\text{–}16)$$

両辺の対数をとると

$$pH = \frac{1}{2}(\log K_{sp} - \log[M^{2+}]) - \log K_w$$

$$= \frac{1}{2}(\log K_{sp} - \log[M^{2+}]) + 14.00 \qquad (11\text{–}17)$$

この (11–17) 式より，$M(OH)_2$ が沈殿し始めるpHを計算することができる。

いま，1.0×10^{-2} M Cu^{2+} と 1.0×10^{-2} M Cd^{2+} を含む水溶液がある。この水溶液のpHを変化させることによって分別沈殿は可能であろうか。それぞれの水酸化物の溶解度積は次のとおりである。

$$Cu(OH)_2 : K_{sp} = 1.3 \times 10^{-20} \qquad Cd(OH)_2 : K_{sp} = 5.3 \times 10^{-15}$$

pHを大きく（$[OH^-]$ を大きく）すると，溶解度積の小さい Cu^{2+} から沈殿が生じる。このとき，$Cu(OH)_2$ が沈殿し始めるpHは (11–17) 式より求められる。

$$pH = \frac{1}{2}\{\log(1.3 \times 10^{-20}) - \log(1.0 \times 10^{-2})\} + 14.00 = 5.06$$

一方，$Cd(OH)_2$ が沈殿し始めるpHも同様に，(11–17) 式より求められる。

$$pH = \frac{1}{2}\{\log(5.3 \times 10^{-15}) - \log(1.0 \times 10^{-2})\} + 14.00 = 7.86$$

この $Cd(OH)_2$ が沈殿し始めるpHにおいて，水溶液中に残っている Cu^{2+} 濃度を求める。pH 7.86における $[OH^-]$ は $K_w = [H^+][OH^-]$ より

$$[OH^-] = 7.2 \times 10^{-7}\ M$$

となる。このpH 7.86における $[Cu^{2+}]$ は $K_{sp} = [Cu^{2+}][OH^-]^2$ より

$$[Cu^{2+}] = 2.5 \times 10^{-8}\ M$$

と求まる。このように，pH 5.06から $Cu(OH)_2$ が沈殿し始め，$Cd(OH)_2$ が沈殿し始めるpH 7.86においては，$[Cu^{2+}] = 2.5 \times 10^{-8}$ M となっているので，ほぼすべての Cu^{2+} が $Cu(OH)_2$ の沈殿になっていることになる。

したがって，1.0 × 10^{-2} M Cu^{2+} と 1.0 × 10^{-2} M Cd^{2+} を含む水溶液からは，$Cu(OH)_2$ と $Cd(OH)_2$ の分別沈殿は可能となる。

11.2 錯生成反応

銅(Ⅱ)イオン Cu^{2+} を含む水溶液にアンモニア水を加えていくと，まず青白色の $Cu(OH)_2$ の沈殿が生成する。さらにアンモニア水を加え続けると，沈殿は溶解し濃青色の水溶液となる。

$$Cu^{2+} + 2\,NH_3 + 2\,H_2O \rightleftarrows Cu(OH)_2 + 2\,NH_4^+ \quad (11\text{–}18)$$

$$Cu(OH)_2 + 4\,NH_3 \rightleftarrows [Cu(NH_3)_4]^{2+} + 2\,OH^- \quad (11\text{–}19)$$

また，銀イオン Ag^+ を含む水溶液にアンモニア水を加えると，Cu^{2+} と同様に，まず Ag_2O の沈殿が生成し，さらにアンモニア水を加え続けると，沈殿は溶けて $[Ag(NH_3)_2]^+$ となり無色透明の水溶液になる。ここで生成した $[Cu(NH_3)_4]^{2+}$ や $[Ag(NH_3)_2]^+$ のように，金属イオンに非共有電子対をもつ分子やイオン（配位子）が配位結合した化合物を金属錯体あるいは単に錯体といい，錯体がイオンのときは錯イオン（complex ion）とよぶ。このような錯体や錯イオンが生成する反応を錯生成反応（complexation reaction）という。

11.2.1 錯体の構造

金属イオンに結合する配位子の数を配位数（coordination number）という。一般に，金属イオンや配位子の種類によって配位数は異なるが，最も多いのが配位数 6 の正八面体構造である。その他の配位数（2, 4）を含めた代表的な錯体の構造を図 11-1 に示す。ここには，配位子として NH_3

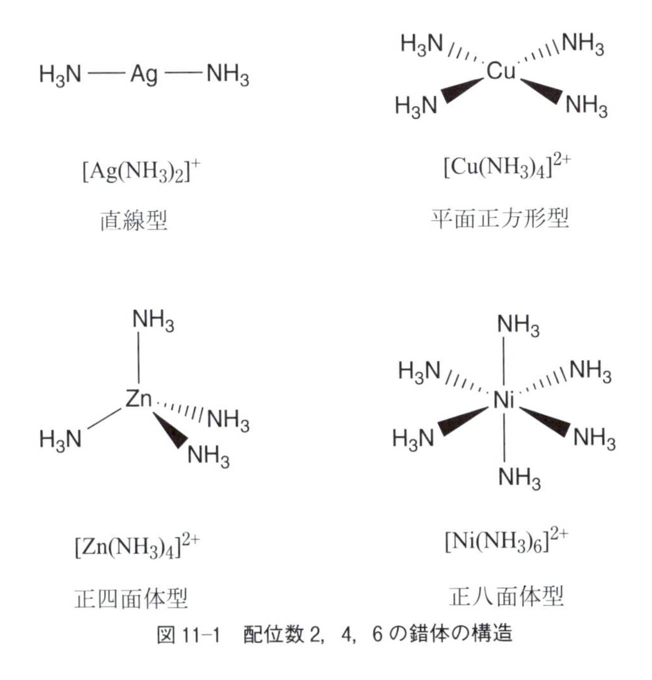

図 11-1　配位数 2，4，6 の錯体の構造

のみの錯体を示しているが，錯生成反応でよく用いられる配位子を表 11–2 に示す。配位する原子を一つもつ配位子を単座配位子（monodentate ligand），配位する原子を二つ以上もつ配位子を多座配位子（multidentate ligand）という。この多座配位子より生成する錯体を，特にカニのはさみに見立ててキレート（chelate）とよぶ[2)]。

2） 六座配位子として有名なエチレンジアミン四酢酸（EDTA）が配位したキレートの構造

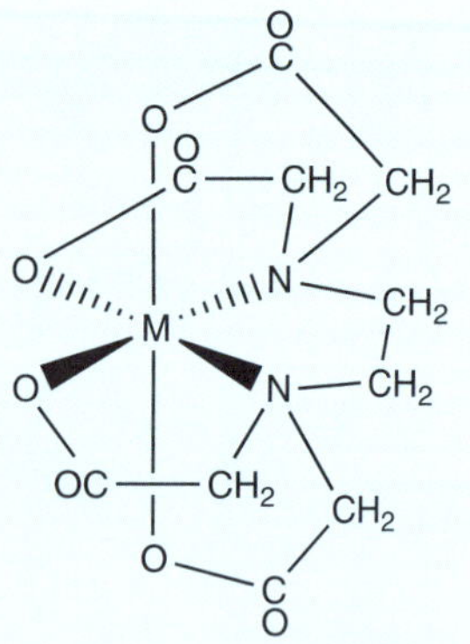

EDTA キレート（M：金属イオン）

表 11-2 代表的な配位子

	配位子	名 称
単座配位子	F^-	フルオリド
	Cl^-	クロリド
	Br^-	ブロミド
	I^-	ヨージド
	CN^-	シアニド
	OH^-	ヒドロキシド
	H_2O	アクア
	NH_3	アンミン
多座配位子	$H_2NCH_2CH_2NH_2$ (en)	エチレンジアミン
	$(^-OOCH_2C)_2NCH_2CH_2N(CH_2COO^-)_2$ ($EDTA^{4-}$)	エチレンジアミンテトラアセタト

医薬品としての錯体

錯体の医療分野への利用で最も有名な化合物は，抗がん剤のシスプラチンであろう。このシスプラチンは通称名であり，白金(Ⅱ)錯体 *cis*-[$PtCl_2(NH_3)_2$] である。アメリカのローゼンバーグ（B. Rosenberg）によって偶然発見された（1965 年）。現在の抗がん剤治療では中心的な役割を果たしており，2 本の DNA 鎖と結合することで DNA の複製を妨げ，がん細胞を死滅させる。

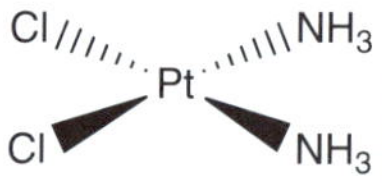

cis-[$PtCl_2(NH_3)_2$]

11.2.2 錯生成平衡

錯生成反応は，金属イオンの配位数に相当する配位子が段階的に配位結合していく反応であり，それぞれの反応の平衡定数を安定度定数（stability constant）（生成定数）という。この安定度定数には，逐次安定度定数（stepwise stability constant）K_i と全安定度定数（overall stability constant）β_i の 2 通りの表し方がある。錯体 ML_n の生成反応（L：単座配位子）は次のように表される。ここでは，簡単のために電荷を省略することにする。

錯生成反応	逐次安定度定数	全安定度定数
$M + L \rightleftarrows ML$	$K_1 = \dfrac{[ML]}{[M][L]}$	$\beta_1 = K_1 = \dfrac{[ML]}{[M][L]}$
$ML + L \rightleftarrows ML_2$	$K_2 = \dfrac{[ML_2]}{[ML][L]}$	$\beta_2 = K_1 K_2 = \dfrac{[ML_2]}{[M]^2[L]}$
$ML_2 + L \rightleftarrows ML_3$	$K_3 = \dfrac{[ML_3]}{[ML_2][L]}$	$\beta_3 = K_1 K_2 K_3 = \dfrac{[ML_3]}{[M]^3[L]}$
⋮	⋮	⋮
$ML_{n-1} + L \rightleftarrows ML_n$	$K_n = \dfrac{[ML_n]}{[ML_{n-1}][L]}$	$\beta_n = K_1 K_2 K_3 \cdots K_n = \dfrac{[ML_n]}{[M]^n[L]}$

図 11-1 に示したアンミン錯体の逐次安定度定数の対数値（$\log K_i$）を表 11-3 に示す。なお，全安定度定数の対数値（$\log \beta_i$）はそれぞれの値の和になる。例えば，$[Cu(NH_3)_n]^{2+}$では，$\log \beta_1 = 4.04$，$\log \beta_2 = 7.47$，$\log \beta_3 = 10.27$，$\log \beta_4 = 11.75$ となる。

表 11-3　アンミン錯体の逐次安定度定数

金属イオン	逐次安定度定数（$\log K_i$）					
	$i = 1$	2	3	4	5	6
Ag^+	3.31	3.91				
Cu^{2+}	4.04	3.43	2.80	1.48		
Zn^{2+}	2.21	2.29	2.36	2.03		
Ni^{2+}	2.72	2.17	1.66	1.12	0.67	− 0.03

アンミン錯体 ML_n（$L = NH_3$）の錯生成反応について考えてみよう。M の全濃度を c_M とすると，次式が成り立つ。

$$c_M = [M] + [ML] + [ML_2] + [ML_3] + \cdots + [ML_n] \quad (11\text{-}20)$$

全安定度定数を用いて，それぞれの化学種（M，ML，ML_2，ML_3，…，ML_n）の平衡濃度を求めることができる。

$$\begin{aligned} c_M &= [M] + \beta_1[M][L] + \beta_2[M][L]^2 + \beta_3[M][L]^3 + \cdots + \beta_n [M][L]^n \\ &= [M](1 + \beta_1[L] + \beta_2[L]^2 + \beta_3[L]^3 + \cdots + \beta_n[L]^n) \quad (11\text{-}21) \end{aligned}$$

ここで，$q_L = 1 + \beta_1[L] + \beta_2[L]^2 + \beta_3[L]^3 + \cdots + \beta_n[L]^n$ とおくと，それぞれの化学種の濃度は次式で表される。

$$[M] = \frac{1}{q_L} c_M$$

$$[ML] = \frac{\beta_1[L]}{q_L} c_M$$

$$[ML_2] = \frac{\beta_2[L]^2}{q_L} c_M$$

$$[ML_3] = \frac{\beta_3[L]^3}{q_L}c_M$$

$$\vdots$$

$$[ML_n] = \frac{\beta_n[L]^n}{q_L}c_M \tag{11-22}$$

ここで，配位子 NH_3 の平衡濃度［L］はわからないが，NH_3 が大過剰のときは（濃度 c_L），$[L] = c_L$ と近似できるので，（11-22）式からすべての化学種の平衡濃度が求められる。

例題 11-5 1.0×10^{-4} mol の $CuSO_4$ と 0.10 mol の NH_3 を含む水溶液 0.10 dm^3 がある。この水溶液中に存在する Cu^{2+} およびアンミン錯イオン $[Cu(NH_3)_n]^{2+}$ の平衡濃度を求めなさい。

解　答

（11-22）式に次の値を代入する。

$\beta_1 = 10^{4.04}$，$\beta_2 = 10^{7.47}$，$\beta_3 = 10^{10.27}$，$\beta_4 = 10^{11.75}$，$c_{Cu} = 1.0 \times 10^{-3}$ M，$c_{NH_3} = 1.0$ M

NH_3 は大過剰にあるので，$[NH_3] = c_{NH_3} = 1.0$ M

$q_L = 1 + \beta_1[NH_3] + \beta_2[NH_3]^2 + \beta_3[NH_3]^3 + \beta_4[NH_3]^4 = 5.8 \times 10^{11}$

$L = NH_3$ とし，電荷は省略する。

$[Cu] = 1.7 \times 10^{-15}$ M, $[CuL] = 1.9 \times 10^{-11}$ M, $[CuL_2] = 5.2 \times 10^{-8}$ M, $[CuL_3] = 3.3 \times 10^{-5}$ M，$[CuL_4] = 9.7 \times 10^{-4}$ M

章末問題

1　次の（a）～（c）の塩の溶解平衡式を記し，その溶解度積 K_{sp} またはモル溶解度を求めなさい。

（a）$Mg(OH)_2$ の飽和水溶液中の水酸化物イオン OH^- の濃度は 1.4×10^{-4} M である。$Mg(OH)_2$ の K_{sp} を求めなさい。

（b）M_2X_3 型塩の溶解度は 1 dm^3 あたり 2.0×10^{-4} mol である。M_2X_3 型塩の K_{sp} を求めなさい。

（c）pH 10.00 の水溶液中での $Cu(OH)_2$ のモル溶解度を求めなさい。ただし，$Cu(OH)_2$ の溶解度積は $K_{sp} = 1.3 \times 10^{-20}$ である。

2　次の溶解度のデータから，それぞれの化合物の溶解度積を求めなさい。

（a）臭化銅（Ⅰ）CuBr，1.0×10^{-3} g dm^{-3}

（b）ヨウ化銀 AgI，2.8×10^{-9} g cm^{-3}

（c）リン酸鉛（Ⅱ）$Pb_3(PO_4)_2$，6.2×10^{-7} g dm^{-3}

（d）硫酸銀 Ag_2SO_4，5.0 mg cm^{-3}

3　1.0×10^{-4} M Ca^{2+} 水溶液 150 cm^3 に 2.0×10^{-4} M F^- 水溶液 50 cm^3 を加えると，沈殿が生成するかを答えなさい。ただし，CaF_2 の溶解度積は $K_{sp} = 4.9 \times 10^{-11}$ である。

4　ある水溶液中の銀イオン Ag^+ を塩化物イオン Cl^- の添加によって沈殿させた。その溶液の体積は 200 cm^3 であった。次の問いに答えなさい。

（a）この水溶液には Ag^+ 0.108 mg が沈殿しないで残っていたとすると，Cl^- の濃度を求めなさい。ただし，AgCl の溶解度積は $K_{sp} = 1.7 \times 10^{-10}$ である。

（b）（a）の水溶液に 0.10 M NaCl を 50 cm^3 添加した。この溶液に残っている Ag^+ の質量を求めなさい。

5　1.0×10^{-2} M Pb^{2+} を含む水溶液から，（a）$Pb(OH)_2$ が沈殿し始める pH，（b）$Pb(OH)_2$ が 99.9% 沈殿するときの pH を求めなさい。ただし，$Pb(OH)_2$ の溶解度積は $K_{sp} = 1.4 \times 10^{-20}$ である。

6　1.0×10^{-2} M の Cd^{2+} と Cr^{3+} を含む水溶液に NaOH 水溶液を少しずつ加えた。(a) それぞれの水酸化物として沈殿するときの pH を求め，（b）どちらが先に沈殿し始めるかを答えなさい。ただし，$Cd(OH)_2$

と $Cr(OH)_3$ の溶解度積は，それぞれ $K_{sp} = 2.5 \times 10^{-14}$ と $K_{sp} = 6.3 \times 10^{-31}$ である。

7　0.10 M の硝酸鉛(Ⅱ) $Pb(NO_3)_2$ と硝酸バリウム $Ba(NO_3)_2$ を含む混合水溶液に，固体の硫酸ナトリウム Na_2SO_4 を加えた。硫酸鉛(Ⅱ) $PbSO_4$ と硫酸バリウム $BaSO_4$ のどちらが先に沈殿するかを答えなさい。このとき，先に沈殿する化合物は，他方の化合物が沈殿し始めるときには何％沈殿しているかを答えなさい。ただし，$PbSO_4$ と $BaSO_4$ の溶解度積は，それぞれ $K_{sp} = 3.5 \times 10^{-8}$ と $K_{sp} = 1.1 \times 10^{-10}$ である。

8　ある金属イオン M^{2+} と EDTA（L^{4-}）は 1：1 錯体 $[ML]^{2-}$ のみが生成する。その安定度定数は $K_1 = 1.0 \times 10^4$ である。2.0×10^{-2} M の M^{2+} 25 cm^3 と 2.0×10^{-2} M の L^{4-} 25 cm^3 を混合した水溶液中の，M^{2+}，L^{4-} および $[ML]^{2-}$ の平衡濃度を求めなさい。

第12章　酸化と還元の反応

さまざまな化学反応のうち，反応物の原子間に電子の授受を伴う酸化と還元の反応は合成化学，分析化学あるいはエネルギー関連化学にとって最も重要な反応といえる。第10章に取り上げた電子対の授受（ルイスの定義）を伴う酸塩基反応とは異なる。

12.1　酸化と還元の定義

酸素と結合する反応あるいは水素を失う反応を酸化とよぶ。一方，酸素を失う反応あるいは水素と結合する反応を還元とよぶ。しかし，いずれの反応も電子の移動に注目すると，より広く一般化することができる。つまり，酸化（oxidation）は電子を失う反応，還元（reduction）は電子を得る反応となる。また，ある物質が酸化反応によって電子を失うときは，必ず一方の別の物質は，還元反応によって電子を受け取っていることを忘れてはならない。

失われた電子の数（酸化反応）＝得られた電子の数（還元反応）

これは化学反応によって，電子が新たに生じることや失うことはないからである。したがって，酸化反応（還元反応）は，必ず還元反応（酸化反応）を伴っている。そして，両反応を併せた呼称“レドックス（redox）”という言葉がしばしば使われる。

例えば，銅粉 Cu を空気中で加熱した際の反応は次式で示される。

$$2\,Cu + O_2 \longrightarrow 2\,Cu^{2+}O^{2-} \qquad (12\text{–}1)$$

電子 $4\,e^-$（Cu → O_2）

この反応中，Cu は酸素 O_2 と結合して酸化銅(Ⅱ) CuO を生成しているが，Cu は2個の電子を失っていることから酸化され，O_2 は4個の電子を得ていることから還元されたことになる。この反応を別の表現として，「Cu は O_2 を還元した」，「O_2 は Cu を酸化した」ともいう。一方，CuO を水素 H_2 とともに加熱した際の反応は次式で示される。

電子 $2\,e^-$（H_2 → Cu^{2+}）

$$Cu^{2+}O^{2-} + H_2 \longrightarrow Cu + H_2O \qquad (12\text{–}2)$$

この場合，CuO は酸素を失って Cu を生成していて，CuO は2個の電子を得ていることから「還元された」，H_2 は2個の電子を失っていることから「酸化された」という。

12.2　酸 化 数

酸化還元反応が進む化合物間において，電子の授受（移動）を明らかにするために各成分原子に酸化数（oxidation number）を用いる。化合物の成分原子のうち，電気陰性度のより大きな原子の方に電子が移ったと仮定し，その原子がもつ電荷として定義する。酸化数＋1とは，中性の原子に比べて電子1個足りないことに相当する。同じ元素であっても，その物質の周囲の環境によって，さまざまな異なった酸化数をとることができる。逆に，酸化数からその物質の酸化あるいは化学状態を推測できる。反応前後において，いずれかの化学種の酸化数に変化があれば，その反応は電子の移動を伴った酸化還元反応であると判断できる。種々の元素の酸化数は，次のように割り当てる。

・単体の原子の酸化数は0である。

（例）$\underline{H}_2$　酸化数0

・単原子イオンの酸化数は，そのイオンの電荷（価数）に等しい。

（例）$\underline{Na}^+$　酸化数＋1，$\underline{Al}^{3+}$　酸化数＋3，$\underline{O}^{2-}$　酸化数－2

・化合物の酸素の酸化数は－2，水素は＋1とする。

（例）$\underline{H}_2O$　酸化数＋1，$Ca\underline{O}$　酸化数－2

（例外）$H_2\underline{O}_2$　酸化数－1，$Na\underline{H}$ 酸化数－1

・共有結合性化合物では，電気陰性度のより大きな原子の方に電子が移ったものとして酸化数を決める（電気陰性度 H ＜ C ＜ O）。

（例）$\underline{C}H_4$　酸化数－4，$\underline{C}O_2$　酸化数＋4

・多原子イオンは，各原子のすべての酸化数の合計がそのイオンの電荷に等しい。

（例）$\underline{S}O_4^{2-}$　酸化数＋6，$\underline{N}O_3^-$　酸化数＋5，$\underline{Mn}O_4^-$　酸化数＋7

・電気的中性化合物では，各原子のすべての酸化数の合計は0である。

（例）$\underline{S}O_2$　酸化数＋4，$\underline{C}Cl_4$　酸化数＋4，$H_2\underline{S}O_4$　酸化数＋6

12.3　酸化還元反応式の組み立て

正しい化学反応式を組み立てることは，酸化還元反応に限らずあらゆる化学反応の理解の出発点であり，欠かせない。その中でも，酸化反応と還元反応が，同時に対をなして電子の移動によって起こっている酸化還元反応（oxidation-reduction reaction；redox reaction）は，酸化数を活用したステップを踏むことによって，正しく確実にその反応式を組み立てることができる。その際，半反応式（電子反応式）とよばれる電子の授受を明らかにした電子を含む酸化反応，還元反応をそれぞれ利用する。ただし，与えられた条件での反応物と生成物は，あらかじめ知っている必要がある。

例題 12-1 酸性水溶液中での次の酸化還元反応式を完成しなさい。

$Cl^- + MnO_4^- \longrightarrow Cl_2 + Mn^{2+}$（酸性水溶液）

ステップ1：半反応式（電子反応式）に分割する。

$Cl^- \longrightarrow Cl_2$,　$MnO_4^- \longrightarrow Mn^{2+}$

ステップ2：OとH以外の原子の数をつり合わせる。

$2\,Cl^- \longrightarrow Cl_2$,　$MnO_4^- \longrightarrow Mn^{2+}$

ステップ3：Oを必要とする側にH_2Oを加え，Oをつり合わせる。

$2\,Cl^- \longrightarrow Cl_2$,　$MnO_4^- \longrightarrow Mn^{2+} + 4\,H_2O$

ステップ4：Hを必要とする側にH^+を加え，Hをつり合わせる。

$2\,Cl^- \longrightarrow Cl_2$,　$MnO_4^- + 8\,H^+ \longrightarrow Mn^{2+} + 4\,H_2O$

ステップ5：（反応前後の）電荷を電子によってつり合わせる。

$2\,Cl^- \longrightarrow Cl_2 + 2\,e^-$,　$MnO_4^- + 8\,H^+ + 5\,e^- \longrightarrow Mn^{2+} + 4\,H_2O$

ステップ6：失った電子の数と得た電子の数を等しくする。

$5 \times 2\,Cl^- \longrightarrow 5 \times Cl_2 + \underline{5 \times 2\,e^-}$（失った電子）

$2 \times MnO_4^- + 2 \times 8\,H^+ + \underline{2 \times 5e^-} \longrightarrow 2 \times Mn^{2+} + 2 \times 4\,H_2O$

（得た電子）

ステップ7：半反応式を足し合わせ，両辺に同じものがあれば消去する。

$10\,Cl^- + 2\,MnO_4^- + 16\,H^+ \longrightarrow 5\,Cl_2 + 2\,Mn^{2+} + 8\,H_2O$

例題 12-2 塩基性水溶液中での次の酸化還元反応式を完成しなさい。

$Pb + MnO_4^- \longrightarrow PbO + MnO_2$（塩基性水溶液）

ステップ1：半反応式（電子反応式）に分割する。

$Pb \longrightarrow PbO$,　$MnO_4^- \longrightarrow MnO_2$

ステップ2：酸性水溶液中として，Oを必要とする側にH_2Oを加えOをつり合わせる。

$Pb + H_2O \longrightarrow PbO$,　$MnO_4^- \longrightarrow MnO_2 + 2\,H_2O$

ステップ3：Hを必要とする側にH^+を加え，Hをつり合わせる。

$Pb + H_2O \longrightarrow PbO + 2\,H^+$,　$MnO_4^- + 4\,H^+ \longrightarrow MnO_2 + 2\,H_2O$

ステップ4：（反応前後の）電荷を電子によってつり合わせる。

$Pb + H_2O \longrightarrow PbO + 2\,H^+ + 2\,e^-$

$MnO_4^- + 4\,H^+ + 3\,e^- \longrightarrow MnO_2 + 2\,H_2O$

ステップ5：H^+と同じ数のOH^-を両辺に加える。

$Pb + H_2O + 2\,OH^- \longrightarrow PbO + 2\,H^+ + 2\,OH^- + 2\,e^-$

$MnO_4^- + 4\,H^+ + 4\,OH^- + 3\,e^- \longrightarrow MnO_2 + 2\,H_2O + 4\,OH^-$

ステップ6：H^+とOH^-を結合させてH_2Oを作り，同じものを整理する。

$Pb + 2\,OH^- \longrightarrow PbO + H_2O + 2\,e^-$

$MnO_4^- + 2\,H_2O + 3\,e^- \longrightarrow MnO_2 + 4\,OH^-$

ステップ 7：失った電子の数と得た電子の数を等しくする。

$3 \times Pb + 3 \times 2\,OH^- \longrightarrow 3 \times PbO + 3 \times H_2O + 3 \times 2\,e^-$（失った電子）

$2 \times MnO_4^- + 2 \times 2\,H_2O + 2 \times 3\,e^- \longrightarrow 2 \times MnO_2 + 2 \times 4\,OH^-$　（得た電子）

ステップ 8：半反応式を足し合わせ，両辺に同じものがあれば消去する。

$3\,Pb + 2\,MnO_4^- + H_2O \longrightarrow 3\,PbO + 2\,MnO_2 + 2\,OH^-$

12.4　酸化剤と還元剤

物質中の元素は，さまざまな酸化数（酸化状態）をもった原子，分子，イオンが存在することから，非常に多くの酸化還元反応が可能になる。合成化学では，反応物の一方を酸化や還元することによって，新しい物質を合成することが行われている。また，酸化還元を伴う化学反応が滴定分析として利用されている。

新しい金属酸化物の合成

最近，酸化還元反応を利用することによって，新しい結晶構造をもった金属酸化物が合成できることが報告され，注目されている。水素化カルシウム CaH_2 という還元剤を $SrFeO_3$ と固相反応させることによって，鉄が酸素に平面状に囲まれた新物質 $SrFeO_2$ の合成に成功している。従来，鉄に限らず遷移金属を含む酸化物は，1000℃以上の高温固相反応によって得られるのに対し，この合成は300℃という極めて低い温度で反応が進む。また，この反応を応用すれば，物質の機能を決めている金属まわりの酸素のユニークな配位状態を制御できる可能性を示している。今後，新しい超伝導物質，磁石や電池材料の合成法として期待されている。（陰山　洋，『化学』化学同人，63，34-38（2008））

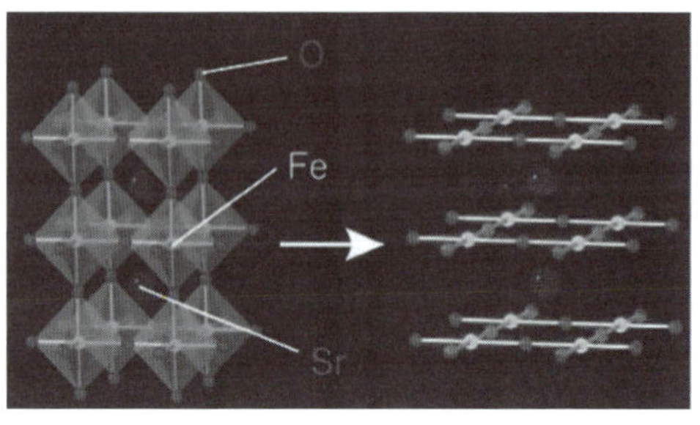

（a）$SrFeO_3$　　（b）$SrFeO_2$

図 12-1　酸化還元反応を利用して合成した金属酸化物

ほかの物質を酸化して自らは還元される物質を酸化剤（oxidizing agent）とよぶ。ほかの原子，分子あるいはイオンから，電子を奪いやすい酸化力をもった物質が酸化剤または電子受容体としてはたらく。すなわち，酸化剤は酸化数の大きい原子を含んだ物質である。例えば，過マンガン酸カリウム $KMnO_4$ を取り上げる。この物質は水溶液中に存在する過マンガン酸イオン MnO_4^- が酸化剤としてはたらく。MnO_4^- の Mn の酸化数は + 7 であり，相手から電子を奪うことによって，自身の大きな酸化数を下げようとする傾向が強い。したがって，酸性条件下では次式の反応によって MnO_4^- は酸化作用を示し，酸化剤としてはたらくことができる。

$$MnO_4^- + 8\,H^+ + 5\,e^- \longrightarrow Mn^{2+} + 4\,H_2O \qquad (12\text{–}3)$$

一方，ほかの物質を還元して自らは酸化される物質を還元剤（reducing agent）とよぶ。還元剤は酸化剤とは逆である。ほかの原子，分子あるいはイオンに電子を与えやすい還元力をもった物質が，還元剤または電子供与体としてはたらく。例えば，硫化水素 H_2S を取り上げる。この物質は酸化性の物質が存在すると，自身の電子を放出する傾向が強く，次式の反応によって還元剤としてはたらく。

$$H_2S \longrightarrow 2\,H^+ + S + 2\,e^- \qquad (12\text{–}4)$$

代表的な酸化剤や還元剤を，それらを使用する際の酸化反応や還元反応とともに表 12–1 に示している。

表 12–1　酸化剤と還元剤の例とそれらの水溶液中の半反応式

	物質名	化学式	水溶液中の半反応式
酸化剤	過マンガンカリウム	$KMnO_4$	酸性：$MnO_4^- + 8\,H^+ + 5\,e^- \longrightarrow Mn^{2+} + 4\,H_2O$
			塩基性：$MnO_4^- + 2\,H_2O + 3\,e^- \longrightarrow MnO_2 + 4\,OH^-$
	二クロム酸カリウム	$K_2Cr_2O_7$	$Cr_2O_7^{2-} + 14\,H^+ + 6\,e^- \longrightarrow 2\,Cr^{3+} + 7\,H_2O$
	塩素	Cl_2	$Cl_2 + 2\,e^- \longrightarrow 2\,Cl^-$
	過酸化水素	H_2O_2	$H_2O_2 + 2\,H^+ + 2\,e^- \longrightarrow 2\,H_2O$
	オゾン	O_3	$O_3 + 2\,H^+ + 2\,e^- \longrightarrow O_2 + H_2O$
	濃硝酸	HNO_3	$NO_3^- + 2\,H^+ + e^- \longrightarrow NO_2 + H_2O$
	希硝酸	HNO_3	$NO_3^- + 4\,H^+ + 3\,e^- \longrightarrow NO + 2\,H_2O$
	熱濃硫酸	H_2SO_4	$SO_4^{2-} + 4\,H^+ + 2\,e^- \longrightarrow SO_2 + 2\,H_2O$
	二酸化硫黄	SO_2	$SO_2 + 4\,H^+ + 4\,e^- \longrightarrow S + 2\,H_2O$
還元剤	塩化スズ(Ⅱ)	$SnCl_2$	$Sn^{2+} \longrightarrow Sn^{4+} + 2\,e^-$
	ヨウ化カリウム	KI	$2\,I^- \longrightarrow I_2 + 2\,e^-$
	硫化水素	H_2S	$H_2S \longrightarrow S + 2\,H^+ + 2\,e^-$
	シュウ酸	$(COOH)_2$	$(COOH)_2 \longrightarrow 2\,CO_2 + 2\,H^+ + 2\,e^-$
	チオ硫酸ナトリウム	$Na_2S_2O_3$	$2\,S_2O_3^{2-} \longrightarrow S_4O_6^{2-} + 2\,e^-$
	水　素	H_2	$H_2 \longrightarrow 2\,H^+ + 2\,e^-$
	マグネシウム	Mg	$Mg \longrightarrow Mg^{2+} + 2\,e^-$
	硫酸鉄(Ⅱ)	$FeSO_4$	$Fe^{2+} \longrightarrow Fe^{3+} + e^-$

12.5 電子移動の方向

酸化還元反応が進む電子移動の方向は，何によって決まるのだろうか。また，何を基準に酸化剤や還元剤を選択するのだろうか。次の反応は，なぜ左向きではなく右向きに反応が進むのだろうか？

$$Zn + 2H^+ \longrightarrow Zn^{2+} + H_2 \quad (12\text{–}4)$$

電子 $2e^-$

右向きの反応は，Zn から H^+ に向かって電子が移動している。この反応が左向きに進まないことは，H_2 から Zn^{2+} に向かって電子が移動しないことを意味する。これは，高等学校で学んだイオン化傾向から判断できる。H_2 が H^+ になるよりも，Zn が Zn^{2+} になる傾向が強いからである。それでは，イオン化傾向にない多くの反応は，どのように電子の移動方向を判断するのだろうか。

そこで，電子のエネルギーと電位の関係を考える必要がある。電子は負の電荷（電気素量 $e = 1.602 \times 10^{-19}$ C）をもっていることから，電子がより正（プラス）の電位にいるほど安定で（低い位置エネルギー），より負（マイナス）の電位にいる電子ほど不安定（高い位置エネルギー）であることはわかるだろう。したがって，自発的な電子の移動の向きは，負の電位から正の電位になる。物体（電子）が，自然落下するイメージで電子の移動をとらえるのである。負の電位にいる高い位置エネルギーをもった化学種の電子から，正の電位にいる低い位置エネルギーをもった化学種に向かって，自発的に電子が移動するのである。

酸化還元反応の電子移動を，ボールが坂道を転がるイメージで考えてみよう（図 12–2）。ボールという電子が，還元剤から酸化剤に向かって坂道

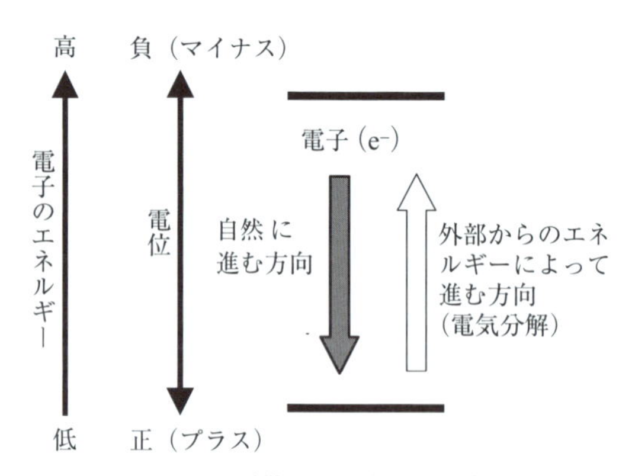

図 12–2　酸化還元反応の電子移動

を転がる，あるいは落ちてくる様子を想像してみる。酸化還元反応は，坂道の上の高い位置にいる電子（還元剤）が，坂道の下の低い位置にいる酸化剤に向かって自発的に転がり落ちることに相当する。一方，外部からエネルギーを投入すれば，電子を坂道に逆らって強制的に下から上げること

ができる。これは電気分解（electrolysis）である。したがって，自発的な酸化還元反応が進むかどうかあるいは電子の移動の方向は，酸化剤と還元剤それぞれの電位の相対的な高さ，位置関係によって決まる。標準状態におけるその位置のことを，標準電極電位（normal electrode potential）あるいは標準酸化還元電位（normal oxidation-reduction potential）という。大きな負の標準電極電位をもつ化学種から，大きな正の標準電極電位をもつ化学種に向かって電子は移動する。例えば，次の反応は自発的に起こるだろうか。

$$MnO_4^- + 5\,Fe^{2+} + 8\,H^+ \longrightarrow Mn^{2+} + 5\,Fe^{3+} + 4\,H_2O \quad (12\text{–}6)$$

半反応式に分けてみる。

$$MnO_4^- + 8\,H^+ + 5\,e^- \longrightarrow Mn^{2+} + 4\,H_2O \quad E_0 = +1.491\ \mathrm{V} \quad (12\text{–}7)$$

$$Fe^{3+} + e^- \longrightarrow Fe^{2+} \quad E_0 = +0.770\ \mathrm{V} \quad (12\text{–}8)$$

（12–7）式の標準電極電位 E_0 は，（12–8）式のそれより大きな正の電位をもっている。したがって，Fe^{2+} から MnO_4^- に向かって電子が移動する反応が起こる。つまり，（12–6）式の右向きの酸化還元反応は自発的に起こると予想される。

12.6　酸化還元滴定

酸化還元反応を利用した滴定分析法を，酸化還元滴定（redox titration）という。特に，標準液（濃度既知）として酸化剤を用いて滴定するとき酸化滴定（oxidation titration），還元剤を用いて滴定するとき還元滴定（reduction titration）という。終点の判定には，標準液自身の変色や酸化還元指示薬の変色が利用される。

定量したい目的成分が，いくつかの酸化状態で存在することがよくある。その場合には滴定に先立って，一つの酸化状態に整えておく必要がある。一例として，鉄鉱石に含まれる鉄を酸化滴定によって定量する方法を示す。

例 1　過マンガン酸イオンによる鉄鉱石中の鉄の定量

鉄鉱石には Fe_2O_3（ヘマタイト），Fe_3O_4（マグネタイト），$Fe_2O_3 \cdot H_2O$（ゲータイト）などが含まれる。つまり，鉄鉱石中の鉄は +2 と +3 の二つの酸化状態をもっている。そこで，還元剤によってあらかじめ，すべての Fe を +2 の酸化状態に還元しておく必要がある。まず，試料を酸によって完全に溶解させた後，その溶液に過剰の塩化スズ(Ⅱ) $SnCl_2$ を還元剤として加える。すると，次の反応によって鉄成分はすべて Fe^{2+} に還元される。

$$2\,Fe^{3+} + Sn^{2+} \longrightarrow 2\,Fe^{2+} + Sn^{4+} \quad (12\text{–}9)$$

次に，$KMnO_4$ を溶解させた水溶液を滴定剤として滴下することによって，

(12-6) 式の酸化還元反応が進み，鉄を定量することができる。このような前処理過程に使われる酸化剤には，過酸化水素 H_2O_2，ペルオキソ二硫酸アンモニウム $(NH_4)_2S_2O_8$ が，還元剤には塩化スズ(Ⅱ) $SnCl_2$，二酸化硫黄 SO_2，硫化水素 H_2S が使われる。

次に，還元剤としてのヨウ化物イオン I^- を用いるヨードメトリー (iodometry) とよばれる滴定法を取り上げる。

$$I_2 + 2\,e^- \rightleftarrows 2\,I^- \qquad E_0 = +0.54\ \mathrm{V} \qquad (12\text{–}10)$$

(12-8) 式の $E_0 = +0.77$ V と比べると，より小さい正の電位をもっている。I^- は Fe^{2+} よりも電子を与える力が強い。つまり，I^- は Fe^{2+} よりも強い還元剤としてはたらくことがわかる。この I^- の強い還元力を利用したヨードメトリーの応用例が多くある。

例2 ヨードメトリーによる鉱石や合金中の銅の定量[1, 2]

まず，試料を酸によって溶解させた後，還元剤である過剰のヨウ化カリウム KI を加えると，次の反応によってヨウ素 I_2 が遊離する。

$$2\,Cu^{2+} + 4\,I^- \longrightarrow 2\,CuI(s) + I_2 \qquad (12\text{–}11)$$

次に，この遊離した I_2 に滴定剤としてチオ硫酸ナトリウム $Na_2S_2O_3$ 水溶液を滴下すると，(12-12) 式の反応によって I_2 量を知ることができる。

$$I_2 + 2\,S_2O_3^{2-} \longrightarrow 2\,I^- + S_4O_6^{2-} \qquad (12\text{–}12)$$

この I_2 は (12-11) 式で生じたものであることから，その2倍量が Cu^{2+} の物質量に相当する。

1) 溶液中では I_2 は I_3^- として存在している。
2) 銅の鉱石には鉄，ヒ素およびアンチモンなどが含まれることから，適切な処理によってこれらの妨害を除く必要がある。

12.7 酸化還元反応とエネルギー化学（電池）

酸化還元反応を利用して，電気エネルギーを蓄えるのが電池 (cell) である。より大きな電位の差（電圧）を電子が移動することによって，より大きなエネルギーを得ることができる。これが電池の電圧（起電力 electromotive force）に相当する。最も強い還元剤であるリチウム Li ($E_0 = -3.05$ V) と，最も強い酸化剤であるフッ素 F_2 ($E_0 = +3.05$ V) を電池に組むことができれば，最も高い起電力 ($E = 6.10$ V) が期待できるが，この電池はいまだに実現していない。

電池の中でも，充電と放電の繰り返しが可能なものを二次電池とよぶ。一方，空気中の酸素 O_2 を酸化剤（空気極），水素 H_2 という燃料を還元剤（燃料極）として用いた電池が燃料電池 (fuel cell) である。一般に，電池の起電力は次のネルンストの式 (Nernst's equation) にしたがって見積もることができる。

$$E = E_0 + \frac{RT}{nF}\ln\frac{a_{\mathrm{ox}}}{a_{\mathrm{red}}} \qquad (12\text{–}13)$$

なお，a_{ox} と a_{red} は，それぞれ酸化体と還元体の活量である（R：気体定数，

T：絶対温度，n：反応に関与する電子数，F：ファラデー定数)。

章末問題

1 次の化学種における下線部の元素の酸化数を答えなさい。

(a) $\underline{Mn}O_4^-$ (b) $H_2\underline{O}_2$ (c) $\underline{Cu}^{2+}$

(d) $\underline{Cl}O_4^-$ (e) $\underline{Cl}O_2^-$ (f) $K_2\underline{Cr}_2O_7$

2 次の反応の中で酸化還元反応を選び，その反応式の係数を（ ）に記入しなさい。

(a) $(\quad)HNO_3 + (\quad)H_2S \longrightarrow (\quad)NO + (\quad)S + (\quad)H_2O$

(b) $(\quad)H_3BO_3 + (\quad)H_2O \rightleftarrows (\quad)H_2BO_3^- + (\quad)H_3O^+$

(c) $(\quad)KMnO_4 + (\quad)KCl + (\quad)H_2SO_4$
$\longrightarrow (\quad)MnSO_4 + (\quad)K_2SO_4 + (\quad)H_2O + (\quad)Cl_2$

(d) $(\quad)MnO_4^- + (\quad)Sn^{2+} + (\quad)H^+$
$\longrightarrow (\quad)Mn^{2+} + (\quad)Sn^{4+} + (\quad)H_2O$

(e) $(\quad)HCO_3^- + (\quad)H_2O \rightleftarrows (\quad)CO_3^{2-} + (\quad)H_3O^+$

(f) $(\quad)FeS_2 + (\quad)O_2 \longrightarrow (\quad)Fe_2O_3 + (\quad)SO_2$

3 V_2O_5 が 10.0 g ある。これを酸で溶解させた後，亜鉛 Zn を使って V^{2+}にした。次に，その溶液中の V^{2+}をヨウ素 I_2 によって V^{4+}にした。

(a) 次の文の（ ）内の適切な方を選びなさい。

（i）Zn は（酸化剤・還元剤）として作用し，V_2O_5 を（酸化・還元）している。

（ii）I_2 は（酸化剤・還元剤）として作用し，V^{2+}を（酸化・還元）している。

(b) 反応する I_2 の物質量を求めなさい。

4 シュウ酸 $H_2C_2O_4$ と二クロム酸イオン $Cr_2O_7^{2-}$から，次の反応によって二酸化炭素 CO_2 が発生する。

$$Cr_2O_7^{2-} + H_2C_2O_4 + H^+ \longrightarrow Cr^{3+} + CO_2 + H_2O$$

(a) この反応式を完成させなさい。

(b) CO_2 の 0.186 mol を発生させるために必要な $K_2Cr_2O_7$ の質量を求めなさい。ただし，$K_2Cr_2O_7$ のモル質量は 294.2 g mol^{-1} とする。

5 ある試料 0.50 g には，20 質量％の $Fe_2O_3 \cdot H_2O$ を含むことがわかっている。この試料中の鉄は，$SnCl_2$ 水溶液と酸化還元反応する。ただし，鉄は Fe^{3+} から Fe^{2+} に（酸化・還元）され，スズは Sn^{2+} から Sn^{4+}へ（酸化・還元）される。

(a)（　）内の適切な方を選びなさい。
(b) 下線部の化学反応式を記しなさい。
(c) 0.010 M $SnCl_2$ 水溶液を用いた場合，必要な $SnCl_2$ 水溶液の体積を求めなさい。

6　La_xCuO_y で表される試料 4.06 g がある。La，Cu，O の酸化数はそれぞれ＋3，＋2，−2とする。すべてを酸で溶解し，純水を加えて 100.0 cm^3 とした。この水溶液 10.0 cm^3 に KI を過剰に加えると，すべての Cu^{2+} は CuI の沈殿になり，同時にヨウ素 I_2 が生成した。次に，この I_2 の質量を求めるために，0.0500 M $Na_2S_2O_3$ 水溶液で酸化還元滴定したところ，20.0 cm^3 を要した。ただし，原子量は La = 139，Cu = 64.0，O = 16.0，I = 127 とする。
(a) 下線部の反応をイオン反応式で記しなさい。
(b) この滴定の酸化還元反応式を記しなさい。
(c) 下線部の生成した I_2 の質量〔mg〕を求めなさい。
(d) 試料 La_xCuO_y の元素比 La：Cu：O を求めなさい。

7　アスコルビン酸（分子量 176.1）は還元剤として次のように反応する。

$$C_6H_8O_6 \longrightarrow C_6H_6O_6 + 2\,H^+ + 2\,e^-$$

この反応を利用して，ある試料に含まれるアスコルビン酸量を求める。試料 150 cm^3（酸性）に 0.0250 M I_2 溶液 10.0 cm^3 を加え，①上の反応を完結させた。次に，②この反応後に残った I_2 を 0.0100 M $Na_2S_2O_3$ 水溶液で酸化還元滴定したところ，4.60 cm^3 を要した。
(a) 下線部①の反応を，I_2 を含む化学反応式にて記しなさい。
(b) この滴定の酸化還元反応式を記しなさい。
(c) 下線部②の I_2 の物質量を求めなさい。
(d) この試料に含まれるアスコルビン酸の質量パーセント濃度を求めなさい。

8　Cu_2S と CuS の混合物 10.0 g がある。①この混合物を酸性条件下で 0.650 M 過マンガン酸カリウム $KMnO_4$ 水溶液 200 cm^3 で処理したところ，SO_2，Cu^{2+}，Mn^{2+} が生成した。次に，この水溶液から SO_2 を取り除いた後，②この水溶液に含まれる MnO_4^- を 2.50 M Fe^{2+} 水溶液で酸化還元滴定を行ったところ，50.0 cm^3 要した。
(a) 下線部①における二つの酸化還元反応式を完成させなさい。
(b) 下線部②の滴定における酸化還元反応式を完成させなさい。
(c) 下線部②の滴定から過剰量の MnO_4^- の物質量を求めなさい。

(d) この混合物のCu_2SとCuSの含有率〔%〕をそれぞれ求めなさい。ただし，Cu_2S，CuSの式量は，それぞれ159.2，95.61とする。

引用・参考文献

第Ⅱ編　物質の反応

1) 井上　亨，川田　知，栗原寛人，小寺　安，塩路幸生，脇田久伸：『新版大学の化学への招待』三共出版（2013）
2) 小林憲司，三五弘之，中村朝夫，南澤宏明，山口達明　編著：『化学の世界への招待』三共出版（2009）
3) 蒲池幹治，岩井　薫，伊藤浩一：『基礎物質科学　大学の化学入門』三共出版（2007）
4) 大橋弘三郎，小熊幸一，鎌田薩男，木原壯林：『分析化学―溶液反応を基礎とする―』三共出版（1994）
5) 姫野貞之：『化学平衡の基礎』学術図書出版社（2011）
6) 今西誠之，金子　聡，小塩　明，湊元幹太，八谷　巌　編著：『わかる理工系のための化学』共立出版（2012）
7) 芝原寛泰，斎藤正治：『大学への橋渡し　一般化学』化学同人（2006）
8) P. W. Atkins　著，千原秀昭，中村亘男　訳：『第6版　アトキンス物理化学（上）』東京化学同人（2001）
9) 化学教科書研究会　編：『基礎化学』化学同人（1998）
10) J. E. Brady，G. E. Humiston　著，若山信行，一国雅巳，大島泰郎　訳：『ブラディ一般化学（上）（下）』東京化学同人（1992）
11) R. A. Day, Jr.，A. L. Underwood　著，鳥居泰男，康　智三　共訳：『定量分析化学』培風館（1982）

章末問題　解答

第1章　原子の構造

1　元素とは同一原子番号をもつ原子の集合名詞。それに対して，原子とは1個以上の陽子と中性子より構成された原子核とそのまわりを運動する1個以上の電子からなる物質の構成単位のことである。水素は質量数が1，2および3の三つの同位体が存在し，それらの化学的性質はほぼ同じである。それぞれの同位体は原子であり，化学的性質がほぼ同じ三つの同位体を総称して水素とよぶときは，元素として扱われる。言い換えれば，原子は構造的な概念であるのに対して，元素は特性の違いを示す概念であるともいえる。

2

	核種	原子番号	質量数	陽子数	中性子数	電子数
1	($^{37}Cl^-$)	(17)	37	17	(20)	18
2	(^{90}Sr)	(38)	90	38	(52)	(38)
3	($^{137}Cs^+$)	55	(137)	(55)	82	54
4	(^{226}Ra)	(88)	(226)	(88)	138	88
5	^{235}U	(92)	(235)	(92)	(143)	(92)
6	(^{239}Pu)	94	239	(94)	(145)	(94)

3

$$\text{カリウムの原子量} = \frac{38.964 \times 93.258 + 39.964 \times 0.012 + 40.962 \times 6.730}{100}$$

$$= 39.09_8 = 39.10$$

4　^{35}Cl の存在率を x〔%〕，^{37}Cl の存在率を y〔%〕とすると

$$x + y = 100 \quad \cdots①$$

$$\frac{34.969\,x + 36.966\,y}{100} = 35.453 \quad \cdots②$$

①，②を解いて，^{35}Cl の存在率は75.76%，^{37}Cl の存在率は24.24%を得る。

第2章　電子の軌道と電子配置

1　$\nu = c/\lambda$，$\tilde{\nu} = 1/\lambda$ の関係があるので

$$\nu = \frac{2.9979 \times 10^{8}\ \mathrm{m\ s^{-1}}}{656 \times 10^{-9}\ \mathrm{m}} = 4.5699 \times 10^{14}\ \mathrm{s^{-1}} = 4.570 \times 10^{14}\ \mathrm{s^{-1}}$$

$$\tilde{\nu} = \frac{1}{\lambda} = \frac{1}{656 \times 10^{-9}\ \mathrm{m}} = 1.524 \times 10^{6}\ \mathrm{m^{-1}} = 1.524 \times 10^{4}\ \mathrm{cm^{-1}}$$

$$E = h\nu = 6.6260 \times 10^{-34}\ \mathrm{J\ s} \times 4.570 \times 10^{14}\ \mathrm{s^{-1}} = 3.028 \times 10^{-19}\ \mathrm{J}$$

2　水素原子の電子が，$n = 2$ に遷移する際に放出する光はバルマー系列に相当し，$n = 4$ からの遷移による光はバルマー系列の第２線（図 2-1 の H_β）に相当する。

したがって，バルマーの（2-2）式

$$\tilde{\nu} = \frac{1}{\lambda} = R\left(\frac{1}{2^2} - \frac{1}{n^2}\right) \qquad n = 3,\ 4,\ 5,\ \cdots$$

において，第２線（H_β）は $n = 4$ の場合であるので

$$\lambda = \frac{1/2^2 - 1/4^2}{R} = \frac{16}{3R} = \frac{16}{3 \times 1.0974 \times 10^7\ \mathrm{m}^{-1}}$$

$$= 4.8599 \times 10^{-7}\ \mathrm{m} = 486.0\ \mathrm{nm}$$

3　ボーアの原子モデルによる軌道の半径は（2-8）式で与えらる。

$$r_n = \frac{\varepsilon_0 h^2}{Z\pi me^2} n^2$$

ここで，水素原子であるので $Z = 1$，また $n = 1$ を代入して計算すると

$$r_n = \frac{\varepsilon_0 h^2}{\pi me^2} = \frac{(8.8542 \times 10^{-12}\ \mathrm{F\ m^{-1}}) \times (6.6260 \times 10^{-34}\ \mathrm{J\ s})^2}{3.1415 \times (9.1094 \times 10^{-31}\mathrm{kg}) \times (1.6022 \times 10^{-19}\ \mathrm{C})^2}$$

$$= 5.2916 \times 10^{-11}\ \mathrm{m}$$

4　物質波の波長 λ は（2-15）式より，$\lambda = h/mv$ となる。また，プランク定数の単位 J s は，

$$\mathrm{J\ s} = (\mathrm{N\ m})\mathrm{s} = (\mathrm{kg\ m\ s^{-2}})\mathrm{m\ s} = \mathrm{kg\ m^2\ s^{-1}}$$

で表されるので

毎秒 10 m で疾走中の体重 50 kg の人間では

$$\lambda = \frac{6.6260 \times 10^{-34}\ \mathrm{kg\ m^2\ s^{-1}}}{50\ \mathrm{kg} \times 10\ \mathrm{m\ s^{-1}}}$$

$$= 1.326 \times 10^{-36}\ \mathrm{m} = 1.326 \times 10^{-27}\ \mathrm{nm}$$

光速の 1/100 の速度で運動中の電子では

$$\lambda = \frac{6.6260 \times 10^{-34}\ \mathrm{kg\ m^2\ s^{-1}}}{(9.1094 \times 10^{-31}\ \mathrm{kg}) \times (0.01 \times 2.9979 \times 10^8\ \mathrm{m\ s^{-1}})}$$

$$= 2.4263 \times 10^{-10}\ \mathrm{m} = 0.2426\ \mathrm{nm}$$

5　ボーアの原子モデルでは，質量 m の電子が電荷 $+Ze$ の原子核を中心とする半径 r の円軌道を速度 v でまわっている。すなわち，地球のまわりを運動する月のように，電子は定まった経路を運動するものとして取り扱われている。一方，シュレーディンガー波動方程式から導かれる波動関数 ψ の２乗 $\psi^2\,\mathrm{d}x\,\mathrm{d}y\,\mathrm{d}z$ は，微小空間 $\mathrm{d}x\,\mathrm{d}y\,\mathrm{d}z$ 中に電子を見出す確率を与える。すなわち，電子の存在しそうな空間領域は，電子の存在確

率として分布している。また，電子の存在確率は，三次元的に広がった雲のようであることから電子雲（electron cloud）とよばれる。両者とも日本語では軌道と表すが，英語では決まった軌道の上を運動するボーアの原子モデルにおける電子の軌道は orbit（オービット），電子の存在確率として分布しているシュレーディンガー波動方程式から導かれる電子の軌道は orbital（オービタル）と区別されている。

6　省略

7　C：　$1s^2\ 2s^2\ 2p^2$

Na：　$1s^2\ 2s^2\ 2p^6\ 3s^1$

Cl^-：　$1s^2\ 2s^2\ 2p^6\ 3s^2\ 3p^6$

Ca^{2+}：　$1s^2\ 2s^2\ 2p^6\ 3s^2\ 3p^6$

8

元素の種類	電子配置	$n = 2$	3	4	5
アルカリ金属	ns^1	Li	Na	K	Rb
アルカリ土類	ns^2	Be	Mg	Ca	Sr
ハロゲン	$ns^2\ np^5$	F	Cl	Br	I
希ガス	$ns^2\ np^6$	Ne	Ar	Kr	Xe

9　(a)　最も大きいもの：N，最も小さいもの：Si

理由：第 1 イオン化エネルギーは，同一周期で比較すると原子番号の増大に伴って増大し，また同じ族で比較すると原子番号が大きいものほど小さくなる傾向がある。ここで，C，N は第 2 周期，Si，P は第 3 周期であり，C，Si は 14 族，N，P は 15 族である。したがって，イオン化エネルギーの大小関係は，C < N，Si < P であり，かつ Si < C，P < N であるので，N が最も大きく Si が最も小さくなる。

(b)　最も大きいもの：Ne，最も小さいもの：K

理由：Na，K は 1 族，Ne，Ar は 18 族であり，最外殻電子構造が $2p^6$ である Ne より原子番号が 1 だけ大きな Na の最外殻電子構造は $3s^1$ であるので，イオン化エネルギーは Na < Ne となる。Ar と K についても同様に K < Ar となる。また，同じ族で比較すると，原子番号が大きいものほど小さくなる傾向があるので，K < Na および Ar < Ne となる。したがって，Ne が最も大きく K が最も小さくなる。

(c)　最も大きいもの：F，最も小さいもの：Rb

理由：Na，Rb は 1 族，F，Cl は 17 族であり，同じ族で比較すると原子番号が大きいものほどイオン化エネルギーは小さくなる傾向があるので，Rb < Na および Cl < F となる。また，Na と Cl は第3周期で，同一周期で比較すると原子番号の増大に伴ってイオン化エネルギーは増大するので，Na < Cl となる。したがって，F が最も大きく Rb が最も小さくなる。

10　一般に，電子親和力は電子を取り込んだ際に安定になるときに正の値となり，不安定になるときに負の値となる。2族のアルカリ土類金属の最外殻電子配置は ns^2 であり，電子が1個多い状態をとるには，ns 軌道よりも高いエネルギー準位の np 軌道に電子を入れなければならない。すなわち，電子を取り込んだことによって不安定となるので，2族のアルカリ土類金属の電子親和力は負の値になる。これと同様な現象は，18族の希ガスにおいても認められる。

11　B や Al の最外殻電子構造は $ns^2\ np^1$ であり，p 軌道に1個の電子が充填されている。p 軌道は，s 軌道に比べてエネルギー準位が高く電子の束縛が弱いので，B や Al では p 軌道の電子を放出しやすいことになり，わずかにイオン化エネルギーが小さくなる。また O や S の最外殻電子構造は $ns^2\ np^4$ であり，三つの p 軌道のうち一つの軌道にだけ2個の電子が充填されている。この状態は電子のクーロン力による反発が大きくなり不安定となり，その結果，電子を放出しやすくなる。

12　(a) 時間 t における原子数を $N(t)$，崩壊定数を λ としたときの微分方程式 $\mathrm{d}N(t)/\mathrm{dt} = -\lambda N(t)$ を，初期条件 $t = 0$ における原子数 $N(0) = N_0$，$t = t$ における原子数 $N(t) = N$ とおいて解くと，$\ln(N/N_0) = -\lambda t$ が得られる。ここで半減期では $t = t_{1/2}$，$N = \mathrm{N_0}/2$ であるので

$$t_{1/2} = \frac{\ln 2}{\lambda}$$

と表される。

(b) $\lambda = \dfrac{\ln 2}{t_{1/2}} = \dfrac{\ln 2}{27.7} = 2.502 \times 10^{-2}\ \mathrm{y}^{-1}$

(c) 原子数が最初の 1/10 になるのに必要な時間 $t = t_{1/10}$ では，

$\ln \dfrac{N}{N_0} = -\lambda t$ において $N = \dfrac{N_0}{10}$ であるので，$\ln\left(\dfrac{1}{10}\right) = -\lambda t_{1/10}$ となる。したがって，$t_{1/10} = \dfrac{\ln 10}{\lambda}$

（d）$t_{1/10} = \dfrac{\ln 10}{\lambda} = \dfrac{\ln 10}{2.502 \times 10^{-2}\ \mathrm{y}^{-1}} = 92.03\ \mathrm{y}$

13　^{14}C の放射線分析によるカウント数は，^{14}C 原子が崩壊したことに伴う測定値なので，^{14}C 原子数に比例するものと見なせる。したがって，本実験結果は（2-22）式において，$N = 8$ cpm，$N_0 = 12.5$ cpm とすることができる。したがって，求める時間 t は

$$t = -\frac{1}{\lambda}\ln\frac{N}{N_0} = -\frac{1}{\lambda}\ln\frac{8}{12.5}$$

また，崩壊定数 λ は，半減期 $t_{1/2}$ との間に $\lambda = (\ln 2)/t_{1/2}$ の関係があるので，

$$t = -\frac{1}{\lambda}\ln\frac{8}{12.5} = -\frac{t_{1/2}}{\ln 2}\ln\frac{8}{12.5} = -\frac{5730}{\ln 2}\ln\frac{8}{12.5} = 3689\ \mathrm{y}$$

第3章　イオン結合

1　（a）$+1.6 \times 10^{-19}$ C　（b）$+3.2 \times 10^{-19}$ C　（c）-1.6×10^{-19} C
（d）-3.2×10^{-19} C

2　（a）$+1.6 \times 10^{-19}$ C　（b）$+1.6 \times 10^{-19}$ C

3　（a）+1

エネルギー
3p
3s
2p
2s
1s

（b）+2

エネルギー
3p
3s
2p
2s
1s

（c）+3

エネルギー
2p
2s
1s

（d）−1

エネルギー
2p
2s
1s

（e）−2

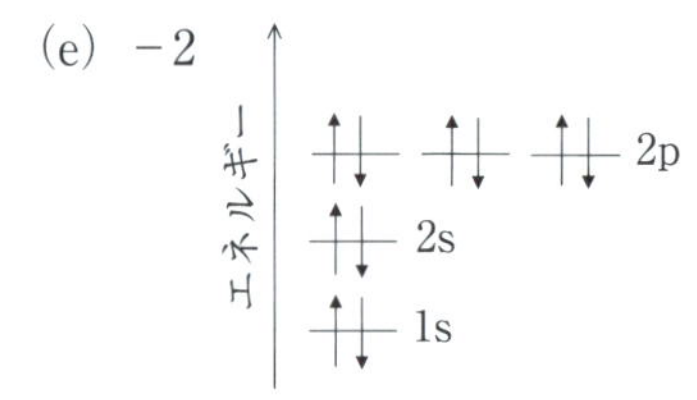

4

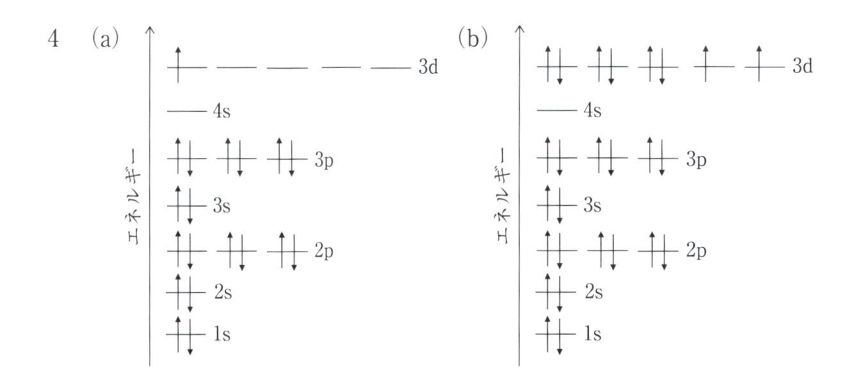

5　Br の原子半径 ＜ Br^- のイオン半径

Br^- イオンは Br 原子よりも電子が 1 個多い。そのため，遮蔽効果は $Br^- > Br$，有効核電荷は $Br^- < Br$ であり，その結果，電子が原子核から受ける引力は，$Br^- < Br$ となり，Br^- の電子雲は Br の原子雲よりも膨張している。

6　$Cu > Cu^+ > Cu^{2+}$

Cu^+ イオンは Cu 原子よりも電子が 1 個少ない。そのため，遮蔽効果は $Cu^+ < Cu$，有効核電荷は $Cu^+ > Cu$ であり，その結果，電子が原子核から受ける引力は $Cu^+ > Cu$ となり，Cu^+ の電子雲は Cu の原子雲よりも収縮している。Cu^{2+} ではこの効果がさらに大きい。

7　アルカリ金属元素やアルカリ土類金属元素は，周期表で左側に位置し電気陰性度が小さい。そのため陽イオンになりやすい。

ハロゲン元素は，周期表で右側に位置し電気陰性度が大きい。そのため陰イオンになりやすい。

8　陽イオンと陰イオンの間にはたらく引力は，イオンの電荷の絶対値の積に比例し，イオン間距離の 2 乗に反比例する。問題ではイオン間距離が等しいという条件が与えられているため，イオン間にはたらく引力はイオンの電荷の絶対値の積により決まる。

KBr は K^+ と Br^- からなり，BaO は Ba^{2+} と O^{2-} からなる。したがって，イオンの電荷の絶対値の積の比は，

$$KBr : BaO = 1 \times 1 : 2 \times 2 = 1 : 4$$

これがイオン間にはたらく引力の比である。

9　(a) 融点は KF ＞ KCl ＞ KBr ＞ KI の順に低くなると推測される。

陽イオンと陰イオンの間にはたらく引力が大きいほど融点は高い。

陽イオンと陰イオンの間にはたらく引力は，イオンの電荷の絶対

値の積に比例し，イオン間距離の2乗に反比例する。いずれの化合物も1価の陽イオンと陰イオンからなるため，イオンの電荷の絶対値の積は等しい。したがって，イオン間にはたらく引力はイオン間距離により決まる。

与えられた結晶において，イオン間距離は陽イオンと陰イオンの半径の和に等しい。いずれの化合物においても陽イオンはK^+であり，陰イオンの半径は，$F^- < Cl^- < Br^- < I^-$の順に大きくなる。そこで，イオン間距離は$KF < KCl < KBr < KI$の順に大きくなり，陽イオンと陰イオンの間にはたらく引力は，$KF > KCl > KBr > KI$の順に小さくなる。したがって，融点は$KF > KCl > KBr > KI$の順に低くなると推測される。

(b) 融点は$LiCl > NaCl > KCl > RbCl$の順に低くなると推測される。

上記（a）と同様の理由により，与えられた化合物においてイオン間にはたらく引力はイオン間距離により決まり，イオン間距離は陽イオンのイオン半径により決まる。陽イオンの半径は$Li^+ < Na^+ < K^+ < Rb^+$の順に大きくなるので，イオン間距離は$LiCl < NaCl < KCl < RbCl$の順に大きい。そのため，陽イオンと陰イオンの間にはたらく引力は，$LiCl > NaCl > KCl > RbCl$の順に小さくなる。したがって，融点は$LiCl > NaCl > KCl > RbCl$の順に低くなると推測される。

10　格子エネルギーは$CaO > NaF$であると推測される。

陽イオンと陰イオンの間にはたらく引力が大きいほど格子エネルギーは大きくなる。

陽イオンと陰イオンの間にはたらく引力は，イオンの電荷の絶対値の積に比例し，イオン間距離の2乗に反比例する。Ca^{2+}とNa^+，また，F^-とO^{2-}のイオン半径がほぼ等しいことから，CaOとNaFはほぼ等しいイオン間距離をもつといえる。したがって，イオン間にはたらく引力はイオンの電荷により決まる。

Ca^{2+}とO^{2-}は2価のイオンであり，Na^+とF^-は1価のイオンである。したがって，イオンの電荷の絶対値の積の比は，$CaO : NaF = 2 \times 2 : 1 \times 1 = 4 : 1$であり，イオンの電荷の絶対値の積はCaOの方が大きい。したがって，陽イオン・陰イオン間にはたらく引力はCaOの方が大きく，格子エネルギーもCaOの方が大きいと推測される。

11　図3-12において，Na^+をK^+で，Cl^-をBr^-で置き換えた図を描けばよい。

12　NaCl は 1 価のイオンからなるイオン結晶，MgO は 2 価のイオンからなるイオン結晶であるため，陽イオン・陰イオンの電荷の絶対値の積は MgO の方が大きく，したがって，陽イオン・陰イオン間にはたらく引力は MgO の方が大きい。イオン間にはたらく引力が大きい分だけ，MgO においては水和がイオン結合に打ち勝つのは困難であると推測される。これが MgO が水に溶解しない理由である。

第 4 章　共有結合

1　(a) 異核 2 原子分子なので，極性分子である。

:Br:F:

(b) 等核 2 原子分子なので，無極性分子である。

:N:::N:

(c) 直線分子だが，H－C 結合と C≡N 結合では双極子モーメントが違うので，極性分子である。

H:C:::N:

(d) 中央の O 原子に非共有電子対があり，分子形がくの字なので，極性分子である。

(e) 分子が正三角形をしており，すべての B－Br の双極子モーメントが同じなので，打ち消しあって無極性分子となる。

(f) O－O 単結合は回転することができ，二つの O－H 結合は，双極子モーメントが打ち消しあう位置にいることはほぼないので，極性分子である。

2　(a) Al 原子は単結合 3 個だけで非共有電子対がないので分子の形は正三角形であり，Al 原子の取りうる混成は sp^2 混成である。

(b) すべての C 原子は単結合 2 個と二重結合 1 個で三角形であり，分子全体では正六角形をしている。すべての C 原子の取りうる混成は sp^2 混成である。

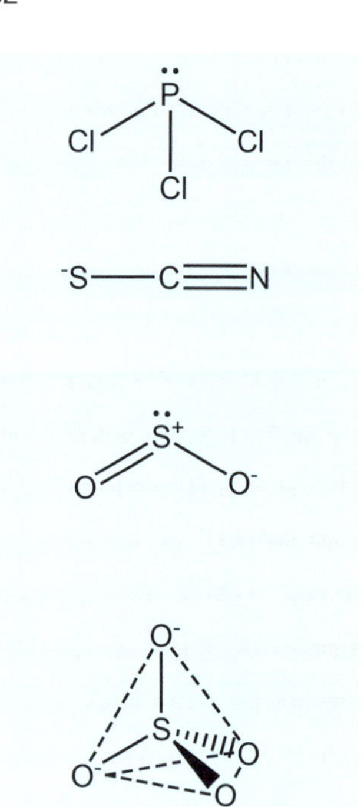

(c) P 原子は単結合 3 個と非共有結合電子対 1 組があるので分子の形は三角錐形である。P 原子は sp^3 混成をとる。

(d) C 原子は単結合 1 個と三重結合 1 個であるので，イオン形は直線である。C 原子は sp 混成をとる。

(e) S 原子には単結合 1 個（これは配位結合とも考えられる），二重結合 1 個，非共有電子対 1 組があるので，分子はくの字型となる。S 原子の混成は sp^2 混成である。

(f) S 原子に結合している O 原子は 4 個。この間の結合は，単結合 2 個と二重結合 2 個，あるいは単結合 2 個と配位結合 2 個と考えられ，また，4 個の S − O 結合は共鳴で等しくなっていることから，イオン形は正四面体。S 原子は sp^3 混成である。

3 (a) $\mu = |q|r$ であり，電気素量は 1.602×10^{-19} C，1 D = 3.336×10^{-30} C m であることから

$$|q| = \mu \times 3.336 \times 10^{-30}/(r \times 1.602 \times 10^{-19})$$

と計算される。したがって

$$|q| = 0.16 \times 3.336 \times 10^{-30}/(1.15 \times 10^{-10} \times 1.602 \times 10^{-19}) = 0.03\ \mathrm{e}$$

電気陰性度は，N ＜ O なので，N 原子の電荷は + 0.03 e，O 原子の電荷は − 0.03 e

(b) O_2 は等核 2 原子分子なので極性はない。したがってどちらの O 原子とも 0 e

(c) $|q|$ = 0.06 e　電気陰性度は H ＜ I なので，H 原子の電荷は + 0.06 e，I 原子の電荷は − 0.06 e

(d) $|q|$ = 0.85 e　電気陰性度は Ba ＜ O なので，Ba 原子の電荷は + 0.85 e，O 原子の電荷は − 0.85 e

(e) $|q|$ = 0.80 e　電気陰性度は K ＜ Cl なので，K 原子の電荷は + 0.85 e，Cl 原子の電荷は − 0.85 e

(f) $|q|$ = 0.77 e　電気陰性度は Li ＜ H なので，Li 原子の電荷は + 0.77 e，H 原子の電荷は − 0.77 e

4 (a) He_2^+ イオンの電子数は 3 個であり，H_2^- イオンと同数である。1s 軌道から形成される分子軌道の結合性軌道，反結合性軌道のエネルギーの高低関係は，原子核の電荷にかかわりなく同じと考える

ことができるので，He_2^+イオンも図 4–16 を基に考えればよい。図 4–16 中の分子軌道にエネルギーの低い軌道から 3 電子配置すると，σ 結合性軌道に 2 電子，σ^* 反結合性軌道に 1 電子配置され，原子の 1s 軌道に配置されているよりも $2\Delta E_b - \Delta E_a$ だけ安定化されるので，He 原子と He^+ イオンに分かれているよりも，結合をつくり He_2^+ イオンでいる方が安定化する。

(b) O_2 分子の電子配置は図 4–18 (b) の通りであるが，O_2^+ イオンはこの配置から 1 電子除くことになり，O_2^- イオン，O_2^{2-} イオンはそれぞれこの配置にさらに 1 電子あるいは 2 電子加えることになる。O_2 分子から電子を取り除く場合も加える場合も反結合性軌道から取り除く，あるいは加えることになるので，それぞれの結合次数は

$$O_2 : \frac{8\,(\text{結合性軌道の電子数}) - 4\,(\text{反結合性軌道の電子数})}{2} = 2$$

$$O_2^+ : \frac{8\,(\text{結合性軌道の電子数}) - 3\,(\text{反結合性軌道の電子数})}{2} = 2.5$$

$$O_2^- : \frac{8\,(\text{結合性軌道の電子数}) - 5\,(\text{反結合性軌道の電子数})}{2} = 1.5$$

$$O_2^{2-} : \frac{8\,(\text{結合性軌道の電子数}) - 6\,(\text{反結合性軌道の電子数})}{2} = 1$$

となる。結合次数が大きいほど強い結合であり，結合している原子が同じであれば，結合が強いほど結合距離は短くなるので，結合距離の長さは次のとおりになる。

$$O_2^{2-} > O_2^- > O_2 > O_2^+$$

5 (a) $BeCl_2$ は空の p 軌道が 2 個あり，この空軌道に対してエタノール酸素の非共有電子対が配位結合をする。この時 Be 原子は，Cl 原子との単結合 2 個とエタノール O 原子との配位結合 2 個があるため，VSEPR 則より四面体構造をとる。

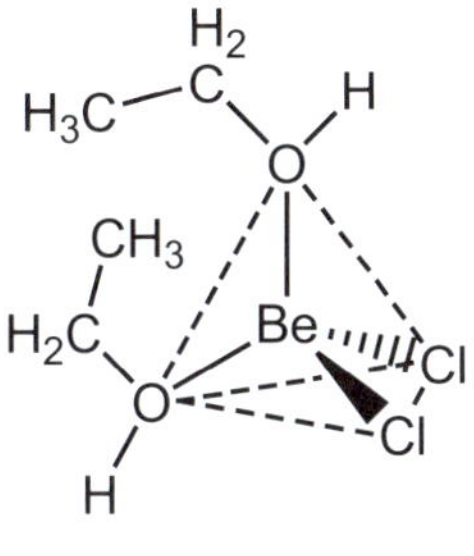

(b) 吸収する光の波長 λ と d 軌道のエネルギー差 Δ との間には

$$\Delta = h\nu = \frac{hc}{\lambda}$$

の関係がある。また，錯体の色は吸収する光の補色となるので

$$[CoCl_4]^{2-}：色\quad青；\Delta = \frac{hc}{\lambda} = \frac{(6.6 \times 10^{-34}) \times (3.0 \times 10^{8})}{600 \times 10^{-9}}\ J$$

$$= 3.3 \times 10^{-19}\ J = 2.1\ eV$$

$$[Co(NH_3)_6]^{2+}：色\quad赤；\Delta = \frac{hc}{\lambda} = \frac{(6.6 \times 10^{-34}) \times (3.0 \times 10^{8})}{500 \times 10^{-9}}\ J$$

$$= 4.0 \times 10^{-19}\ J = 2.5\ eV$$

第5章　分子間の結合

1　(a) CH_3COOCH_3 は，水素結合できる部位がないため，エステル部位（－COO－）の分極による双極子の相互作用が分子間力となる。水素結合でない双極子－双極子相互作用は水素結合よりも安定化のエネルギーが小さい。それに対して (b) CH_3CH_2COOH と (c) $HOCH_2CH_2OH$ は水素結合が分子間力となるので，安定化のエネルギーが大きい。(b) は水素結合を行う部位が，分子中でカルボキシ基1か所であり，もう一つの分子と相補的に水素結合を行っている分子が多い。

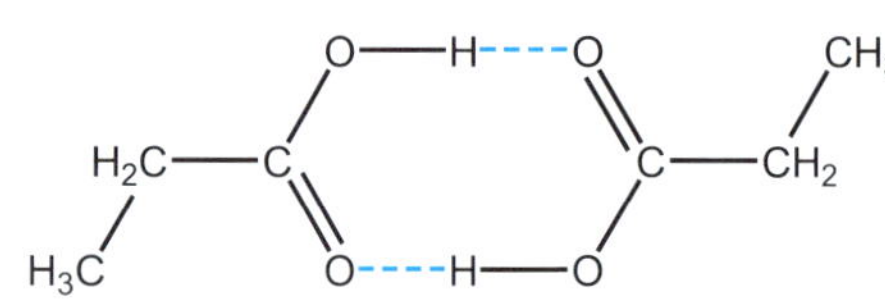

それに対して，(c) は分子中に水素結合できる水酸基が2か所あり，網目状につながることができる。

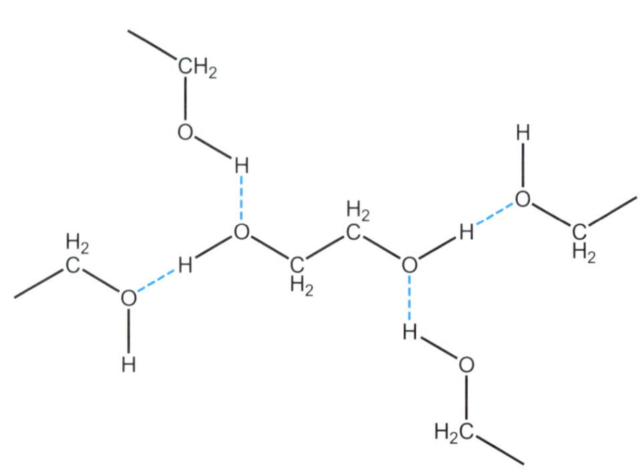

水素結合を切断して1分子だけ取り出すには，(b) よりも (c) の方が

エネルギーを必要とし，その分だけ沸点が高くなっている。

2　エタノールの水酸基のみが H_2O と水素結合し，エチル基は水素結合しない。例えば，次の図のようになる。

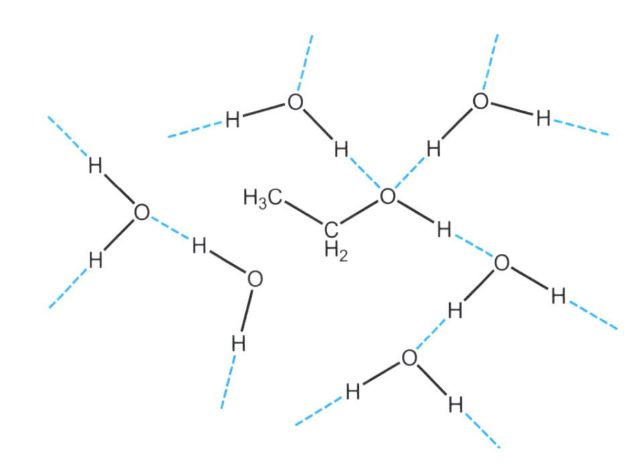

3　静電的相互作用はクーロン力の相互作用なので，その安定化エネルギーは次のようになる。

$$E = -\frac{q_1 q_2}{r} = \frac{(1.6 \times 10^{-19})^2}{1.7 \times 10^{-10}}\,\mathrm{J} = 1.5 \times 10^{-18}\,\mathrm{J}$$

1 mol あたりのエネルギーは

$$E \times N_{\mathrm{A}} = (1.5 \times 10^{-18}\,\mathrm{J}) \times (6.0 \times 10^{23}\,\mathrm{mol^{-1}}) = 9.0 \times 10^{5}\,\mathrm{J\,mol^{-1}}$$

である。実際には，カルボン酸イオンの O^- が－e の電荷を，アンモニウムイオンの H^+ が＋e の電荷をもつことはないので，これほど大きな安定化エネルギーは示さない。

4　DNA の塩基対どうしは，芳香環スタッキング相互作用によってお互いに芳香環の面が接しあって二重らせんを形成している。エチジウムイオンなど芳香環をもち DNA と相互作用するものは，この塩基対の間に挿入（intercalate）され，サンドイッチ様に相互作用することが知られている。

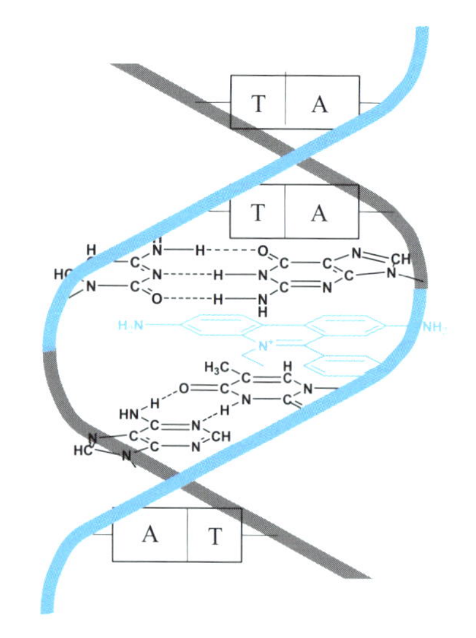

5　ペプチド結合部は平面性が強く，N－H 結合と C＝O 結合はペプチド鎖に対してお互い逆方向を向くことが多い。C＝O 結合は $C^{\delta+}=O^{\delta-}$ のように分極しており，N－H 部位と水素結合をする。

これをふまえ，α ヘリックスと β シートに書き入れると

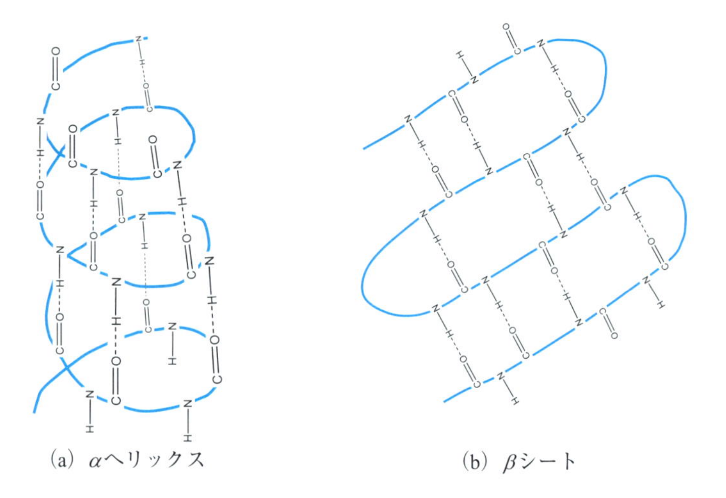

(a) αヘリックス　　(b) βシート

のようになる。

第6章　固体における電子の軌道

1

(a)

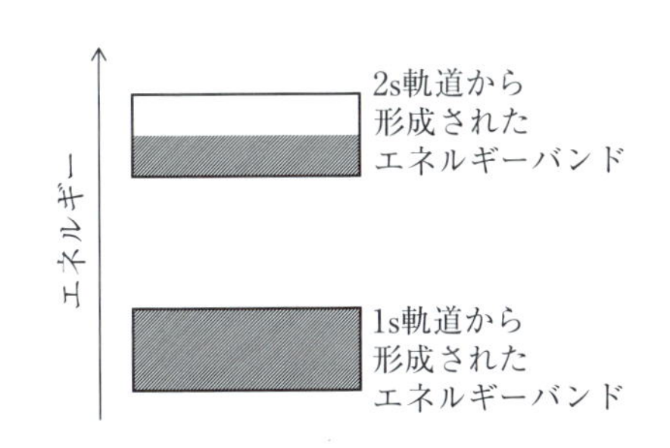

上図が正解。

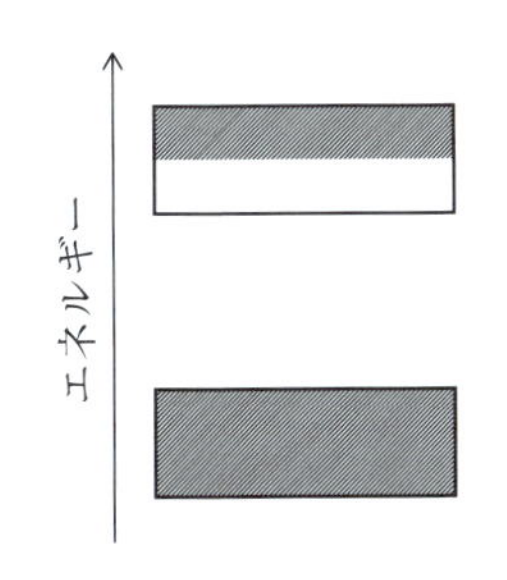

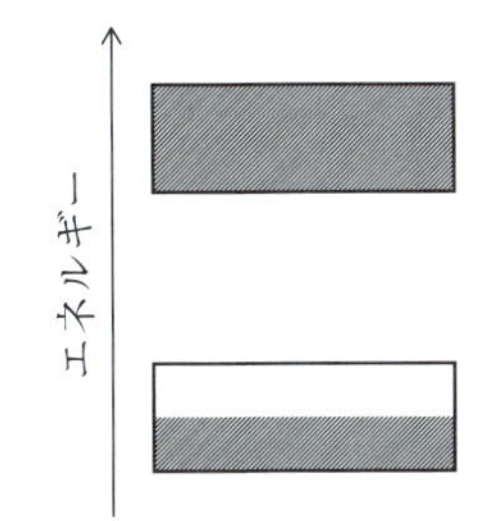

などは不正解。

(b) Li の原子量は 6.94 であるから，6.94 g のリチウム結晶は 1 mol の Li 原子，すなわち 6.02×10^{23} 個の Li 原子によって構成される。

　したがって，6.02×10^{23} 個の 1s 軌道ならびに 6.02×10^{23} 個の 2s 軌道からエネルギーバンドが形成される。すなわち，1s 軌道から形成されるエネルギーバンドは，6.02×10^{23} 個の軌道によって構成され，2s 軌道から形成されるエネルギーバンドも，6.02×10^{23} 個の軌道によって構成される。

(c) Li 原子は 3 個の電子をもつ。したがって，6.94 g のリチウム結晶は，$3 \times 6.02 \times 10^{23}$ 個の電子をもつ。$3 \times 6.02 \times 10^{23}$ 個の電子がエネルギーの低い軌道から順に入る。

　1s 軌道から形成されるエネルギーバンドは，6.02×10^{23} 個の軌道でできており，各軌道は電子を 2 個まで収容できる。したがって，1s 軌道から形成されるエネルギーバンドは，$2 \times 6.02 \times 10^{23}$ 個の電子をもつ。

　2s 軌道から形成されるエネルギーバンドも 6.02×10^{23} 個の軌道でできており，$2 \times 6.02 \times 10^{23}$ 個の電子を収容できる。しかし，1s 軌道から形成されるエネルギーバンドに含まれる電子以外の電子は，6.02×10^{23} 個である。したがって，2s 軌道から形成されるエネルギーバンドは，6.02×10^{23} 個の電子をもつ。

(d) 電子によって占有される軌道は，1s 軌道から形成されるエネルギーバンドにおいて 6.02×10^{23} 個，2s 軌道から形成されるエネルギーバンドにおいて $(1/2) \times 6.02 \times 10^{23} = 3.01 \times 10^{23}$ 個である。

2　孤立した炭素原子における電子の軌道のエネルギーは不連続で離散的である。

一方，ダイヤモンドにおける電子の軌道のエネルギーは，ある特定のエネルギーの範囲では連続的であり，それ以外のエネルギーの範囲では不連続である。（ダイヤモンドにおいて，エネルギーバンドを形成する軌道準位間のエネルギー差は非常に小さく，事実上 0 eV であるが，エネルギーバンド間のエネルギー差が明確に存在する。電子は，エネルギー準位図上のエネルギーバンド内の任意のエネルギーをもつことができるが，エネルギーバンド外のエネルギーをもつことができない。）

3　絶縁体や半導体のエネルギー準位図において，「電子によって完全に満たされたエネルギーバンドのうち，最もエネルギーの高いエネルギーバンド」が価電子帯であり，「空（から）のエネルギーバンドのうち，最もエネルギーの低いエネルギーバンド」が伝導帯である。

エネルギー準位図において，エネルギーの上で隣り合う二つのエネルギーバンドによって挟まれたエネルギーの範囲が禁制帯である。

4　金属のバンド構造を以下に示す。

エネルギーバンド C，D 内の電子は局在化しており，電圧を印加しても＋極に向かって移動しないが，エネルギーバンド B 内の電子は非局在化しており，電圧を印加すると＋極に向かって移動する。これが金属に電流が流れる仕組みである。

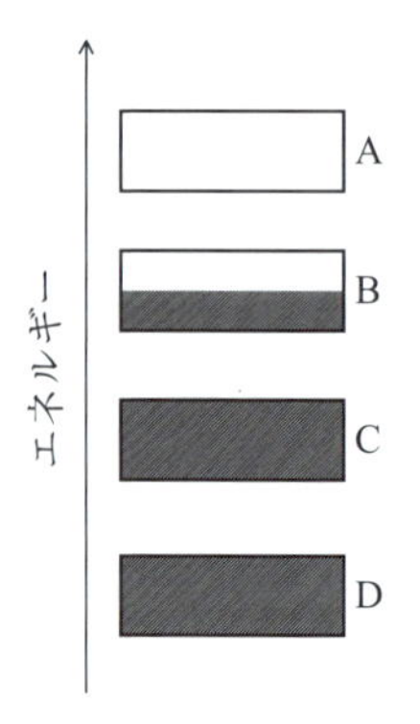

.　絶縁体のバンド構造を以下に示す。

エネルギーバンド C，D 内の電子は局在化しており，電圧を印加しても電子は＋極に向かって移動しない。このように，すべてのエネルギーバンドが空（から）であるか，電子によって満たされているかのどちらかであり，満たされたエネルギーバンド中の電子は局在化している。これが，絶縁体には電流が流れない理由である。

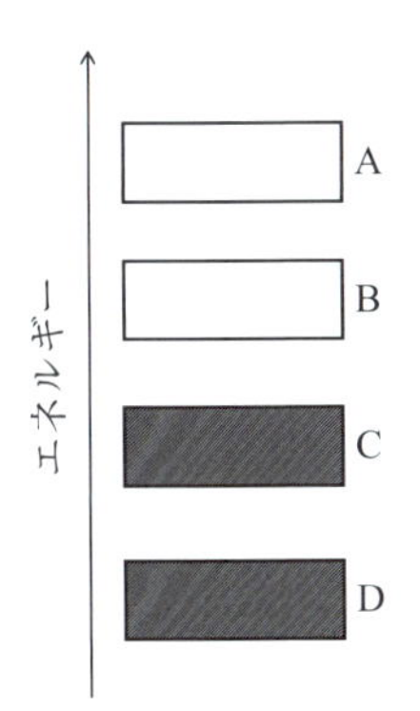

5　以下に半導体（左）と絶縁体（右）のバンド構造を示す。（価電子帯と伝導帯の間のバンドギャップエネルギーの大小だけを異なるように描いた）

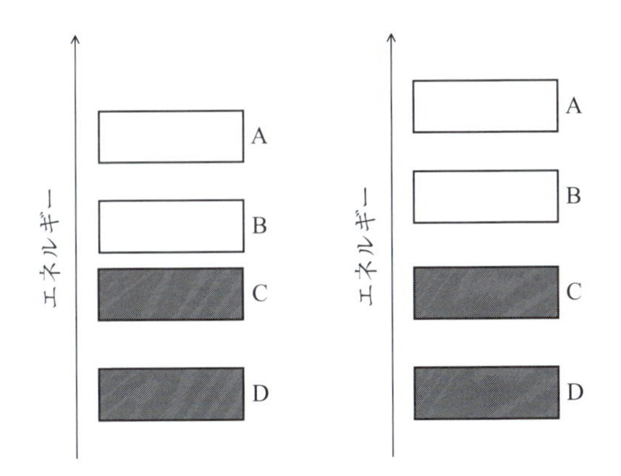

半導体においては，価電子帯と伝導帯の間のバンドギャップエネルギーが小さく，そのため常温でも価電子帯から伝導帯に電子が励起される。励起によって生じる「伝導帯中の電子」と「価電子帯中の正孔」は，電圧が印加された状況の下ではそれぞれ＋極，－極に移動するため，これらの移動が電流として検出される。

絶縁体のバンドギャップエネルギーは大きく，常温では価電子帯から伝導帯への電子が励起されにくい。すなわち，電圧印加のもとで電極に向かって移動しうる「伝導帯中の電子」と「価電子帯中の正孔」が生じにくい。このため，絶縁体では電流が流れにくい。

第7章　化学反応と化学量論

1　(a)　$AgNO_3$ のモル質量：169.9 g mol^{-1}

$$\frac{1.23\ \text{g}/169.9\ \text{g mol}^{-1}}{0.0500\ \text{dm}^3} = 0.145\ \text{M}\ (\text{mol dm}^{-3})$$

(b)　$$\frac{1.23\ \text{g}/169.9\ \text{g mol}^{-1}}{0.0500\ \text{kg}} = 0.145\ \text{mol kg}^{-1}$$

(c)　$$\frac{1.23\ \text{g}}{1.23\ \text{g} + 50.0\ \text{g}} \times 100 = 2.40\%$$

2　NaCl のモル質量：58.44 g mol^{-1}

NaCl の質量を x〔g〕とすると

$$\frac{x/58.44\ \text{g mol}^{-1}}{0.250\ \text{dm}^3} = 1.50 \times 10^{-3}\ \text{M}$$

$x = 2.19 \times 10^{-2}$ g

3　$Cd(NO_3)_2 \cdot 4H_2O$ のモル質量：308.5 g mol^{-1}

$Cd(NO_3)_2 \cdot 4H_2O$ の質量を x〔g〕とすると

$$\frac{x/308.5\ \text{g mol}^{-1}}{0.10\ \text{dm}^3} = 0.10\ \text{M}$$

$x = 3.1$ g

4　$[Al^{3+}] = 0.20\ \text{mol}/0.50\ \text{dm}^3 = 0.40\ \text{M}$　以下同様に

$[Co^{2+}] = 0.80$ M，$[NO_3^-] = 1.2$ M，$[Cl^-] = 1.6$ M

5　(a)　濃硫酸 1.00 dm^3 の質量：$1.00 \times 10^3\ \text{cm}^3 \times 1.83\ \text{g cm}^{-3}$

$= 1.83 \times 10^3$ g

H_2SO_4 の質量（濃硫酸 1.00 dm^3 中）：$1.83 \times 10^3\ \text{g} \times 0.960$

$= 1.76 \times 10^3$ g

H_2SO_4 のモル質量：98.09 g mol^{-1}

濃硫酸のモル濃度は

$$\frac{1.76 \times 10^3\ \text{g}}{98.09\ \text{g mol}^{-1}} = 17.9\ \text{M}$$

(b)　濃硫酸の体積を V〔cm^3〕とすると

$17.9\ \text{M} \times V\ [\text{cm}^3] = 2.00\ \text{M} \times 50.0\ \text{cm}^3$

$V = 5.59$ cm^3

6　Fe の原子量：55.85

ヘモグロビンの分子量を M とすると

$$\frac{4 \times 55.85}{M} \times 100 = 0.335\% \quad M = 6.67 \times 10^4$$

7　有機化合物が 100 g あるとすると，C = 40.0 g，H = 6.67 g，O = 53.3 g となる。物質量比は

$$\mathrm{C : H : O} = \frac{40.0}{12.01} : \frac{6.67}{1.008} : \frac{53.3}{16.00} = 3.33 : 6.62 : 3.33 = 1 : 2 : 1$$

組成式は CH_2O

分子量が 60.0 であったので，$(CH_2O)_n = 60.0$　$n = 2$ となり，分子式は $C_2H_4O_2$

8　$CH_4 + 2\ O_2 \longrightarrow CO_2 + 2\ H_2O$

$C_2H_6 + \frac{7}{2} O_2 \longrightarrow 2\ CO_2 + 3\ H_2O$

$C_3H_8 + 5\ O_2 \longrightarrow 3\ CO_2 + 4\ H_2O$

生成した H_2O の物質量：$\frac{1.80}{18.02} = 0.0999$ mol

CH_4 であれば 0.0499 mol，C_2H_6 であれば 0.0333 mol，C_3H_8 であれば 0.0250 mol

したがって，1.00 g になるのは C_2H_6（0.0333 mol）である。

9　71.0% × 0.9760 = 69.3%

10　(a) 酢酸のモル濃度を c〔M〕とすると

c〔M〕× 15.00 cm^3 = 0.5019 M × 18.50 cm^3

c = 0.6190 M

(b) CH_3COOH のモル質量：60.05 g mol^{-1}

0.6190 M CH_3COOH 15.00 cm^3 の CH_3COOH の質量は

0.6190 M × 60.05 g mol^{-1} × 0.01500 dm^3 = 0.5576 g

食酢 15.00 cm^3 の質量は

15.00 cm^3 × 1.055 g cm^{-3} = 15.82 g

質量パーセントは

(0.5576/15.82) × 100 = 3.525%

11　生成物の物質量

NH_3：7.98 mol　　H_2O：3.99 mol　　$CaCl_2$：3.99 mol

CaO の物質量：$\frac{224\ \mathrm{g}}{56.08\ \mathrm{g\ mol^{-1}}} = 3.99$ mol

NH_4Cl の物質量：$\dfrac{448\ \mathrm{g}}{53.49\ \mathrm{g\ mol^{-1}}} = 8.38\ \mathrm{mol}$

限定反応物は CaO

12 (a) $4\ NH_3(g) + 5\ O_2(g) \longrightarrow 4\ NO(g) + 6\ H_2O(g)$

(b) O_2 が限定反応物になるので，NO の生成量は

$$\frac{70.8\ \mathrm{kg}}{32.00\ \mathrm{g\ mol^{-1}}} \times \frac{4}{5} \times 30.01\ \mathrm{g\ mol^{-1}} = 53.1\ \mathrm{kg}$$

13 (a) $3\ Fe(s) + 4\ H_2O(g) \longrightarrow Fe_3O_4(s) + 4\ H_2(g)$

(b) Fe_3O_4 のモル質量：$231.6\ \mathrm{g\ mol^{-1}}$

Fe のモル質量：$55.85\ \mathrm{g\ mol^{-1}}$

Fe の質量：$\dfrac{448\ \mathrm{g}/231.6\ \mathrm{g\ mol^{-1}}}{0.680} \times 3 \times 55.85\ \mathrm{g\ mol^{-1}} = 477\ \mathrm{g}$

14 (a) $C_3H_8(g) + 3\ H_2O(l) \longrightarrow 3\ CO(g) + 7\ H_2(g)$

(b) C_3H_8 のモル質量：$44.09\ \mathrm{g\ mol^{-1}}$

H_2 のモル質量：$2.016\ \mathrm{g\ mol^{-1}}$

H_2 の理論収量：$\dfrac{5.0\ \mathrm{t}}{44.09\ \mathrm{g\ mol^{-1}}} \times 7 \times 2.016\ \mathrm{g\ mol^{-1}} = 1.6\ \mathrm{t}$

収率は

$$\frac{1.3\ \mathrm{t}}{1.6\ \mathrm{t}} \times 100 = 81\%$$

第 8 章　反応速度

1 ［A］を 2 倍にすると反応速度は 2 倍になるので，［A］に一次になる。
［B］を 2 倍にすると反応速度は 4 倍になるので，［B］に二次になる。
$x = 1,\ y = 2$

2 (a) $t_{1/2} = 25\ \mathrm{s}$ であるので，$k = 2.8 \times 10^{-2}\ \mathrm{s^{-1}}$

(8–18) 式より，$[A] = [A]_0 \exp(-kt) = 0.16\ \mathrm{M}$

(b) (8–17) 式より，$\ln[A] = -kt + \ln[A]_0$

$$t = \frac{\ln[A]_0 - \ln[A]}{k} = 66\ \mathrm{s}$$

(c) 99.9%反応が進行することは，A が 0.1%残っていることになる。

$[A] = 6.4 \times 10^{-4}\ \mathrm{M}$

$$t = \frac{\ln[A]_0 - \ln[A]}{k} = 2.5 \times 10^2\ \mathrm{s}$$

3　一次反応であれば（8–17）式が成り立つので，ショ糖をAとすると，ln[A] を時間 t に対してプロットし直線になれば一次反応になる。実際，良好な直線となるので，一次反応である。その直線の傾きが反応速度定数 k である。$k = 3.5 \times 10^{-3}\ \mathrm{min}^{-1}$，$t_{1/2} = 2.0 \times 10^{2}\ \mathrm{min}$

（別解）$k = (\ln[\mathrm{A}]_0 - \ln[\mathrm{A}])/t$ を用いて，各時間での k を求める。

60 min のとき，$k_{60} = 3.6 \times 10^{-3}\ \mathrm{min}^{-1}$

130 min のとき，$k_{130} = 3.5 \times 10^{-3}\ \mathrm{min}^{-1}$

180 min のとき，$k_{180} = 3.5 \times 10^{-3}\ \mathrm{min}^{-1}$

一定であるので，一次反応である。平均値：$k = 3.5 \times 10^{-3}\ \mathrm{min}^{-1}$

4　99.9％反応が進行したときの反応物の濃度 $[\mathrm{A}]_{99.9\%}$ は，初濃度を $[\mathrm{A}]_0$ とすると

$[\mathrm{A}]_{99.9\%} = 0.001[\mathrm{A}]_0$

（8–17）式より，$\ln[\mathrm{A}]_0 - \ln[\mathrm{A}]_{99.9\%} = kt_{99.9\%}$

$$\ln 1000 = k t_{99.9\%} \quad t_{99.9\%} = \frac{\ln 1000}{k}$$

一次反応の半減期は，$t_{1/2} = \ln 2/k$ であるので

$$\frac{t_{99.9\%}}{t_{1/2}} = \frac{\ln 1000}{\ln 2} = 9.97$$

したがって，9.97 倍

5　(a) N_2O_5 の分圧 $p_{N_2O_5}$ は濃度の比例するので，$\ln p_{N_2O_5}$ を時間 t に対してプロットする。直線となるので，一次反応である。

傾きから，$k = 4.7 \times 10^{-4}\ \mathrm{s}^{-1}$

(b) $N_2O_5 \longrightarrow N_2O_3 + O_2$ が律速段階であると考えられる。

6　（8–25）式より，$\ln 3 = (-E_a/R)\left(\frac{1}{308} - \frac{1}{298}\right)$，$E_a = 84\ \mathrm{kJ\ mol^{-1}}$

7　（8–24）式を用いて，$\ln k$ を $(1/T)$ に対してプロットすれば直線となる。その直線の傾きから活性化エネルギー E_a，切片から頻度因子 A を求める。

$E_a = 187\ \mathrm{kJ\ mol^{-1}}$，$A = 9.69 \times 10^{11}\ \mathrm{M^{-1}\ s^{-1}}$

8　(a) 二酸化マンガンが触媒としてはたらいたため

(b) 低い温度になると分解反応速度が小さくなるため

第9章　化学平衡

1　$\Delta_r G^\circ = -RT\ln K_p = -RT\ln\dfrac{p_B}{p_A}$

$\Delta_r G^\circ > 0$ より，$\dfrac{p_B}{p_A} < 1$ となる。

したがって，$p_A > p_B$

2　(a) 平衡時にDが0.15 mol生成したので，平衡時の n_C は以下のようになる。

$n_C = 0 + 0.15 \times 2 = 0.30$ mol

(b) 同様に n_A，n_B は以下のようになる。

$n_A = 0.20 - 0.15 = 0.05$ mol

$n_B = 0.60 - 0.15 \times 3 = 0.15$ mol

したがって，全物質の物質量の合計 n_t は以下のようになる。

$n_t = 0.05 + 0.15 + 0.30 + 0.15 = 0.65$ mol

全圧 P が1 barなので，各物質の分圧は以下のようになる。

$$p_A = P\frac{n_A}{n_t} = 1 \times \frac{0.05}{0.65} = 0.077 \text{ bar}$$

$$p_B = 1 \times \frac{0.15}{0.65} = 0.23$$

$$p_C = 1 \times \frac{0.30}{0.65} = 0.46$$

$$p_D = 1 \times \frac{0.15}{0.65} = 0.23$$

(c) $K_p = \dfrac{{p_C}^2 p_D}{p_A {p_B}^3} = \dfrac{0.46^2 \times 0.23}{0.077 \times 0.23^3} = 52$

(d) $\Delta_r G^\circ = -RT\ln K_p = -8.314 \times 298 \times \ln 52 = -9.8 \times 10^3$ J

3　(a) $2\,SO_2 + O_2 \rightleftarrows 2\,SO_3$

(b) この反応の標準状態におけるギブズ自由エネルギー差 $\Delta_r G^\circ$ は以下のとおりである。

$$\Delta_r G^\circ = 2\Delta_f G^\circ(SO_3) - \{2\Delta_f G^\circ(SO_2) + \Delta_f G^\circ(O_2)\}$$
$$= 2 \times (-371.06) - \{2 \times (-300.19) + 0\} = -141.74 \text{ kJ}$$

したがって

$$K_p = \exp\frac{-\Delta_r G^\circ}{RT}$$

$$= \exp\left(-\frac{-141.74 \times 10^3}{8.314 \times 298}\right)$$

$= 7.00 \times 10^{24}$

(c) $K_p \gg 1$ より SO_3 の方が多く存在する。

4 (a) (9–24) 式より

$K_p = K_c(RT)^{\Delta n}$

反応式より

$\Delta n = 2 - 2 = 0$

したがって，$K_c = K_p = 49.5$

(b) 平衡状態で $2x$〔mol〕の HI が消失したとすると，平衡状態の各物質の物質量は次のとおりになる。

$n_{I_2} = 0 + x$〔mol〕

$n_{H_2} = 0 + x$〔mol〕

$n_{HI} = 0.0100 - 2x$〔mol〕

平衡状態における各物質の濃度は次のとおりになる。

$$[I_2] = \frac{x}{0.500} = 2x \text{〔M〕}$$

$$[H_2] = \frac{x}{0.500} = 2x \text{〔M〕}$$

$$[HI] = \frac{0.0100 - 2x}{0.500} = 0.0200 - 4x$$

濃度平衡定数の式より

$$K_c = \frac{[HI]^2}{[I_2][H_2]} = \frac{(0.0200 - 4x)^2}{(2x)^2}$$

$$K_c^{0.5} = 49.5^{0.5} = \frac{0.0200 - 4x}{2x}$$

$x = 1.11 \times 10^{-3}$ mol

$$[I_2] = \frac{x}{0.500} = 2.21 \times 10^{-3} \text{ M}$$

$$[H_2] = \frac{x}{0.500} = 2.21 \times 10^{-3} \text{ M}$$

$[HI] = 0.0200 - 4x = 0.0156$ M

(c) 平衡状態のときに温度を上昇させると K_c が減少しているので，[HI] が小さくなり [I_2] や [H_2] が大きくなる逆方向に進むルシャトリエの原理がはたらいている。したがって，正方向に進むと温度が上昇する発熱反応である。

5　(a) 平衡状態における各物質の濃度は以下のとおりである。

$$[PCl_5] = \frac{a-x}{V} \ 〔M〕$$

$$[PCl_3] = \frac{x}{V} \ 〔M〕$$

$$[Cl_2] = \frac{x}{V} \ 〔M〕$$

したがって

$$K_c = \frac{[PCl_3][Cl_2]}{[PCl_5]} = \frac{(x/V)^2}{(a-x)/V}$$

$$= \frac{x^2}{(a-x)V}$$

(b) 平衡状態における各物質の物質量は以下のとおりである。

$n_{PCl_5} = (a-x)$〔mol〕

$n_{PCl_3} = x$〔mol〕

$n_{Cl_2} = x$〔mol〕

したがって平衡状態における全物質量 n_t は以下のとおりである。

$n_t = (a-x) + x + x = a + x$

平衡状態における全圧が P なので，各物質の分圧は以下のとおりである。

$$p_{PCl_5} = \frac{a-x}{a+x}P$$

$$p_{PCl_3} = \frac{x}{a+x}P$$

$$p_{Cl_2} = \frac{x}{a+x}P$$

したがって

$$K_p = \frac{p_{PCl_3} \cdot p_{Cl_2}}{p_{PCl_5}} = \frac{x^2}{a^2 - x^2}P$$

(c) 反応が正方向に進むと，全物質量は増加するので，全圧も増加する。したがって，平衡状態において全圧を大きくすると，全圧が減少する方向である逆方向に反応が進む。

第 10 章　酸と塩基の反応

1　(a) $HCOOH$ ＋ $H_2O \rightleftarrows$ (　H_3O^+　) ＋ (　$HCOO^-$　)

　　酸　　塩基　　酸　　塩基

(b) CH_3NH_2 ＋ $H_2O \rightleftarrows$ (　$CH_3NH_3^+$　) ＋ (　OH^-　)

　　塩基　　酸　　酸　　塩基

（c）CH_3COO^- ＋ $H_2O \rightleftarrows$（ CH_3COOH ）＋（ OH^- ）
塩基　酸　酸　塩基

（d）NH_4^+ ＋ $H_2O \rightleftarrows$（ H_3O^+ ）＋（ NH_3 ）
酸　塩基　酸　塩基

2　（a）$pH = -\log(2.5 \times 10^{-2}) = 1.60$
（b）$pH = 14.00 - pOH = 11.74$
（c）（10–43）式より，$pH = 2.36$
（d）（10–57）式より，$pH = 10.40$

3　（a）$[H^+] = 0.10 \times 0.042 = 4.2 \times 10^{-3}$ M　$pH = 2.38$
（b）$K_a = \dfrac{(4.2 \times 10^{-3})^2}{0.10} = 1.8 \times 10^{-4}$
（c）HX のモル濃度を x〔M〕とすると，$\dfrac{(0.025x)^2}{x} = 1.8 \times 10^{-4}$ より，
$x = 0.29$ M

4　（a）pH 1.00 の強酸 0.10 dm^3 の H^+ の物質量：1.0×10^{-2} mol
pH 3.00 の強酸 0.10 dm^3 の H^+ の物質量：1.0×10^{-4} mol（無視できる）
全体積 0.20 dm^3 に含まれる H^+ の物質量は 1.0×10^{-2} mol であるので
$[H^+] = 5.0 \times 10^{-2}$ M　$pH = 1.30$
（b）pH 2.00 の強酸 0.40 dm^3 の H^+ の物質量：4.0×10^{-3} mol
pH 11.00 の強塩基 0.40 dm^3 の OH^- の物質量：4.0×10^{-4} mol
$H^+ + OH^- \longrightarrow H_2O$
残っている H^+ の物質量：3.6×10^{-3} mol
全体積は 0.80 dm^3 であるので，
$[H^+] = 4.5 \times 10^{-3}$ M　$pH = 2.35$
（c）（b）と同様に計算する。$pH = 13.43$

5　CH_3COOH のモル質量：60.05 g mol^{-1}
CH_3COOH のモル濃度：$\dfrac{0.500 \text{ g}/60.05 \text{ g mol}^{-1}}{0.0600 \text{ dm}^3} = 0.139$ M
（10–43）式より，$pH = 2.81$

6　（10–66）式より，$pH = 4.93$

7　（a），（b），（f），（g）

8 (a) ヘンダーソン式（10–73）式より，$pH = 4.77 + \log\frac{0.20}{0.10} = 5.07$

(b) 水を加えても，CH_3COOH と CH_3COONa の濃度比は変化しないので，pH は変化しない。$pH = 5.07$

(c) 1.0 M HCl 1.0 cm^3 の HCl の物質量：1.0×10^{-3} mol

HCl を加えると，$CH_3COONa + HCl \longrightarrow CH_3COOH + NaCl$

HCl の物質量だけ CH_3COOH は増加し，CH_3COONa は減少する。

CH_3COOH の物質量：$0.10\ M \times 0.0500\ dm^3 + 1.0 \times 10^{-3}\ mol$

$= 6.0 \times 10^{-3}\ mol$

CH_3COONa の物質量：$0.20\ M \times 0.0500\ dm^3 - 1.0 \times 10^{-3}\ mol$

$= 9.0 \times 10^{-3}\ mol$

$pH = 4.95$

(d) 1.0 M NaOH 1.0 cm^3 の NaOH の物質量：1.0×10^{-3} mol

NaOH を加えると，$CH_3COOH + NaOH \longrightarrow CH_3COONa + H_2O$

CH_3COOH の物質量：$0.10\ M \times 0.0500\ dm^3 - 1.0 \times 10^{-3}\ mol$

$= 4.0 \times 10^{-3}\ mol$

CH_3COONa の物質量：$0.20\ M \times 0.0500\ dm^3 + 1.0 \times 10^{-3}\ mol$

$= 1.1 \times 10^{-2}\ mol$

$pH = 5.21$

9 (a) 0.20 M CH_3COOH の pH を求める。$pH = 2.74$

(b) CH_3COOH と CH_3COONa の濃度比は 1 であるので，$pH = 4.77$

(c) 0.10 M CH_3COONa の pH を求める。$pH = 8.88$

(d) NaOH が過剰で，その濃度は $0.20\ M \times (10.0\ cm^3/110.0\ cm^3) = 0.018\ M$

$pH = 12.26$

10 $HQ \rightleftarrows H^+ + Q^-$

$$pH = pK_a + \log\frac{[Q^-]}{[HQ]}$$

赤色は HQ を 75% 含んでいるので，$pH = 4.52 + \log(25/75) = 4.04$

青色は Q^- を 75% 含んでいるので，$pH = 4.52 + \log(75/25) = 5.00$

酸性型 HQ の pH：4.04　　塩基性型 Q^- の pH：5.00　　$\Delta pH = 0.96$

第 11 章　沈殿反応と錯生成反応

1 (a) $Mg(OH)_2(s) \rightleftarrows Mg^{2+} + 2\ OH^-$

$[OH^-] = 1.4 \times 10^{-4}$ M であるので，$[Mg^{2+}] = 7.0 \times 10^{-5}$ M

$K_{sp} = [Mg^{2+}][OH^-]^2 = 1.4 \times 10^{-12}$

(b) $M_2X_3(s) \rightleftarrows 2\ M^{3+} + 3\ X^{2-}$

$[M^{3+}] = 4.0 \times 10^{-4}$ M であるので，$[X^{2-}] = 6.0 \times 10^{-4}$ M

$K_{sp} = [M^{3+}]^2[X^{2-}]^3 = 3.5 \times 10^{-17}$

(c) $Cu(OH)_2(s) \rightleftarrows Cu^{2+} + 2\ OH^-$

$[OH^-] = 1.0 \times 10^{-4}$ M であるので，$[Cu^{2+}] = \dfrac{K_{sp}}{[OH^-]^2}$

$= 1.3 \times 10^{-12}$ M

$Cu(OH)_2$ のモル溶解度：1.3×10^{-12} M

2　(a) CuBr のモル質量：143.4 g mol^{-1}

モル溶解度：1.0×10^{-3} g dm^{-3} $= 7.0 \times 10^{-6}$ M

$CuBr(s) \rightleftarrows Cu^+ + Br^-$ なので

$K_{sp} = [Cu^+][Br^-] = 4.9 \times 10^{-11}$

(b) AgI のモル質量：234.8 g mol^{-1}

モル溶解度：2.8×10^{-9} g cm^{-3} $= 2.8 \times 10^{-6}$ g dm^{-3} $= 1.2 \times 10^{-8}$ M

$AgI(s) \rightleftarrows Ag^+ + I^-$ なので，$K_{sp} = [Ag^+][I^-] = 1.4 \times 10^{-16}$

(c) $Pb_3(PO_4)_2$ のモル質量：811.5 g mol^{-1}

モル溶解度：6.2×10^{-7} g dm^{-3} $= 7.6 \times 10^{-10}$ M

$Pb_3(PO_4)_2(s) \rightleftarrows 3\ Pb^{2+} + 2\ PO_4^{3-}$ なので，

$K_{sp} = [Pb^{2+}]^3[PO_4^{3-}]^2 = 2.7 \times 10^{-44}$

(d) Ag_2SO_4 のモル質量：311.9 g mol^{-1}

モル溶解度：5.0 mg cm^{-3} $= 5.0$ g dm^{-3} $= 1.6 \times 10^{-2}$ M

$Ag_2SO_4(s) \rightleftarrows 2\ Ag^+ + SO_4^{2-}$ なので

$K_{sp} = [Ag^+]^2[SO_4^{2-}] = 1.6 \times 10^{-5}$

3　$[Ca^{2+}][F^-]^2 = 1.9 \times 10^{-13}$

この値は，CaF_2 の溶解度積 $K_{sp} = 4.9 \times 10^{-11}$ よりも小さいので，CaF_2 の沈殿は生成しない。

4　(a) $[Ag^+] = \dfrac{0.108\ \text{mg}/107.9\ \text{g mol}^{-1}}{0.200\ \text{dm}^3} = 5.00 \times 10^{-6}$ M

$[Cl^-] = \dfrac{K_{sp}}{[Ag^+]} = \dfrac{1.7 \times 10^{-10}}{5.00 \times 10^{-6}\ \text{M}} = 3.4 \times 10^{-5}$ M

(b) NaCl の濃度は，0.10 M × (50 cm^3/250 cm^3) = 0.020 M

(11–8) 式より，AgCl のモル溶解度は

$\dfrac{1.7 \times 10^{-10}}{0.020\ \text{M}} = 8.5 \times 10^{-9}$ M

したがって，溶液に残っている Ag^+ の質量は

$$8.5 \times 10^{-9}\ \mathrm{M} \times 107.9\ \mathrm{g\ mol^{-1}} \times 0.25\ \mathrm{dm^3} = 2.3 \times 10^{-7}\ \mathrm{g}$$

5　(a) $K_{sp} = [Pb^{2+}][OH^-]^2 = 1.4 \times 10^{-20}$ より
　　$[OH^-] = 1.2 \times 10^{-9}$ M となるので，pH = 5.08
　(b) 0.1％の Pb^{2+} が溶液中に残っているので，$[Pb^{2+}] = 1.0 \times 10^{-5}$ M
　　$[OH^-] = 3.7 \times 10^{-8}$ M となるので，pH = 6.57

6　(a) $K_{sp} = [Cd^{2+}][OH^-]^2 = 2.5 \times 10^{-14}$ より，$Cd(OH)_2$ が沈殿し始めるときの OH^- の濃度は，$[OH^-] = 1.6 \times 10^{-6}$ M となる。
　　pH = 8.20
　　同様に，$Cr(OH)_3$ が沈殿し始める pH は，pH = 4.60
　(b) $Cr(OH)_3$ が先に沈殿し始める。

7　$PbSO_4$ が沈殿し始めるときの SO_4^{2-} の濃度は
　$K_{sp} = [Pb^{2+}][SO_4^{2-}] = 3.5 \times 10^{-8}$ より，$[SO_4^{2-}] = 3.5 \times 10^{-7}$ M
　同様に，$BaSO_4$ が沈殿し始めるときの SO_4^{2-} の濃度は
　$K_{sp} = [Ba^{2+}][SO_4^{2-}] = 1.1 \times 10^{-10}$ より，$[SO_4^{2-}] = 1.1 \times 10^{-9}$ M
　したがって，$BaSO_4$ が先に沈殿する。
　$PbSO_4$ が沈殿し始めるとき，溶液中に残っている Ba^{2+} の濃度は

$$[Ba^{2+}] = \frac{1.1 \times 10^{-10}}{3.5 \times 10^{-7}\ \mathrm{M}} = 3.1 \times 10^{-4}\ \mathrm{M}$$

$$\frac{3.1 \times 10^{-4}\ \mathrm{M}}{0.10\ \mathrm{M}} \times 100 = 0.31\%$$

　すなわち，$BaSO_4$ の 99％がすでに沈殿している。

8　M^{2+} の全濃度を c_M とすると，$c_M = [M] + [ML] = 1.0 \times 10^{-2}$ M　(電荷は省略)
　L^{4-} の全濃度を c_L とすると，$c_L = [L] + [ML] = 1.0 \times 10^{-2}$ M　(電荷は省略)
　$[ML] = 1.0 \times 10^{-2} - [M]$，$[L] = [M]$ となるので

$$K_1 = \frac{[ML]}{[M][L]} = \frac{1.0 \times 10^{-2} - [M]}{[M]^2} = 1.0 \times 10^4$$

$$1.0 \times 10^4[M]^2 + [M] - 1.0 \times 10^{-2} = 0$$

　この二次方程式を解くと
　$[M] = 9.5 \times 10^{-4}$ M
　したがって
　$[ML] = 9.0 \times 10^{-3}$ M，$[L] = 9.5 \times 10^{-4}$ M

第12章　酸化と還元の反応

1　(a)　+ 7　(b)　− 1　(c)　+ 2
(d)　+ 7　(e)　+ 3　(f)　+ 6

2　(a)（i）$HNO_3 + 3\,H^+ + 3\,e^- \longrightarrow NO + 2\,H_2O$
（ii）$H_2S \longrightarrow 2\,H^+ + 2\,e^- + S$
（i）× 2 +（ii）× 3 より
$2\,HNO_3 + 3\,H_2S \longrightarrow 2\,NO + 3\,S + 4\,H_2O$
(b)，(e)　いずれもの化学種の酸化数に変化がないことから，この反応は酸化還元反応ではない。
(c)（i）$KMnO_4 + 8\,H^+ + 5\,e^- \longrightarrow Mn^{2+} + K^+ + 4\,H_2O$
（ii）$2\,KCl \longrightarrow Cl_2 + 2\,K^+ + 2\,e^-$
（i）× 2 +（ii）× 5 より
$2\,KMnO_4 + 8\,H_2SO_4 + 10\,KCl$
$\longrightarrow 2\,MnSO_4 + 6\,K_2SO_4 + 8\,H_2O + 5\,Cl_2$
(d)（i）$MnO_4^- + 8\,H^+ + 5\,e^- \longrightarrow Mn^{2+} + 4\,H_2O$
（ii）$Sn^{2+} \longrightarrow Sn^{4+} + 2\,e^-$
（i）× 2 + (ii) × 5 より
$2\,MnO_4^- + 5\,Sn^{2+} + 16\,H^+ \longrightarrow 2\,Mn^{2+} + 5\,Sn^{4+} + 8\,H_2O$
(f)　$4\,FeS_2 + 11\,O_2 \longrightarrow 2\,Fe_2O_3 + 8\,SO_2$

3　(a)（i）還元剤，還元　（ii）酸化剤，酸化
(b)　V_2O_5 の物質量は 0.0550 mol
$V_2O_5 + 3\,Zn + 10\,H^+ \longrightarrow 2\,V^{2+} + 3\,Zn^{2+} + 5\,H_2O$
$V^{2+} + I_2 \longrightarrow V^{4+} + 2\,I^-$
上記二つの酸化還元反応より，$V_2O_5 : I_2 = 1 : 2$
したがって，還元される I_2 の物質量は 0.110 mol

4　(a)　$Cr_2O_7^{2-} + 3\,H_2C_2O_4 + 8\,H^+ \longrightarrow 6\,CO_2 + 2\,Cr^{3+} + 7\,H_2O$
(b)　(a) より，$Cr_2O_7^{2-}$ は $0.186 \times \dfrac{1}{6} = 0.0310$ mol 必要である。
したがって，$K_2Cr_2O_7$ は $0.0310\ \text{mol} \times 294.2\ \text{g mol}^{-1} = 9.12$ g 必要である。

5　(a)　還元，酸化
(b)　$2\,Fe^{3+} + Sn^{2+} \longrightarrow 2\,Fe^{2+} + Sn^{4+}$
(c)　試料中の $Fe_2O_3 \cdot H_2O$ の質量は $0.50 \times 0.20 = 0.10$ g

その物質量は，$\dfrac{0.10}{55.85 \times 2 + 16 \times 3 + 18.00} = 5.6 \times 10^{-4}$ mol

試料中の Fe^{3+} に対し，必要な $SnCl_2$ の物質量は

$$5.6 \times 10^{-4} \times 2 \times \frac{1}{2} = 5.6 \times 10^{-4} \text{ mol}$$

したがって，$SnCl_2$ 溶液は 56 cm^3 必要である。

6　(a) $2\,Cu^{2+} + 4\,KI \longrightarrow 2\,CuI + I_2 + 4\,K^+$

(b) $I_2 + 2\,S_2O_3^{2-} \longrightarrow 2\,I^- + S_4O_6^{2-}$

(c) $0.0500 \times 20.0 \times \dfrac{1}{2} \times 254 = 127$ mg

(d) (c) より，I_2 の物質量は 0.500 mmol

この I_2 は，KI との反応によって生成した I_2 と等しい。

したがって，試料中の Cu^{2+} の物質量は $0.500 \times 2 \times \dfrac{100}{10} =$ 10.0 mmol

試料のモル質量は $\dfrac{4.06}{0.0100} = 406$ g mol^{-1}

次の連立方程式をたてる。

$3x + 2 - 2y = 0$（中性化合物のすべての原子の酸化数の合計は 0）

$139x + 64 + 16y = 406$

これより，$x = 2$，$y = 4$　　∴ La：Cu：O ＝ 2：1：4

7　(a) $C_6H_8O_6 + I_2 \longrightarrow C_6H_6O_6 + 2\,I^- + 2\,H^+$

(b) $I_2 + 2\,S_2O_3^{2-} \longrightarrow 2\,I^- + S_4O_6^{2-}$

(c) $I_2 : S_2O_3^{2-} = 1 : 2$ より

I_2 の物質量は $0.0100 \times 4.60 \times \dfrac{1}{2} \times 10^{-3} = 0.0230 \times 10^{-3}$ mol

(d) アスコルビン酸の物質量＝下線部①で反応した I_2 の物質量

$= (0.0250 \times 10.0 - 0.0230) \times 10^{-3} = 0.227 \times 10^{-3}$ mol

アスコルビン酸の質量パーセント濃度は

$$\frac{0.227 \times 10^{-3}\text{ mol} \times 176.1\text{ g mol}^{-1}}{150\text{ g}} \times 100 = 0.0266\%$$

8　(a) $5\,Cu_2S + 8\,MnO_4^- + 44\,H^+$

$\longrightarrow 10\,Cu^{2+} + 5\,SO_2 + 8\,Mn^{2+} + 22\,H_2O$

$5\,CuS + 6\,MnO_4^- + 28\,H^+$

$\longrightarrow 5\,Cu^{2+} + 5\,SO_2 + 6\,Mn^{2+} + 14\,H_2O$

(b) $5\,Fe^{2+} + MnO_4^- + 8\,H^+ \longrightarrow 5\,Fe^{3+} + Mn^{2+} + 4\,H_2O$

(c) $2.50 \times 50.0 \times \frac{1}{5} = 25.0\ \text{mmol} = 0.0250\ \text{mol}$

(d) 混合物中の Cu_2S の質量を x〔g〕とする。

$$\frac{x}{159.2} \times \frac{8}{5} + \frac{10.0 - x}{95.61} \times \frac{6}{5} = 0.130 - 0.0250 = 0.105$$

Cu_2S：$x = 8.20$ g，82.0%，CuS：1.80 g，18.0%

索　引

さ 行

た 行

な 行

は 行

ま　行

や　行

ら　行

著者略歴

中林安雄（序論，7，8，10，11章）
1955 年　徳島県生まれ
1984 年　神戸大学大学院自然科学研究科博士課程修了
現　在　元関西大学教授（化学生命工学部）学術博士
専門分野　錯体化学，生物無機化学

幸塚広光（3，6章）
1959 年　京都府生まれ
1984 年　京都大学大学院工学研究科修士課程修了
現　在　関西大学教授（化学生命工学部）工学博士
専門分野　無機材料化学，セラミックス工学

春名　匠（9章）
1963 年　大阪府生まれ
1992 年　大阪大学大学院工学研究科博士後期課程修了
現　在　関西大学教授（化学生命工学部）博士（工学）
専門分野　材料界面工学，金属腐食科学

荒地良典（12章）
1969 年　大阪府生まれ
1998 年　三重大学大学院工学研究科博士課程中退
現　在　関西大学教授（化学生命工学部）博士（工学）
専門分野　無機固体化学

田村　裕（1，2章）
1955 年　山口県生まれ
1983 年　大阪大学大学院工学研究科博士後期課程修了
現　在　関西大学名誉教授　工学博士
専門分野　多糖化学，高分子化学

矢島辰雄（4，5章）
1968 年　岐阜県生まれ
1999 年　名古屋大学大学院理学研究科博士後期課程単位取得後退学
現　在　関西大学教授（化学生命工学部）博士（理学）
専門分野　無機化学

理工系のための現代基礎化学 ― 物質の構成と反応 ―

2015年3月31日　初版第1刷発行
2025年3月30日　初版第8刷発行

発行者　秀島功
印刷者　入原豊治

発行所　三共出版株式会社
東京都千代田区神田神保町3の2
郵便番号101-0051 振替00110-0-1065
電話03-3264-5711 FAX 03-3265-5149
https://www.sankyoshuppan.co.jp/

一般社団法人日本書籍出版協会・一般社団法人自然科学書協会・工学書協会　会員

Printed in Japan　　印刷/製本　太平印刷社

ISBN 978-4-7827-0721-0

4桁の原子量表

（元素の原子量は，質量数12の炭素（^{12}C）を12とし，これに対する相対値とする。）

本表は，実用上の便宜を考えて，国際純正・応用化学連合(IUPAC)で承認された最新の原子量に基づき，日本化学会原子量委員会が独自に作成したものである。本来，同位体存在度の不確定さは，自然に，あるいは人為的に起こりうる変動や実験誤差のために，元素ごとに異なる。従って，個々の原子量の値は，正確度が保証された有効数字の桁数が大きく異なる。本表の原子量を引用する際には，このことに注意を喚起することが望ましい。

なお，本表の原子量の信頼性は亜鉛の場合を除き有効数字の4桁目で±1以内である。また，安定同位体がなく，天然で特定の同位体組成を示さない元素については，その元素の放射性同位体の質量数の一例を（　）内に示した。従って，その値を原子量として扱うことは出来ない。

原子番号	元素名	元素記号	原子量	原子番号	元素名	元素記号	原子量
1	水素	**H**	1.008	60	ネオジム	**Nd**	144.2
2	ヘリウム	**He**	4.003	61	プロメチウム	**Pm**	(145)
3	リチウム	**Li**	6.941‡	62	サマリウム	**Sm**	150.4
4	ベリリウム	**Be**	9.012	63	ユウロピウム	**Eu**	152.0
5	ホウ素	**B**	10.81	64	ガドリニウム	**Gd**	157.3
6	炭素	**C**	12.01	65	テルビウム	**Tb**	158.9
7	窒素	**N**	14.01	66	ジスプロシウム	**Dy**	162.5
8	酸素	**O**	16.00	67	ホルミウム	**Ho**	164.9
9	フッ素	**F**	19.00	68	エルビウム	**Er**	167.3
10	ネオン	**Ne**	20.18	69	ツリウム	**Tm**	168.9
11	ナトリウム	**Na**	22.99	70	イッテルビウム	**Yb**	173.0
12	マグネシウム	**Mg**	24.31	71	ルテチウム	**Lu**	175.0
13	アルミニウム	**Al**	26.98	72	ハフニウム	**Hf**	178.5
14	ケイ素	**Si**	28.09	73	タンタル	**Ta**	180.9
15	リン	**P**	30.97	74	タングステン	**W**	183.8
16	硫黄	**S**	32.07	75	レニウム	**Re**	186.2
17	塩素	**Cl**	35.45	76	オスミウム	**Os**	190.2
18	アルゴン	**Ar**	39.95	77	イリジウム	**Ir**	192.2
19	カリウム	**K**	39.10	78	白金	**Pt**	195.1
20	カルシウム	**Ca**	40.08	79	金	**Au**	197.0
21	スカンジウム	**Sc**	44.96	80	水銀	**Hg**	200.6
22	チタン	**Ti**	47.87	81	タリウム	**Tl**	204.4
23	バナジウム	**V**	50.94	82	鉛	**Pb**	207.2
24	クロム	**Cr**	52.00	83	ビスマス	**Bi**	209.0
25	マンガン	**Mn**	54.94	84	ポロニウム	**Po**	(210)
26	鉄	**Fe**	55.85	85	アスタチン	**At**	(210)
27	コバルト	**Co**	58.93	86	ラドン	**Rn**	(222)
28	ニッケル	**Ni**	58.69	87	フランシウム	**Fr**	(223)
29	銅	**Cu**	63.55	88	ラジウム	**Ra**	(226)
30	亜鉛	**Zn**	65.38*	89	アクチニウム	**Ac**	(227)
31	ガリウム	**Ga**	69.72	90	トリウム	**Th**	232.0
32	ゲルマニウム	**Ge**	72.63	91	プロトアクチニウム	**Pa**	231.0
33	ヒ素	**As**	74.92	92	ウラン	**U**	238.0
34	セレン	**Se**	78.97	93	ネプツニウム	**Np**	(237)
35	臭素	**Br**	79.90	94	プルトニウム	**Pu**	(239)
36	クリプトン	**Kr**	83.80	95	アメリシウム	**Am**	(243)
37	ルビジウム	**Rb**	85.47	96	キュリウム	**Cm**	(247)
38	ストロンチウム	**Sr**	87.62	97	バークリウム	**Bk**	(247)
39	イットリウム	**Y**	88.91	98	カリホルニウム	**Cf**	(252)
40	ジルコニウム	**Zr**	91.22	99	アインスタイニウム	**Es**	(252)
41	ニオブ	**Nb**	92.91	100	フェルミウム	**Fm**	(257)
42	モリブデン	**Mo**	95.95	101	メンデレビウム	**Md**	(258)
43	テクネチウム	**Tc**	(99)	102	ノーベリウム	**No**	(259)
44	ルテニウム	**Ru**	101.1	103	ローレンシウム	**Lr**	(262)
45	ロジウム	**Rh**	102.9	104	ラザホージウム	**Rf**	(267)
46	パラジウム	**Pd**	106.4	105	ドブニウム	**Db**	(268)
47	銀	**Ag**	107.9	106	シーボーギウム	**Sg**	(271)
48	カドミウム	**Cd**	112.4	107	ボーリウム	**Bh**	(272)
49	インジウム	**In**	114.8	108	ハッシウム	**Hs**	(277)
50	スズ	**Sn**	118.7	109	マイトネリウム	**Mt**	(276)
51	アンチモン	**Sb**	121.8	110	ダームスタチウム	**Ds**	(281)
52	テルル	**Te**	127.6	111	レントゲニウム	**Rg**	(280)
53	ヨウ素	**I**	126.9	112	コペルニシウム	**Cn**	(285)
54	キセノン	**Xe**	131.3	113	ニホニウム	**Nh**	(278)
55	セシウム	**Cs**	132.9	114	フレロビウム	**Fl**	(289)
56	バリウム	**Ba**	137.3	115	モスコビウム	**Mc**	(289)
57	ランタン	**La**	138.9	116	リバモリウム	**Lv**	(293)
58	セリウム	**Ce**	140.1	117	テネシン	**Ts**	(293)
59	プラセオジム	**Pr**	140.9	118	オガネソン	**Og**	(294)

‡：市販品中のリチウム化合物のリチウムの原子量は6.938から6.997の幅をもつ。　日本化学会 原子量専門委員会

*：亜鉛に関しては原子量の信頼性は有効数字4桁目で±2である。